高等职业教育公共基础课规划教材

# 文科数学

杨伟传　编著

電子工業出版社
Publishing House of Electronics Industry
北京·BEIJING

## 内容简介

本书立足于高等教育(含高等职业教育)文科类专业学生的数学素养培养和学生综合能力培养而编写,主要内容包括数学精神、思想方法、数学文化、常见统计量、函数与极限、导数与微分等。同时,在附录中分别介绍生活中常见数学问题以及一些数学家的生平业绩和思想品质。

本书可作为应用型本科院校、高等职业院校人文科学和社会学各专业的教材,也可作为数学爱好者的有益读本。



**图书在版编目(CIP)数据**

文科数学/杨伟传编著.--北京:电子工业出版社,2015.12
ISBN 978-7-121-27805-1

Ⅰ.①文… Ⅱ.①杨… Ⅲ.①高等数学—高等职业教育—教材 Ⅳ.①O13

中国版本图书馆 CIP 数据核字(2015)第 296072 号

策划编辑:朱怀永　　特约编辑:徐　堃
责任编辑:朱怀永
印　　刷:三河市鑫金马印装有限公司
装　　订:三河市鑫金马印装有限公司
出版发行:电子工业出版社
　　　　　北京市海淀区万寿路 173 信箱　邮编　100036
开　　本:787×1092　1/16　印张:13.5　字数:345 千字
版　　次:2015 年 12 月第 1 版
印　　次:2023 年 1 月第 9 次印刷
定　　价:30.80 元

凡所购买电子工业出版社图书有缺损问题,请向购买书店调换,若书店售缺,请与本社发行部联系,联系及邮购电话:(010)88254888。

质量投诉请发邮件至 zlts@phei.com.cn,盗版侵权举报请发邮件至 dbqq@phei.com.cn。

服务热线:(010)88258888。

# 前 言

文科数学是面向高等应用型本科和高等职业院校文外艺体等人文科学和社会科学各专业学生文化素质教育的一门基础课，它对学生思维能力的培养、聪明智慧的启迪以及创造能力的开发，都起着一定的作用。多年以来，在高等职业院校中一直都有人在争论是否要开设高等数学课程这个问题，课时也已经压缩再压缩了，更谈不上高等职业院校文科专业中开设公共数学课程。编者所在的江门职业技术学院本着对高等数学与众不同的认识，没有更多的争论，只是实实在在地开展工作，所以自 2007 年开始，就在所有专业开设高等数学课程，并分为理工类专业高等数学、经管类专业高等数学和文外艺体专业高等数学，本教材正是系列配套教材之一。

人类的文明进步和社会发展，无时无刻不受到数学的恩惠和影响，数学科学的应用和发展牢固地奠定了它作为整个科学技术乃至许多人文学科的基础的地位。当今时代，数学正突破传统的应用范围向几乎所有的人类知识领域渗透，它和其他学科的交互作用空前活跃，越来越直接地为人类物质生产与日常生活做出贡献，也成为其掌握者打开众多机会大门的钥匙。

数学是研究数量关系和空间形式的科学，它是科学和技术发展的基础，其严密性、逻辑性和高度抽象的特点，使得它有广泛的应用性。数学对学生思维能力的培养、聪明智慧的启迪以及创造能力的开发都起着重要作用。数学是一种语言，随着数字化生存方式的发展，极限、变化率、概率、图像、坐标、优化和数学模型等数学词汇的使用越来越频繁。人们在思维、言谈和写作中，在文化创造和日常生活中将会越来越多地应用数学的概念和词汇。数学是各类学科和社会活动中必不可少的工具。数学的作用与日俱增，如果仅仅了解中学里所学的那些数学知识，就显得很不够了。让文科学生熟悉并运用数学思想和数学语言，正是开展高职文科数学教学和编写教材的一个重要目的。

如何编写一本符合我国中学生基础的、内容的广度和深度恰当的，形式又能被文科大学生欢迎的高等数学教材，是一个长期探索的过程。我们只是做了一些努力。首先，在内容的取舍上，我们确定了“二常”的原则，即常见、常用为主线。例如，电视等媒体常见的发展速度、同期增长率、环比增长等统计知识，写得浅一些，但又要有实在的内容，使学生能从教材中学到一些高等数学的知识，得到一些能力的训练。其次，我们希望学生对重要的数学思想、概念和方法有所了解，能够运用传递和接收信息的基本语汇，对推理、判断、论证和演算的能力要有所提高，但在技巧方面及习题难度上都不做过高的要求。最后，结合数学人物、数学典故、数学趣闻、数学文化、数学历史，在表达形式上丰富多彩，提高学生学习的积极性。

本书建议学时为 36 学时，主要针对高职高专文外艺体类等专业使用。本书共分为八章，包括第一章，数学的内容与意义；第二章，数学的魅力和应用；第三章，数学史与数学文化；第四章，数学思想方法；第五章，数学推理；第六章，常见基本统计量；第七章，微积分的基础——函数与极限；第八章，微积分的核心——导数与微分。在使用本书进行教学时，任课教师可根据学时数和学生的基础增加或删减一些内容，使教学活动更加有效。

在本书正式出版之际，我们要感谢电子工业出版社的编辑们，是他们的辛勤劳动使本书得以早日与读者见面。

限于作者的学识与水平，本书的缺点和疏漏在所难免，敬请专家和读者批评指正。

编著者　杨伟传

二〇一五年十月

# 目　录

# 第一章　数学的内容与意义

**内容提要**：在日常生活中，数学无处不在，人们常常不去深究数学是什么、叫什么。特别是进行更深入的专业化学习时，往往把数学遗忘了。事实上，即使我们之前学习数学知识不是那么多、那么透，也在刻意与不刻意中使用数学，特别是那些使人终身受用的数学思维方法。本章介绍什么是数学、数学素养，文科学生为什么要学习数学和如何学习数学；让大一文科类专业学生进一步了解数学的含义，数学素养对人的影响，数学在各个领域的应用，数学在现实生活中的重要性，对文科生学习数学的重要性进行深入的诠释，并对如何学好数学提出建议。

## 第一节　什么是数学

### 一、数学定义的不同描述

尽管每一个人的日常生活都离不开数学，“数学”对每一个人来说，似乎是很熟悉的，但很多学数学的人，很少去深究“数学”是什么，很难从定义上说清楚“数学”这个概念。很多版本的教材或书本选用恩格斯描述的数学定义：数学是研究现实世界中的数量关系与空间形式的一门科学。但是，随着现代科学技术和数学科学的发展，“数量关系”和“空间形式”具备了更丰富的内涵和更广泛的外延。进入信息时代，数学迅猛发展。“混沌”、“分形几何”、“数理逻辑”等新的数学分支，似乎不能包含在上述定义中。人们在寻找数学的新“定义”。事实上，要给数学下定义，不那么容易。至今难以有关于“数学”的、大家取得共识的“定义”。

目前，比较多的数学定义说法来自方延明的《数学文化》，有 15 种之多，包括万物皆数说、符号说、哲学说、科学说、逻辑说、集合说、结构说（关系说）、模型说、工具说、直觉说、精神说、审美说、活动说、艺术说、创新说等。分别简述如下。

**1. 万物皆数说**

万物皆数，是说数的规律是世界的根本规律，一切都可以归结为整数与整数比。

“万物皆数”可追溯到毕达哥拉斯（公元前约 580—500）。他精通数学，热心探讨数与现实世界的关系。他发现发出谐音的琴弦长度之比是整数比。他认为球和圆是最完美的几何图形，所以大地应该是球形的，行星应该做圆周运动。毕达哥拉斯学派主张：数是万物之本源，有了数才有点，有了点才有线、面、体，有了这些几何形体才有宇宙万物。总之，万物皆数！

① 万物皆数代有传人。古希腊的另一位先哲柏拉图（公元前 427—347）认为：造物主是数学家，根据几何原理建造宇宙。当时已知五种正多面体，柏拉图将构成万物的四元素火、土、气、水分别对应于四面体、六面体、八面体、二十面体，宇宙则对应于最接近球形

的十二面体。

天文学家开普勒(1571—1630)说:“几何学在上帝创造万物前就已存在,为上帝创世提供了模型。”开普勒提出:金、木、水、火、土加上地球这六大行星,其圆形轨道位于六个以太阳为中心的同心球面上,以上述五种正多面体之表面作为六个球面之间的支撑,构成太阳系的几何模型。他根据第谷(1546—1601)对行星运动的观测数据,试图证实这个上帝创造的完美模型未果。十六年后,开普勒终于发现行星运动三定律,证明行星轨道不是圆形的而是椭圆形的。

几何化即数学化。爱因斯坦创立广义相对论,揭示引力的本质是空间(及时间)的弯曲,是为引力几何化;他继而致力于统一场论,试图将电磁作用几何化。寻求“万物之理”者继承了几何化的基本思想,弦论、圈论、旋子论、扭子论、先子论等诸论者,均试图以不同形式将四种作用力连同宇宙万物几何化。几何论形,数形一体,几何化即数学化,万物皆数触及宇宙万物之本源。

② “数之现实”。麻省理工学院物理学教授泰格马克著文题为“数之现实”,提出“数之宇宙假说”——物理现实是数学结构,不是数学描述宇宙,而是宇宙即数学。他将物理学理论分为两部分,一是数学方程,二是人根据自己的理解将方程与现实相联系。泰格马克认为后者是无用的累赘,他说:宇宙中的一切都是数学方程,包括你在内。将想象力发挥到极致,也不明白血肉之躯怎么会变成数学方程。万物皆数者辩解道:“万物之理找到后,宇宙万物统统都几何化了,你就会明白,血肉之躯无非是按数学方程构成的几何形体之组合。”言之过早,容后再议。

③ 80－1＝79,汞就变为金。“数代表量,除量以外还有质,万物皆数岂不是否定了质。”万物皆数论者并不服气,辩解说:“关键在于质是什么。炼金术家试图将汞化为金,他们失败了,因为两者之质不同。查元素周期表可知:金的原子核具有79个质子,汞的具有80个质子。用加速器从汞原子核中击出一个质子来,80－1＝79,汞就变为金,这是科学的现代炼金术。汞和金的差别,其实只是80和79数的差别。可见万物皆数已包含了质。”

④ 爱情无非是两串互相契合的0与1数码而已。驳者突发奇想冒出一句:“爱情也可以数量化吗?”辩者笑道:“当然可以!爱情是大脑中的信息过程,两情相悦即双方的信息过程合拍。大脑包含约一千亿个神经元,每个神经元有一千到一万个突触与其他神经元相连接,构成无比复杂的神经网络,大脑中的信息过程体现为由0和1组成的二元数码在网络中环流。爱情无非是两串互相契合的0与1数码而已。”

辩论并未结束。万物究竟是否皆数?它涉及科学、哲学和社会人文的方方面面,许多问题值得深究。

**2. 符号说**

符号说认为数学是一种高级语言,是符号的世界。

符号说(希尔伯格)认为:“算术符号是文化的图形,而几何图形是图像化的公式;没有一个数学家能缺少这些图像化的公式。”

人总想给客观事物赋于某种意义和价值,利用符号认识新事物、研究新问题,从而使客观世界秩序化,这便创造了科学、文化、艺术、……

符号就是某种事物的代号,人们总是探索用简单的记号去表现复杂的事物。符号正是这样产生的。

文字是用声音和形象表达事物的符号，一个语种就是一个符号系统，这些符号的组合便是语言。

符号，增加了人们的思维能力。符号对于数学的发展更是极为重要的。它可使人们摆脱数学自身的抽象的约束，集中精力于主要环节，增加了人们的思维能力。没有符号，数学的发展是不可想象的。

数学是科学的语言，符号是记录、表达这些语言的文字。正如没有文字，语言也难以发展一样。

十七、十八世纪欧洲数学兴起，我国几千年数学发展进程缓慢，这在某种程度上都与数学符号的运用有关。简练、方便的数学符号对于书写、运算、推理来讲，都是十分重要的。

古埃及和我国一样，是世界上四大文明古国之一。早在四千多年以前，埃及人已懂得数学，在数的计算方面会使用分数。古埃及人的记数符号如图 1-1 所示。

图 1-1　古埃及人的记数符号

埃及最古老的文字是象形文字，后来演变成一种较简单的书写体，通常叫僧侣文。

《莱因德纸草书》用很大的篇幅来记载 $2/N$（$N$ 为 5～101）型的分数分解成单位分数的结果。为什么要这样分解以及用什么方法去分解，到现在还是一个谜。这种繁杂的分数算法实际上阻碍了算术的进一步发展。

《纸草书》给出圆面积的计算方法：将直径减去它的 1/9 之后再平方，其结果相当于用 3.1605 作为圆周率，不过当时数学家们没有圆周率这个概念。根据《纸草书》推测，当时人们也许知道正四棱台体积的计算方法。总之，古代埃及人积累了一定的实践经验，但没有上升为系统的理论。

对于现代的数学符号，由于它含义确定，表达简明，使用方便，从而极大地推动了数学的发展。在数学领域，有人把十七世纪叫做天才的时期，把十八世纪叫做发明的时期。在这两个世纪里，为什么数学有较大的发展并取得较大成就呢？究其原因，恐怕与创造了大量的数学符号密切相关。早期记数系统见表 1-1。

**表 1-1　早期记数系统**

| 数字种类及年代 | 记数系统 |
| --- | --- |
| 古埃及象形数字（公元前 3400 年左右） | 1　2　3　4　5　6　7　8　9　10<br>11　12　20　40　100　200　1000　10000　1000000 |
| 巴比伦楔形数字（公元前 2400 年左右） | 1　2　3　4　5　6　7　8　9　10<br>11　12　20　30　40　50　60　70　80　120　130 |

续表

| 数字种类及年代 | 记数系统 |
| --- | --- |
| 中国甲骨文数字（公元前1600年左右） | 1 2 3 4 5 6 7 8 9 10 100 1000 |
| 希腊阿提卡数字（公元前500年左右） | 1 2 3 4 5 6 7 8 9 10<br>11 12 15 16 20 30 50 60 70 |
| 中国筹算数码（公元前500年左右） | 纵式<br>横式<br>1 2 3 4 5 6 7 8 9 |
| 印度婆罗门数字（公元前300年左右） | 1 2 3 4 5 6 7 8 9 10 20 30 40 50 60 |
| 玛雅数字（公元3世纪） | 1 2 3 4 5 6 7 8 9<br>10 20 40 60 80 100 120 |
| 玛雅象形数字（主要用于记录时间） | 1 2 3 4 5 6 7 8 9 10 |

甚至有的专家指出，中国古代数学领先，近代数学落后了，其原因之一就是中国没有使用先进的数学符号，从而阻碍了数学的发展。这话虽然有偏颇的一面，但的确道出了数学符号对数学发展所起的重要作用。

中国古代数学有自己的一套符号，在历史上曾起过积极的作用。但与西方相比，自显繁复，不便于应用。例如，在《普通新代数教科书》中，仍把未知数 $x$、$y$、$z$ 写成天、地、人，把已知数 $a$、$b$、$c$ 写成甲、乙、丙，把数字1、2、3写成一、二、三。在这样的符号系统下，本来很普通的代数式写成了十分烦琐、生涩的形式。这样的符号当然属于淘汰之列。我国系统地采用现代数学符号，是在辛亥革命之后，1919年“五四”运动以后才完全普及。

**3. 哲学说**

哲学说来自古希腊亚里士多德、欧几里得等人，即从哲学上来定义数学。

亚里士多德说：“新的思想家把数学和哲学看做是相同的。”

《几何原本》指出：点是没有部分的那种东西；线是没有宽度的长度。

牛顿在《自然哲学之数学原理》的序言中说，他把这本书“作为哲学的数学原理的著作”，“在哲学范围内尽量把数学问题呈现出来”。

哲学是研究最广泛的事物，数学也是研究最广泛的事物，这是它们的共同点。但是，数学与哲学的研究对象不同，研究方法也不同。两者虽有相似之处，但数学不是哲学的一部分，哲学也不是数学的一部分。

哲学从一门学科中退出，意味着这门学科的建立；而数学进入一门学科，就意味着这门学科的成熟。

**4. 科学说**

科学说是说数学是精密的科学,“数学是科学的皇后”。

**5. 逻辑说**

逻辑说是说数学推理依靠逻辑,“数学为其证明所具有的逻辑性而骄傲”。逻辑被看做是哲学的一个分支,起源于亚里士多德时代哲学系的逻辑学对应于数学系的数理逻辑(离散数学)。逻辑学的公式化兴起是从20世纪初的维也纳学派开始的,主要奠基人是罗素等人。

逻辑学研究的对象主要是语言本身,数学的研究对象要丰富得多。大数学家希尔伯特说:“数学具有独立于任何逻辑的可靠内容,因而它不可能建立在唯一的逻辑基础之上。”另一位大数学家魏尔说得更明白:“逻辑不过是数学家用以保持健康的卫生规则。逻辑是贫乏的,而数学是多产的母亲。”

**6. 集合说**

集合说是说数学各个分支的内容都可以用集合论的语言表述。

**7. 结构说(关系说)**

结构说强调数学语言、符号的结构方面及联系方面,“数学是一种关系学”。

**8. 模型说**

模型说是说数学就是研究各种形式的模型,如微积分是物体运动的模型,概率论是偶然与必然现象的模型,欧氏几何是现实空间的模型,非欧几何是非欧空间的模型。

**9. 工具说**

工具说是说“数学是其他所有知识工具的源泉”。

**10. 直觉说**

直觉说是说数学的基础是人的直觉,数学主要是由那些直觉能力强的人们推进的。

**11. 精神说**

精神说是说“数学不仅是一种技巧,更是一种精神,特别是理性的精神”。

**12. 审美说**

审美说是说“数学家无论是选择题材还是判断能否成功的标准,主要是美学的原则”。

**13. 活动说**

活动说是说“数学是人类最重要的活动之一”。

**14. 艺术说**

艺术说是说“数学是一门艺术”。

**15. 创新说**

创新说是说数学是一种创新,如发现无理数、提出微积分、创立非欧几何。

此外,其他一些数学家也给数学下了许多不同的定义。例如,王元明教授在他的《数学是什么》中对数学的定义是:“数学是一种语言,是一切科学的语言;数学是一把钥匙,一把打开科学大门的钥匙;数学是一种工具,一种思维的工具;数学是一门艺术,一门创造性艺术。”

美国数学家R·柯朗在《什么是数学》一书中关于数学的描述是：“数学，作为人类智慧的一种表达形式，反映生动活泼的意念，深入细致的思考，以及完美和谐的愿望，它的基础是逻辑和直觉、分析和推理、共性和个性。”

法国数学家E·波莱尔(见图1-2)的描述是：“数学是我们确切知道我们在说什么，并肯定我们说的是否对的唯一的一门科学。”

英国哲学家、数学家罗素(见图1-3)的描述是：“数学是所有形如 $p$ 蕴含 $q$ 的命题的类，最前面的命题 $p$ 是否对，却无法判断。因此数学是我们永远不知道我们在说什么，也不知道我们说的是否对的一门学科。”

图1-2　E·波莱尔[法]( Borewer，1872—1970)

图1-3　罗素[英](Russell，Bertrand，1872—1970)

## 二、数学是一门创造性艺术

数学是一门重要而应用广泛的学科，被誉为锻炼思维的体操和人类智慧王冠上最明亮的宝石。

美国当代数学家哈尔莫斯(P. R. Halmos，1916—2006)说：“数学是创造性艺术，因为数学家创造了美好的新概念；数学是创造性艺术，因为数学家像艺术家一样地生活，一样地思考。”

波莱尔·A说：“数学是一门艺术，因为它主要是思维的创造，靠才智取得进展，很多进展出自人类脑海深处，只有美学标准才是最后的鉴定者。”

数学最共同的特征就是抽象和美。数学是高度抽象概括的理论，是逻辑建构的产物，所以数学学习需要学习者自身的认识和建构。按照认知学习理论，数学学习是在学习者原有数学认知结构基础上，通过新旧知识之间的“同化”或“顺应”，形成新的数学认知结构的过程。由于这种“同化”或“顺应”的工作最终必须由每个学习者相对独立地完成，因此，建构活动在很大程度上应当说是一种再创造的过程。

数学具有逻辑的严谨性，当它以尽可能完美的形式表现出来，呈现在学生面前时，已略去了它发现的曲折过程。学生看到的只是概念、公式、法则以及由它们组成的演绎体系，看不到这些知识的发生、发展过程，这给学生数学学习的“再发现”带来困难。所以，数学学习中的“再创造”较之其他学科要求更高，数学学习是一种创造性的思维活动。

数学家和文学家、艺术家在思维方法上是共同的，都需要抽象，也都需要想象和幻想。

具象绘画指的是再现人物、风景和静物等自然物象的绘画，抽象绘画所描绘的形象则与我们看到的世界中的形象没有联系。正如抽象主义者保罗·克利所说："艺术并不仿造可见的东西，而是把不可见的东西创造出来。"不可见的东西正是抽象绘画描绘的对象。

## 三、数学美

数学从表面上看来是枯燥乏味的，却具有一种隐蔽的、深邃的美，一种理性的美。数学美是数学科学本质力量的感性与理性的显现，是一种人的本质力量通过宜人的数学思维结构的呈现，是一种真实的美，是反映客观世界并能动地改造客观世界的科学美。数学的美大体上归结有统一美、简单美、对称美、整齐美、不变美、恰当美、奇异美等。

### 1. 统一美

所谓统一美，就是部分与部分、部分与整体之间的协调一致。客观世界具有统一性，数学作为描述客观世界的语言，必然也具有统一性。因此，数学的统一性是客观世界统一性的反映。在数学中，许多概念、公式、法则，特别一些数学分支的诞生，以及近代数学中的重大成果都体现出数学的统一性。例如，如果把整数视做分母为1的分数，小数视做十进分数，这样一来，整数、小数、分数都可以统一到分数中。若再把加或减的运算视做求二元一次函数 $Z=X+Y$ 中的函数值或其中的一个变量值，并依照"只有同单位数才能相加减，结果还是同单位数"这个法则进行运算，可以把整数、小数和分数各自不同的传统的运算法则统一到仅仅是表内加减的运算(可简化为两个法则：加几，进1，减几的补数；减几，退1，加几的补数)。同样，把整数、小数、分数都统一到分数的概念，再把乘或除的运算视做是二元二次函数 $Z=XY$ 的函数值或一个变量值，就可以把整数、小数、分数的各自不同的传统运算法则统一为仅仅是表内乘除的运算。再如，当梯形的上底缩短为0时(假定上底小于下底)，梯形转化为三角形，因此三角形可视做上底为0的梯形；当梯形上底与下底相等时，梯形转化为平行四边形，因此平行四边形可看做是上、下底相等的梯形。正方形、长方形都可视做特殊梯形。当把正方形、长方形、平行四边形、三角形都视做梯形的特殊形式，再利用等积变换，可以把这些图形的面积公式统一到梯形面积公式之中。

数学中的统一性，不仅是数学美的一个特征，而且是数学发现中的美学方法之一，又是数学家追求的目标。例如，法国数学家集体布尔巴基学派用结构的观念来统一数学，美国数学家麦克莱恩与艾伦伯试图以范畴论来统一许多数学分支。

### 2. 简单美

与统一性相联系的是简单性，也就有了简单美。客观世界不仅是统一的，并且统一于一个简单的规律。在繁杂之中概括出一种简洁、明了的规律，则给人一种美的感觉。例如，速度 $v$、时间 $t$ 与距离 $S$ 之间的关系可以用公式 $S=vt$ 表示；力 $F$、加速度 $a$ 和物体的质量 $m$，可以用公式 $F=ma$ 表示。优秀的诗词讲究用最少的文字表达最丰富的内容，而这些公式用字之少，表达内容之丰富，远非任何一首诗词所能比拟的，因此给人以深邃的美的享受。数学家研究数学的目的之一，就是尽可能地用简单而基本的数学语言去描述世界、解释世界。为了把数学知识一代一代传下去，要把数学知识及其理论系统加以简化和统一。数学家对于数学简单美的追求，也是促进数学发展的动力之一。例如，代数中的乘法运算，实际上是加法运算的简化，幂的运算是乘法的简化。为了简化复杂的运算，1614年，英国数学家纳皮尔发明了对数，使天文学家的生命增加1倍(如果计算生命的长短不以活着的年数为标准，而以人们的贡献来估价的话)。二进制数制是从逻辑关系的简单性而引进的。

**3. 对称美**

在客观世界中，对称的形式是很多的。动物形体与植物叶脉都呈现对称规律。人体的外部器官是左右对称的；一棵树在水中的倒影，呈上下对称。在长期生产实践中，人们认识到对称对于人的生存、发展有着十分重要的意义。因此，事物的对称形式，能给人审美的愉悦。

在几何图形中，有轴对称、中心对称和镜对称。圆与球具有转动的对称性，因此被看成是最完美的几何图形。对称数12321、123454321、3345433、对称式$12\times231=132\times21$、$12\times462=264\times21$、$12\times693=396\times21$、$a\times b=b\times a$，都给人美的享受。再看看下面这个对称式：

$$1\times1=1$$
$$11\times11=121$$
$$111\times111=12321$$
$$1111\times1111=1234321$$
$$11111\times11111=123454321$$
$$111111\times111111=12345654321$$
$$1111111\times1111111=1234567654321$$
$$11111111\times11111111=123456787654321$$
$$111111111\times111111111=12345678987654321$$
$$1\times8+1=9$$
$$12\times8+2=98$$
$$123\times8+3=987$$
$$1234\times8+4=9876$$
$$12345\times8+5=98765$$
$$123456\times8+6=987654$$
$$1234567\times8+7=9876543$$
$$12345678\times8+8=98765432$$
$$123456789\times8+9=987654321$$

在数学的发展中，由于对对称美的追求与实际需要相结合，引出了新的概念和新的理论。例如，从正数到负数、从整数到分数、从有理数到无理数、从实数到虚数等一系列数域的扩充，都与对对称美的追求密切相关。加法的逆运算是减法，乘法的逆运算是除法，微分的逆运算是积分，种种逆运算的建立，也都与对称美相联系。

**4. 整齐美**

所谓数学的整齐美，是指各个数学符号按相同方式排列，同一形状的一致地重复。例如,算式 $1^2+2^2+3^2+4^2+5^2+6^2+7^2+8^2+9^2+10^2$ 的每一项指数都是 2,每相邻两项的底数之差皆是 1,这是一种整齐美。例如,数 12345679 乘以 9,会得到如下结果:

$$12345679\times 9=1111111111$$

积是 10 个排列整齐的 1。显然,如果将数 12345679 乘以 9 的倍数,其倍数为 2、3、4、5、6、7、8、9,则其积就是 10 个排列整齐的 2、3、4、5、6、7、8、9,即

$$12345679\times 9=1111111111$$
$$12345679\times 18=2222222222$$
$$12345679\times 27=3333333333$$
$$12345679\times 36=4444444444$$
$$12345679\times 45=5555555555$$
$$12345679\times 54=6666666666$$
$$12345679\times 63=7777777777$$
$$12345679\times 72=8888888888$$
$$12345679\times 81=9999999999$$

这是一个表现数字内在的神秘美与外形的整齐美相统一的例子。

对数学整齐美的追求,可以获得新的数学成果。例如,一元一次方程有 1 个根,一元二次方程有 2 个根,一元三次方程有 3 个根,一元四次方程有 4 个根。由这些特殊方程的根的个数与方程的次数的一致性,促使数学家提出如下猜想:一元 $N$ 次方程有 $N$ 个根。这一猜想的证实就得到了代数基本定理。

**5. 不变美**

不变性也是一种美。在一个数学关系结构系统中,那些变化中的不变量和不变关系常常表现出美的神韵。例如,分数的分子和分母分别同乘以不为 0 的数,其分数形式变了,但分数值不变。对于比例的基本性质,其表现形式改变了,但比值始终不变。这种种不变量和不变性呈现出的美使人产生美感。例如,$\frac{55555\times 55555}{1+2+3+4+5+4+3+2+1}$是对称的,经过运算,得

$$\frac{55555\times 55555}{1+2+3+4+5+4+3+2+1}=\frac{11111\times 5\times 5\times 11111}{5\times 5}=11111\times 11111=123454321$$

其结果仍然是对称的。不但如此,其中间运算过程的每一步算式也是对称的。又如,

$$1\times 9+2=11$$
$$12\times 9+3=111$$
$$123\times 9+4=1111$$
$$1234\times 9+5=11111$$
$$12345\times 9+6=111111$$
$$123456\times 9+7=1111111$$
$$1234567\times 9+8=11111111$$
$$12345678\times 9+9=111111111$$
$$123456789\times 9+10=1111111111$$
$$9\times 9+7=88$$

$$98\times9+6=888$$
$$987\times9+5=8888$$
$$9876\times9+4=88888$$
$$98765\times9+3=888888$$
$$987654\times9+2=8888888$$
$$9876543\times9+1=88888888$$
$$98765432\times9+0=888888888$$

很炫，是不是？这种对称性的不变性给人以极大的美的享受。

**6. 恰当美**

恰当性也呈现一种数学美。在日常生活中，有些事物表现出数量上的适度，即我们常说的不多不少、正好，往往给人以美的愉悦。事物形式要素之间的搭配匀称、合比例，是人们在社会实践中逐渐抽象出来的。一本书如果每一页都是密密麻麻的字，上不留天，下不留地，肯定是不美观的。书中的插图也不是随便绘制的，而是要给予妥善的设计，精心的描绘，线条的粗细疏密、点的位置大小，都要恰到好处，才能给人以美感。

下面来看一道算题的解法。

**【例】** 三根绳共长 60 米，其中一根比长的一根短 10 米，比短的一根长 10 米，求各根绳的长。

**解**：如果将三根绳中最长的一根截下 10 米，接到最短的那根绳，这时三根绳正好变成一样长。于是得(60－10＋10)÷3＝20 (米)，三根绳长分别为 10 米、20 米、30 米。

把长的截下来补到短的，三根绳正好变成同样长，这正是数学美的恰当性的具体呈现。

直角三角形三边的关系满足等式 $a^2+b^2=c^2$。其中，$a$、$b$、$c$ 分别表示三角形的边长。反过来，如果一个三角形三条边 $a$、$b$、$c$ 满足等式 $a^2+b^2=c^2$，那么这个三角形一定是直角三角形吗？类似这样考虑定理的充分必要条件，正是数学家追求美的恰当性的表现。数学家追求最佳估计、最佳逼近、最优值等都是数学美的恰当性的体现。

**7. 奇异美**

在数学中出现一种新而不平常的关系结构，能在人们的想象中诱发一种乐趣，在人们心灵深处产生出一种愉悦的惊奇，这就是数学美的奇异性。正如培根指出的，任何一个极美的东西都在调和之中包含着某种奇异。数学的发展就像精彩的故事一样波澜壮阔，此起彼伏，扣人心弦，令人陶醉。既在情理之中，又在意料之外，是和谐与奇异的统一体。在数学的发展过程中，不断出现统一各部分的新理论，又不断出现无法包括在这个理论之中的奇异的对象。这些奇异的对象反过来促进数学的发展。数学的发展及不断扩展充分说明了这一点。早在古希腊时期，毕达哥拉斯学派以有理数为基础解释整个宇宙，并认为已经达到了和谐与统一。可是当他的同伴希伯索斯发现单位正方形的对角线不能用有理数表示时，他们大为惊奇，以致达到惊慌失措的程度。为了维护其完整、和谐的有理数体系，他们把发现这一奇特现象的希伯索斯抛到大海淹死以示处罚。但真理是扑灭不了的，这一奇特的$\sqrt{2}$毕竟是客观存在的。后来数学家建立了实数系。在实数系里审视$\sqrt{2}$，它不过是这一系统中很普通的一员，没有什么值得惊奇的。在求解一元二次方程时，出现了$\sqrt{-1}$，曾被认为是虚无渺茫的。但当数学家对这一新现象不断探索，找到了直观的几何解释，特别是在实际问题的推动下，迫使数学家不得不正视复数系之后，$\sqrt{-1}$成为该数系中一个重要的数。在数学中，许多奇异对象的出现，一方面打破了旧的统一，另一方面为在更高层次上建立新的统一奠定基础。

**练习 1.1**

1. 什么叫数学？在多年的学习中，你是如何理解数学的？
2. 数学美的主要表现是什么？如何理解数学美？

# 第二节　数学素养

顾沛先生说："很多年的数学学习后，那些数学公式、定理、解题方法也许都会被忘记，但是形成的数学素养终身受用"。数学素养就是把所学的数学知识都排出或忘掉后剩下的东西。

## 一、数学素养的特点

数学素养是指人们通过数学教育及自身的实践和认识活动，所获得的数学知识、技能、能力、观念和品质的素养。它除了具有素质的一切特性外，还具有精确性、思想性、开发性和有用性等特征。在现实生活中，数学素养的主要特点表现为以下几个方面：

① 在讨论问题时，习惯于强调定义（界定概念），强调问题存在的条件。

② 在观察问题时，习惯于抓住其中的（函数）关系，在微观（局部）认识基础上进一步做出多因素的全局性（全空间）考虑。

③ 在认识问题时，习惯于将已有的严格的数学概念，如对偶、相关、随机、泛涵、非线性、周期性、混沌等概念广义化，用于认识现实中的问题。比如，可以看出价格是商品的对偶，效益是公司的泛涵等。

## 二、数学素养的职业习惯

更通俗地说，数学素养就是数学家的一种职业习惯，"三句话不离本行"。我们希望把专业搞得更好、更精密、更严格，有些这种优秀的职业习惯当然是好事。人的所有修养，有意识的修养，比无意识地、仅凭自然增长的修养来得快得多。只要有这样强烈的要求、愿望和意识，坚持下去，人人都可以形成较高的数学素养。

## 三、数学素养的演绎范畴

一位名家说："真正的数学家应能把他的东西讲给任何人听得懂。"因为任何数学形式再复杂，总有它简单的思想实质，因而掌握这种数学思想总是容易的，这一点在大家学习数学时一定要明确。在现代科学中，数学能力、数学思维十分重要，这种能力不是表现在死记硬背，不光表现在计算能力。在计算机时代，特别表现在建模能力。建模能力的基础就是数学素养。思想比公式更重要，建模比计算更重要。学数学，用数学，对它始终有兴趣，是培养数学素养的好条件、好方法、好场所。希望同学们消除对数学的畏惧感，培养对数学的兴趣，增进学好数学的信心，了解更多现代数学的概念和思想，提高数学悟性和数学意识，培养数学思维的习惯。

请注意，我们往往只注意到数学的思想方法中严格推理的一面，它属于“演绎”的范畴。其实，数学修养中也有对偶的一面——“归纳”，称之为“合情推理”或“常识推理”，它要求我们培养和运用灵活、猜想和活跃的思维习惯。

### 四、数学素养的发挥

下面举一个例子，看看数学素养在其中如何发挥作用。18 世纪东普鲁士的哥尼斯堡城有一条河，河中有两个岛，两岸于两岛间架有七座桥。问题是：一个人怎样走才可以不重复地走遍七座桥而回到原地？

这个问题好像与数学关系不大，它是几何问题，但不是关于长度、角度的欧氏几何。很多人都失败了，欧拉（见图 1-4）以敏锐的数学家眼光，猜想这个问题可能无解（这是合情推理）。然后他以高度的抽象能力，把该问题变成了一个“一笔画”问题，建模如下（见图 1-5）：能否从一个点出发，不离开纸面地画出所有的连线，使笔仍回到原来出发的地方。

图 1-4　著名数学家欧拉画像

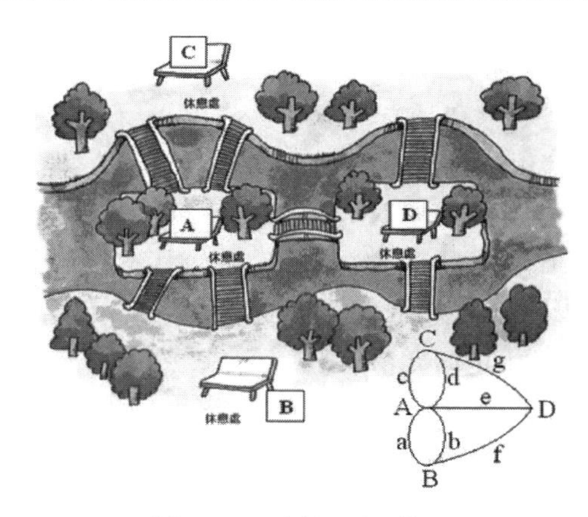


图 1-5　七桥问题的模型

以下开始演绎分析。一笔画的要求使得图形有这样的特征：除起点与终点外，一笔画问题中线路的交岔点处，有一条线进，就一定有一条线出，故在交岔点处汇合的曲线必为偶数条。七桥问题中，有四个交叉点处交汇了奇数条曲线，故此问题不可解。欧拉还进一步证明：一个连通的无向图具有通过这个图中的每一条边一次且仅一次的路，当且仅当它的奇数次顶点的个数为 0 或 2。这是他为数学的一个新分枝——图论所做的奠基性工作，后人称其为欧拉定理。

### 五、提高数学素养

提高数学素养有着极其重要的意义。在社会高度文明的今天，物质世界和精神世界只有通过量化才能达到完美的展示，数学正是这一高超智慧成就的结晶，它渗透到日常生活的各个领域。提高数学素养，即提高了人们适应社会、参加生产和进一步学习所必需的数学基础知识和基本技能，这是时代的需要，也是学生实现自身价值的需要。

在数学学习活动中，要十分注意数学思想方法和数学知识的学习。数学思想方法和数学知识是两个有机组成部分，掌握了思想方法可产生和获得知识，而知识中蕴藏着思想方法，两者密不可分，缺一不可。正是由于这种辩证统一的关系，决定了在学习的每一个环节，如概念理解、定理证明、题目解答，都蕴含着大量的数学思想方法。通过训练来掌握数学知识的同时，在自己的心灵烙上必要的数学思想方法。

此外，数学运用能力是提高数学素养的关键，在实际中应注意两个方面：一是重视数学概念的演变过程理解。数学概念来源于实践，是对实际问题高度抽象的结果，能更准确地反映科学本质，具有普遍意义。正是这种概括和抽象的结果，使数学学习和数学应用之间形成了一条难以逾越的鸿沟，致使很多人虽学了很多知识却不知如何运用。这就要求在数学概念学习中能结合“从实践中来到实践中去”的原则，弄清数学概念的发生、发展过程，弄清概念在现实中的原型及演变后的一般意义，才能追本求源，以不变应万变。例如，在学习导数的应用，如生产效率、边际、弹性时，就不致于觉得过于抽象而无从下手了。

二是掌握一定的数学运用技能、技巧，能结合现实生活提炼出数学模型，从简单问题入手，初步掌握用数学形式刻画和构造模型的方法，培养积极参与和勇于创造的意识。随着能力和经验的增加，通过实习作业或活动小组的形式，展开讨论，分析每种模型的有效性，提出修改意见，讨论是否有进一步扩展的意义。这样，就会在不知不觉中提高数学素养。

## 六、数学的中国现象

大学校长是综合素质比较好的学者，众多大学校长都是数学教授，这也说明数学教育对人的综合素质的提高影响很大。有些人把它叫做“有趣的中国现象”。

### 1. 作为数学教授的大学校长

丁石孙——北京大学
谷超豪——中国科大
齐民友——武汉大学
侯自新——南开大学
曹策问——郑州大学
展　涛——山东大学
吴传喜——湖北大学
王梓坤——北京师大
王建磐——华东师大
路　钢——华中师大
王国俊——陕西师大
房灵敏——西藏大学
苏步青——复旦大学
潘承洞——山东大学
伍卓群——吉林大学
李岳生——中山大学
杨思明——湘潭大学
黄达人——中山大学
周明儒——徐州师大
陆善镇——北京师大
史宁中——东北师大
邱玉辉——西南师大
庾建设——广州大学

### 2. 部分作为数学教授的大学校长简介

① 丁石孙（见图 1-6）：北京大学校长（任校长时间：1984—1989），全国人大常委会副委员长，民盟中央名誉主席。汉族，1927 年 9 月出生，江苏镇江人，民盟成员、中共党员，

1950 年参加工作，清华大学数学系毕业，大学学历，教授。专长：代数、数论。

② 苏步青(见图 1-7)：复旦大学校长(任校长时间：1978—1983)。1902 年生于浙江，2003 年卒于上海。中国科学院院士。他是国际公认的几何学权威，我国微分几何学派的创始人。早在 20 世纪 20 年代，他的仿射不变的四次(三阶)代数锥面被命名为苏锥面。他的仿射微分几何的高水平工作，至今在国际数学界仍享有很高的评价。

③ 谷超豪(见图 1-8)：中国科技大学校长(任校长时间：1988—1993)。1926 年生于浙江温州。1948 年毕业于浙江大学数学系，1953 年起在复旦大学任教，1957 年赴前苏联莫斯科大学进修，获科学博士学位。历任复旦大学副校长和中国科技大学校长。1980 年当选为中国科学院数学物理学部委员。专长：偏微分方程、微分几何和数学物理。

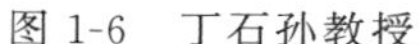

图 1-6 丁石孙教授

图 1-7 苏步青教授

图 1-8 谷超豪教授

谷超豪与三个“9”的故事：“用三个 9 拼成一个最大的数”，这是两千多年前古希腊哲学家、教育家柏拉图出的一道数学题，许多数学爱好者想了好久都未能解答出来。据说有一位富翁想了 9 年，也没有一点进展，正巧，在第 9 年的 9 月 9 日的上午 9 点，这位富翁边想此问题边从家里走出来，不想一脚踏空，从 9 级台阶上摔了下来，顿时磕掉了 9 颗牙齿，9 分钟后便死了。当然，这是一个笑话。

两千多年后，三个 9 的故事与我国著名数学家谷超豪联系在一起。谷超豪，复旦大学教授、中国科学院院士，1926 年出生于浙江温州。他从小聪慧过人，喜爱独立思考，各门功课优异。

上中学时，谷超豪的数学教师给同学们出了这道题，有的同学说 $99^9$ 最大，有的说 $9^{99}$ 最大，谷超豪却坚决地说 $9^{9^9}$ 最大。老师摸了摸谷超豪的头，满意地笑了。

现在让我们一起来研究这道题：在三个 9 可拼成的数中，有 $\frac{99}{9}$、999、$99^9$、$9^{99}$、$(9^9)^9$、$9^{9^9}$，显然 $\frac{99}{9}=11$ 是最小的一个，其次是 999。

而 $(9^9)^9=9^{9\times9}=9^{81}$，所以 $(9^9)^9<9^{99}$。因为 $99<9^3$，所以 $99^9<(9^3)^9<9^{27}<9^{81}$，就有 $99^9<(9^9)^9<9^{99}$。又因为 $99<9^9$，所以 $9^{99}<9^{9^9}$。

这就是说，$9^{9^9}$ 就是用三个 9 能拼成的最大的数，这是一个大约有 370 000 000 位的巨大数。在柏拉图时代，人们还没有这么大的数的概念，难怪那个富翁为此断送了性命。

④ 潘承洞(见图 1-9)：山东大学校长(任校长时间：1986—1997)。1934 年出生，江苏省苏州市人。1997 年 12 月 27 日在济南病逝。中国科学院院士。1981 年与其胞弟潘承彪合作编著的《哥德巴赫猜想》一书，为世界上第一本全面、系统地论述哥德巴赫猜想研究工作的专著；1982 年与王元、陈景润共同以哥德巴赫猜想的研究成果获国家自然科学一等奖。

⑤ 齐民友(见图 1-10)：武汉大学校长(任校长时间：1988—1992)。1930 年出生，1952 年毕业于武汉大学数学系，从事偏微分方程理论的研究。武汉大学博士导师。曾任国务院学位委员会数学组成员。中国数学会副理事长，湖北省数学会理事长。1984 年起任武汉大学副校长，1988 年任武汉大学校长。

⑥ 李岳生(见图 1-11)：中山大学校长(任校长时间：1984—1991)。1930 年 1 月出生，中山大学教授，博士生导师。曾任中山大学校长、计算机科学系主任、数学研究所所长；国务院学位委员会第二、三届学科评议组成员，从事常微分方程、计算数学、微分方程数值解法、样条函数与变分方法等方面的研究。

图 1-9　潘承洞教授

图 1-10　齐民友教授

图 1-11　李岳生教授

由于篇幅有限，就不一一介绍了，有兴趣的同学可以从很多其他资料或媒体查阅这些数学大师级校长的资料。

### 练习 1.2

1. 什么叫数学素养？如何理解数学素养？
2. 数学素养在日常生活中有何表现？

## 第三节　文科学生为什么要学习数学

作为人类精神、智慧与理性的最高代表之一，数学不仅是文化的重要组成部分，而且在人类文化发展中占据着举足轻重的地位。数学具有独一无二的语言系统——数学语言，数学具有独特的价值判断标准——数学认识论。数学观，使得数学文化不仅与文学、艺术有很大的区别，而且与自然科学、社会科学有着本质的不同。数学还具有独特的发展模式。正是由于具有这些与一般人类文化不同的特殊性，产生了独特的数学精神，进而对人类文化的精神创造领域产生了独特的影响。

表面看来，数学与人文科学、社会科学的联系并不是很紧密，毕竟一位作家没有必要绞尽脑汁去证明哥德巴赫猜想，一位画家不需要懂得微积分的知识。但实际上，人文科学不能脱离数学。作为理性基础和代表的数学思想方法，数学精神被人们注入文学、艺术、政治、经济、伦理、宗教等众多领域。

数学对社会科学、人文科学的作用与影响主要不是很直观的公式、定理，而是抽象的数学方法和数学思想，其中最突出的莫过于演绎方法，即演绎推理、演绎证明，就是从已认可的事实推导出新命题，承认这些作为前提的事实，就必须接受推导出的新命题。哲学研究一些永恒的话题，诸如生与死等，这些课题无法用简单归纳（反复试验法）、类比推理来研究，只能求助于数学方法——演绎推理。类似的例子还有很多。数学在一定程度上影响了众多哲学思想的方向和内容，从古希腊的毕达哥拉斯学派哲学到近代的唯理论、经验论，直到现代的逻辑证实主义、分析哲学等，都可以证明这一点。

例如，《红楼梦》前八十回与后四十回的作者是否相同？可以用数学方法对作品和语言进行写作风格分析、词汇相关程度和句型频谱分析。

1980 年 6 月，在美国威斯康辛大学召开的国际首届《红楼梦》研讨会上，来自威斯康辛大学的华裔学者陈炳藻先生宣读了一篇《从词汇上的统计论〈红楼梦〉的作者问题》的博士论文，引起了国际红学界的关注和兴趣。1986 年，陈炳藻教授公开发表了《电脑在文学上的应用：〈红楼梦〉与〈儿女英雄传〉两书作者》的专著。利用计算机对《红楼梦》前八十回和后四十回的用字进行了测定，并从数理统计的观点出发，探讨《红楼梦》前、后用字的相关程度。他将《红楼梦》的一百二十回分为三组，每组四十回；并将《儿女英雄传》作为第四组进行比较，从每组中任意取出八万字，分别挑出名词、动词、形容词、副词、虚词这五种词汇，运用数理语言学，通过计算机程序对这些词进行编排、统计、比较和处理，找出各组相关程度。结果发现，《红楼梦》前八十回与后四十回的词汇相关程度达到 78.57%，而《红楼梦》与《儿女英雄传》的词汇相关程度是 32.14%。由此他推断出《红楼梦》的作者为同一个人的结论。这个结论是否被红学界接受，还存在一定的争论。但是这种方法给很多人留下了深刻的印象。

数学还对音乐、绘画、语言学研究、文学批评理论产生了一定的影响。

在音乐方面，自从乐器的弦长和音调之间存在密切关系的事实被发现后，这项研究就从来没有中止过。美学上对黄金分割的研究也是一个不可或缺的话题。

“文艺复兴”以前，绘画被看做同作坊工人一样低贱的职业；“文艺复兴”开始以后，画家们开始用数学原理，如平面几何、三视图、平面直角坐标系等指导绘画艺术。达芬奇的透视论就是一个突出的例子（借助平面几何知识，达到绘画上所追求的视觉效果——远物变近，小物变大），从此，绘画步入了人类艺术的殿堂。

著名数学家华罗庚在《人民日报》精彩描述了数学在“宇宙之大，粒子之微，火箭之速，化工之巧，地球之变，生物之谜，日用之繁”等方面无处不有重要贡献。

**问题 1**：大家知道海王星是怎么发现的？冥王星又是怎么被请出十大行星行列的？

海王星是在数学计算过程中发现的，天文望远镜的观测只是验证了人们的推论。

1812 年，法国人布瓦德在计算天王星的运动轨道时，发现理论计算值同观测资料发生了一系列误差。这使许多天文学家纷纷致力这个问题的研究，进而发现天王星的脱轨与一个未知的引力的存在相关。也就是说，有一个未知的天体作用于天王星。

1846 年 9 月 23 日。柏林天文台收到来自法国巴黎的一封快信。发信人就是勒威耶。信中，勒威耶预告了一颗以往没有发现的新星：在摩羯座 8 星东约 5 度的地方，有一颗 8 等小星，每天退行 69 角秒。当夜，柏林天文台的加勒把巨大的天文望远镜对准摩羯座，果真在那里发现了一颗新的 8 等星。又过了一天，再次找到了这颗 8 等星，它的位置比前一天后退了 70 角秒。这与勒威耶预告的相差甚微。全世界都震动了。人们依照勒威耶的建议，按天文学惯例，用神话里的名字把这颗星命名为"海王星"。

1930 年，美国天文学家汤博发现冥王星。当时错估了冥王星的质量，以为冥王星比地球还大，所以命名为大行星。然而，经过近 30 年的进一步观测和计算，发现它的直径只有 2300 公里，比月球还要小。等到冥王星的大小被确认，"冥王星是大行星"早已被写入教科书，以后也就将错就错了。经过多年的争论，国际天文学联合会通过投票表决做出最终决定，取消冥王星的行星资格。2006 年 8 月 24 日，国际天文学联合会宣布，冥王星被排除在行星行列之外，从而太阳系行星的数量将由九颗减为八颗。事实上，位居太阳系九大行星末席 70 多年的冥王星，自发现之日起其地位就备受争议。

马克思说："一种科学只有在成功运用数学时，才算达到了真正完善的地步。"正因为数学是日常生活和进一步学习必不可少的基础和工具，一切科学到了最后都归结为数学问题。

其实在我们的周围有很多事情都是可以用数学来解决的，无非很多人都没有用数学的眼光来看待。

**问题 2**：基督教徒认为上帝是万能的。你们认为呢？如何证明你的结论？（让同学发言）。我的观点：上帝不是万能的。为什么呢？仔细听我讲来。

证明：（反证法）假如上帝是万能的，那么他能够制作出一块无论什么力量都搬不动的石头。根据假设，既然上帝是万能的，那么他一定能够搬动他自己制造的石头。这与"无论什么力量都搬不动的石头"相矛盾，所以假设不成立，所以上帝不是万能的。

**问题 3**：抓阄对个人来说公平吗？五张票中有一张奖票，那么先抽还是后抽，对个人来说，公平吗？

当然，我们学习的数学只是数学学科体系中很基础、很小的一部分。现在课本上学的知识未必能直接应用于生活，主要是为以后学习更高层次的理科打好基础，也为了掌握一些数学的思考方法以及分析问题、解决问题的思维方式。哲学家培根说过："读诗使人灵秀，读历史使人明智，学逻辑使人周密，学哲学使人善辩，学数学使人聪明。"也有人形象地称数学是思维的体操。下面通过具体的例子来体验某些数学思想方法和思维方式。

**故事一**：据说国际象棋是古印度的一位宰相发明的。国王很欣赏他的这项发明，问他要什么赏赐。聪明的宰相说："我所要的从一粒谷子（没错，是 1 粒，不是 1 两或 1 斤）开始。在这个有 64 格的棋盘上，第一格里放 1 粒谷子，第二格里放 2 粒，第三格里放 4 粒，即每下一格，粒数加倍，…如此下去，一直放满到棋盘上的 64 格。这就是我所要的赏赐。"国王觉得宰相要的实在不多，就叫人按宰相的要求赏赐。但后来发现，即使把全国所有的谷子抬来也远远不够。

人们通常凭借自己掌握的数学知识要些小聪明，使问题妙不可言。

数学游戏：两人相继轮流往长方形桌子上放同样大小的硬币，硬币一定要平放在桌面上，后放的硬币不能压在先放的硬币上，放最后一颗硬币的人算赢。应该先放还是后放，才有必胜的把握？

数学思想：退到最简单、最特殊的地方。

**故事二**：聪明的渡边。20世纪40年代末，手写工具突破性进展——圆珠笔问世，它以价廉、方便、书写流利在社会上广泛流传，但用它写到20万字时就会因圆珠磨小而漏油，影响了销售。工程师们从改善圆珠质量开始，从改进油墨性能入手进行改良，但收效甚微。于是厂家打出广告：解决此问题获奖金50万元。当时山地制笔厂的青年工人渡边从女儿把圆珠笔用到快漏油时就不用这一现象中受到启发，很好地解决了这一问题。你认为他会怎么做呢？

渡边的成功之处就在于思维角度新，从问题的侧面轻巧取胜，体现了数学学习中经常用到的发散式思维。在数学学习中，既要有集中式思维，又要有发散式思维。集中式思维是一种常用思维渠道，即对问题的归纳、联系思维方式，表现为对解题方法的模仿和继承；发散式思维即对问题开拓、创新，表现为对问题举一反三，触类旁通。在解决具体问题的过程中，应该将两种思维方式相结合。

学数学有利于培养人的思维品质：结构意识、整体意识、抽象意识、化归意识、优化意识、反思意识。尽管数学在培养学生的这些思维品质方面和其他学科存在交集，但数学在其中的地位是无法被代替的。总之，学习数学可以使人思考问题更合乎逻辑，更有条理，更严密、精确，更深入、简洁，更善于创造。

### 练习 1.3

1. 如何理解文科生需要学习数学？
2. 寻找数学与自己所学专业的联系。

## 第四节　如何学好文科数学

一提起“数学”课，大家都会觉得再熟悉不过了，从小学一直到高中，它几乎就是一门陪伴着我们成长的学科。然而即使有着大学之前近12年的数学学习生涯，仍然会有很多同学在初学大学数学时遇到很多困惑与疑问，尤其是作为数学系的学生，在面对“数学分析”之类的课程时，更可能有一种摸不着头脑的感觉。那么，究竟应该如何在大学中学好数学呢？

学习数学，首先就要不怕挫折，有勇气面对遇到的困难，有毅力坚持继续学习。这一点在刚开始进入大学学习数学时尤为重要。

在中学的时候，可能许多同学都比较喜欢学习数学，数学成绩也很优秀，这时处于一种良性循环的状态，不会有太多的挫败感，因而不会太在意勇于面对的重要性。而一进入大学，由于理论体系截然不同，使得我们会在学习开始阶段遇到不小的麻烦，甚至会有不如意的结果出现(比如考试不及格)，这时一定得坚持住，知难而进，继续跟随老师学习。

很多同学在刚入学不久，一直感觉“很晕”。对于上课时老师所讲的知识，虽然表面上能听懂，却不明白知识背后的真正原因，所以总是感觉学到的东西不实在。至于做题，就更差劲了，“吉米多维奇”上的习题根本不敢去看，因为书上的课后习题都没几个会做的。这确实与高中的情形相差太大了。香港浸会大学的杨涛教授曾经在一次讲座中讲过：

"在初学高数时感觉晕是很正常的,再晕几个月可能就好了。"所以,关键是不要放弃。初学者必须要克服这个困难,才能学好大学理论知识。除了要坚持之外,还应注意不要在某些问题的解决上花费过多的时间。因为大学数学理论十分严谨,教科书在讲解初步知识时,有时会不可避免地用到一些以后才能学到的理论思想,因而在初步学习时就抓着这种问题不放是十分不划算的。

了解背景,理论式学习。大学数学与中学数学明显的差异就在于大学数学强调数学的基础理论体系,中学数学则注重计算与解题。直接反映就是大学数学的考试几乎全是关于数学定理或定义的证明题,中学则有很多技巧性强的计算或证明题。所以,针对这个特点,学习大学数学应该注重建立自己的数学理论知识框架。

要学习理论体系,首先应该知道为什么要建立这种理论,它的作用是什么,这就要了解数学的历史背景知识。因此,向各位推荐两本数学史方面的书:《古今数学思想》(克莱因)和《20 世纪数学经纬》(张奠宙)。前一本书是从古希腊一直写到了 19 世纪的数学发展,后一本书全是在讲 20 世纪数学理论的发展情况。这两本书基本上记录了整个数学理论的发展历史。

除了了解背景,帮助我们学习理论知识外,还要下苦功夫去学习。在接触了这些陌生的数学理论一段时间后,可能觉得看起来已经懂了,但其实不一定能真正掌握,尤其是那些证明中内含的逻辑关系最容易出错。所以在学习时,应该适当地记忆理论知识,有时还应该默写定理。只有通过默写,才能发现自己在理论上的漏洞,才能培养出严密的理论、逻辑能力。这对以后的学习是很有帮助的。

自然、人文,全面式学习。以上全是有关学习数学知识的,要学好数学,不能单单学习数学知识,还要多了解其他学科的知识,拥有广泛的知识基础。著名应用数学家林家翘教授曾说过,在 MIT,每位大学生在第一年都要全面学习数、理、化、生的课程,这也是他们学校一直保持的优良传统。

自然科学当中的许多问题都是数学理论的创造源泉或应用基地。比如,著名数学家黎曼(Riemann)创造的"黎曼几何"一开始并没有发挥威力,直到大物理学家爱因斯坦(Einstein)提出相对论后,才使得该理论有了用武之地。因此,多了解一些其他自然科学知识,有助于我们更好地理解数学理论,发现它的价值。

人文知识的学习同样必不可少,有许多数学家都有着深厚的人文知识素养。比如,华裔菲尔兹奖获得者丘成桐教授就对古代文学很精通,他写东西经常会引用《左传》等古文,或者写古诗句来反映他的一些研究。其实,在学到很基础的数学理论知识如数理逻辑时,必须借助人文知识来从哲学的角度理解数学。著名的数理逻辑学家歌德尔证明出"不完备定理"之后,另一位数学家外尔就说:"上帝是存在的,因为数学无疑是相容的;魔鬼也是存在的,因为我们不能证明这种相容性。"这句颇有哲理的话,就是从哲学的角度反映了该数学定理的意义。

要有计划,学习措施要落实。先将书仔细看一遍,每一章看完后,便做课后习题,此时肯定是有许多题不会做,没关系,将不会做的用笔做个记号,接着做后面的题。

对于不会的习题,翻书找出它在哪节中出现过,仔细想想。如果实在想不出,就看看书,总能找出相似的例题。

将整本书全部按上述方法做完后,开始做模拟试卷,将不会的题对着课本目录寻找它跟哪章哪节有联系，然后将相关章节仔细看一遍，再回过头来做题。

公式要记熟，主要是几个基本的函数公式、导数公式、法则及定理。

例题要做熟，其实例题都是按公式的套路来的，做熟就行了。

作业非常重要，一定要认真，保质保量地完成。上高数课往往有这样的感觉，很容易忘记，上一次课的内容到下一次课也许就忘光了，所以复习是必须的。

学完一章后，最好把这一章没有做过作业的习题都做一遍，便于理清条理，也是对自己学习情况的检测。不然，等到考试才发现还有很多问题不懂，那就麻烦了。考试形式和难度与课后习题相差无几，考试前做一下这些题是很有用的。

学习高数时，要注重课堂听讲，即使很困、很累也要坚持，一旦落伍了，再补就很难了，还要注重提前预习。老师上课之前一定要预习，变被动为主动，上课时自然就轻松得多，高数不要去研究很深的题目，从最基础的开始，一定要利用课本，把书上的练习题弄透彻了，考试就没有问题了；要独立完成作业，不懂的可以请教同学，不要找学习很好的，只要觉得比你强就可以，因为越是那样的同学，给你讲题时就越仔细，最好关系好点，他们会很认真负责的。不能急于求成，慢慢来，或许学了很久，考试还是那么多分，千万别急，量变达到一定程度自然会质变，坚持者胜，自觉者赢……。

对于书中的重要定义、公式，最好用小本子记下来，以便前后对照着来看。书中内容章章相连，前章就是后章的基础，考试中的许多题目是好几章内容杂合在一起的，不过别害怕，随着高校普及，特别是公共课，大有趋于简单之势。所以，只要把知识点搞懂，稍深点的题不用太钻研，相信大家都能有个好成绩！

## 练习 1.4

1. 你计划如何学好高职数学课程？
2. 大学数学课程与中学数学课程有什么区别？

## 习　题　一

**一、判断题**

1. 华罗庚认为，数学可以给人类带来音乐、美术、科学等给人的一切。(　　)
2. 数学的精确性只体现在数学逻辑的严密上。(　　)
3. 数学是我们永远不知道说什么，也不知道我们说的是否对的一门学科。(　　)
4. 数学是哲学的一部分。(　　)
5. 三条直线分割平面，最多分成 7 个部分。(　　)
6. 美的东西和有用的东西是相互冲突的。(　　)

**二、简答题**

1. 2002 年 2 月，美国一所中学 28 名学生在完成一项生物课作业时，从互联网上抄袭了一些现成的材料，被任课女教师发现，判 28 名学生生物课得零分。他们还将面临留级的危险。在一些学生家长的抱怨和反对下，学校要求女教师提高学生的分数。女教师愤然辞职，学校有近一半的老师表示，如果学校要求老师改分数，他们也将辞职。教师们认为：教育学生成为诚实的公民，比通过一门生物课的考试更为重要。社会上一些公司也要求学校公布这28名学生的名单，以确保公司永远不录用这些不诚实的学生。

(1) 案例说明了什么道理？

(2) 那位女教师为什么要这样做？

2. 有个人爱占小便宜，一次他去买葱，问："多少钱一公斤？""两角钱一公斤。"卖葱的人说。买葱的人说："我都买了，不过得分开称，用刀从中间切断，葱白每公斤给你1角6分，葱叶每公斤给你4分，合起来还是两角钱一公斤。你卖不卖？"卖葱人一听觉得还可以。可是卖完后，他一算账，正好赔了一半。请问，他为什么会赔了这么多钱？

3. 春节里，养鸡专业户小马虎站在院子里数了一遍鸡的总数，决定留下1/2之外，把1/4慰问解放军，1/3送给养老院。他把鸡送走后，听到房内有鸡叫，才知道少数了10只鸡。于是把房内、房外的鸡重数一遍，没有错，不多不少，正是留下1/2的数。小马虎奇怪了：问题出在哪里呢？你知道小马虎在院里数的鸡是多少只吗？

4. 有一个22位数，它的个位数是7。当用7去乘这个22位数时，它的积仍然是个22位数，只是个位数的7移到了第1位，其余21个数字的排列顺序还是原来的样子。请问：这个22位数是多少？

5.《孙子算经》是唐初作为"算学"教科书的著名的《算经十书》之一，共三卷，上卷叙述算筹记数的制度和乘除法则；中卷举例说明筹算分数法和开平方法，都是了解中国古代筹算的重要资料；下卷收集了一些算术难题，"鸡兔同笼"问题是其中之一，原题如下：今有雉(鸡)兔同笼，上有三十五头，下有九十四足。

问雉、兔各几何？

6. 某食堂买回100个鸡蛋，每袋装10个。其中，9只袋里装的鸡蛋每个都是50克重，另一袋装的每只都是40克重的。这10袋混在一起，只准用秤称1次，就能找出哪一袋装的每个鸡蛋是40克的？(请写出步骤与方法)

7. 假设地球上每年新生成的资源的量是一定的。据测算，地球上的全部资源可供110亿人口生活90年而耗尽，或者可供90亿人生活210年而耗尽。世界总人口必须控制在多少以内，才能保证地球上的资源足以使人类不断繁衍下去？

8. 甲乙两个牧童在山上相遇。甲说："你给我一只羊，那我的羊就是你的两倍。"乙说："最好是你给我一只羊，那样的话，我和你的羊就一样多了。"请问：他们各有多少只羊？

## 数学家的故事(1)

### 阿基米德——数学之神

阿基米德(公元前287—212)是古希腊物理学家、数学家，静力学和流体静力学的奠基人，被后世数学家称尊为"数学之神"。在人类有史以来最重要的三位数学家中，阿基米德占首位，另两位分别是牛顿和高斯。

阿基米德有一句名言："给我一个支点，我就能撬起整个地球。"

公元前287年，阿基米德诞生于希腊西西里岛叙拉古附近的一个小村庄。大概在他九岁时，被父亲送到埃及的亚历山大城跟随欧几里得的学生埃拉托塞和卡农学习。亚历山大城位于尼罗河口，是当时世界的知识、文化、贸易中心，学者云集，人才荟萃，被世人誉为"智慧之都"。举凡文学、数学、天文学、医学的研究都很发达。

阿基米德在数学上有着极为光辉灿烂的成就，特别是在几何学方面。

阿基米德的数学思想中蕴涵微积分，其《方法论》中已经“十分接近现代微积分”，这里有对数学上“无穷”的超前研究，贯穿全篇的是如何将数学模型进行物理上的应用。

他所缺的是没有极限概念，但其思想实质已伸展到17世纪趋于成熟的无穷小分析领域，预告了微积分的诞生。

阿基米德将欧几里德提出的趋近观念做了有效的运用。他利用“逼近法”算出球面积、球体积、抛物线、椭圆面积，后世的数学家依据这样的“逼近法”加以发展成近代的“微积分”。阿基米德还利用割圆法求得π的值介于3.14163和3.14286之间。

另外，他算出球的表面积是其内接最大圆面积的四倍，又导出圆柱内切球体的体积是圆柱体积的三分之二，这个定理就刻在他的墓碑上。

阿基米德研究出螺旋形曲线的性质。现今的阿基米德螺线曲线，就是为纪念他而命名。另外，他在《数沙者》一书中，创造了一套记大数的方法，简化了记数的方式。

阿基米德的几何著作是希腊数学的顶峰。他把欧几里得严格的推理方法与柏拉图鲜艳的丰富想象和谐地结合在一起，达到了至善至美的境界，从而“使得往后由开普勒、卡瓦列利、费马、牛顿、莱布尼茨等人继续培育起来的微积分日趋完美”。

阿基米德对于机械的研究源自于他在亚历山大城求学时期。有一天，阿基米德在久旱的尼罗河边散步，看到农民提水浇地相当费力，经过思考之后，他发明了一种利用螺旋作用在水管里旋转而把水吸上来的工具，后世的人叫它“阿基米德螺旋提水器”。埃及一直到两千年后的现在，还有人使用这种器械。这个工具成为后来螺旋推进器的先祖。当时的欧洲，在工程和日常生活中，经常使用一些简单机械，譬如螺丝、滑车、杠杆、齿轮等，阿基米德花了许多时间去研究，发现了“杠杆原理”和“力矩”的观念，对于经常使用工具制作机械的阿基米德而言，将理论运用到实际的生活上是轻而易举的。

刚好海维隆王遇到了一个棘手的问题：国王替埃及托勒密王造了一艘船，因为太大太重，船无法放进海里，国王就对阿基米德说：“你连地球都举得起来，把一艘船放进海里应该没问题吧?”阿基米德立刻巧妙地组合各种机械，造出一架机具，在一切准备妥当后，将牵引机具的绳子交给国王，国王轻轻一拉，大船果然移动下水。国王不得不为阿基米德的天才所折服。从这个历史记载的故事我们可以知道，阿基米德极可能是当时全世界对于机械原理与运用了解最透彻的人。

阿基米德在他的著作《论杠杆》(可惜失传)中详细地论述了杠杆的原理。有一次叙拉古国王对杠杆的威力表示怀疑，他要求阿基米德移动载满重物和乘客的一艘新三桅船。阿基米德叫工匠在船的前、后、左、右安装了一套设计精巧的滑车和杠杆。阿基米德叫100多人在大船前面，抓住一根绳子，他让国王牵动一根绳子，大船居然慢慢地滑到海中。群众欢呼雀跃，国王也高兴异常，当众宣布：“从现在起，我要求大家，无论阿基米德说什么，都要相信他!”阿基米德还曾利用抛物镜面的聚光作用，把集中的阳光照射到入侵叙拉古的罗马船上，让它们自己燃烧起来。罗马的许多船只都被烧毁了，罗马人却找不到失火的原因。900多年后,有位科学家按史书介绍的阿基米德的方法制造了一面凹面镜,成功地点着了距离镜子45米远的木头,而且烧化了距离镜子42米远的铝。所以,许多科技史家通常都把阿基米德看成是人类利用太阳能的始祖。

公元三世纪末正是罗马帝国与北非迦太基帝国为了争夺西西里岛的霸权而开战的时期。身处西西里岛的叙拉古一直都是投靠罗马,但是公元前216年迦太基大败罗马军队,叙拉古的新国王(海维隆二世的孙子继任)立即见风转舵与迦太基结盟,罗马帝国于是派马塞拉斯将军领军从海路和陆路同时进攻叙拉古。阿基米德眼见国土危急,护国的责任感促使他奋起抗敌,于是他绞尽脑汁,日以继夜地发明御敌武器。

根据一些年代较晚的记载,当时他造了巨大的起重机,可以将敌人的战舰吊到半空中,然后重重摔下,使战舰在水面上粉碎;同时,阿基米德召集城中百姓手持镜子排成扇形,将阳光聚焦到罗马军舰上,烧毁敌人船只;他还利用杠杆原理制造出一批投石机,凡是靠近城墙的敌人,都难逃飞石或标枪。这些武器使得罗马军队惊慌失措、人人害怕,连大将军马塞拉斯都苦笑着承认:“这是一场罗马舰队与阿基米德一人的战争”,“阿基米德是神话中的百手巨人”。

阿基米德在天文学方面也有出色的成就。他认为地球是圆球状的,并围绕着太阳旋转。这一观点比哥白尼的“日心地动说”要早一千八百年。限于当时的条件,他并没有就这个问题做深入、系统的研究。但早在公元前三世纪就提出这样的见解,是很了不起的。

据说罗马兵入城时,统帅马塞拉斯出于敬佩阿基米德的才能,曾下令不准伤害这位贤能。而阿基米德似乎并不知道城池已破,又重新沉迷于数学的深思之中。一个罗马士兵突然出现在他面前,命令他到马塞拉斯那里去,遭到阿基米德严词拒绝,于是阿基米德不幸死在了这个士兵的刀剑之下。

另一种说法是:罗马士兵闯入阿基米德的住宅,看见一位老人在地上埋头作几何图形(还有一种说法是他在沙滩上画图),士兵将图踩坏,阿基米德怒斥士兵:“不要弄坏我的圆!”士兵于是拔出了短剑。这位旷世绝伦的大科学家竟如此地在愚昧无知的罗马士兵手下丧生。

随着时间的流逝,阿基米德的陵墓被荒草湮没。后来,西西里岛的会计官、政治家、哲学家西塞罗(公元前106—43)游历叙拉古,在荒草丛中发现了一块刻有圆柱容球图形的墓碑,依此辨认出这就是阿基米德的坟墓,将它重新修复。

阿基米德是最富传奇色彩的古代科学家。1998年之前,传世的阿基米德著作共八篇,依次是:《论平面平衡》、《抛物线求积》、《球体和圆柱体》、《测圆术》、《论螺线》、《论浮体》、《圆锥体和椭球体》、《数沙者》。这8篇的内容传自两个古代抄本系统,被专家称为“抄本A”和“抄本B”。不幸的是,这两个抄本都已佚失。1998年,纽约克里斯蒂拍卖行出现了一件名为“阿基米德羊皮书”的拍品。这是一本很不起眼的中世纪抄写的祈祷书,但是因为据信它原先是一本阿基米德著作的抄本，只是后来被人刮掉了原书字迹，再用来抄写祈祷书的（这种“废物利用”在古代并不罕见），所以身价不菲，最终由一位神秘富翁以200万美元拍得。随后这位富翁自称“B先生”，派人找到巴尔的摩市的华尔特艺术博物馆手稿部主任诺尔博士，要诺尔组织团队来研究“阿基米德羊皮书”，研究经费由他来资助。但研究结束后，羊皮书要归还给他。诺尔组织了一支包括古代科学教授、数学史教授、中世纪艺术史教授、化学教授、数码成像专家、X射线成像专家、古籍手稿研究专家的研究团队，他们都主要是在周末业余时间从事这项研究。研究过程中，B先生也经常参与决策。他“一直是负责的、考虑全面的、大方的”。这支研究团队辛勤工作了7年——从1999年至2006年，“这个项目从来没有发生资金短缺的问题”。

研究者们将“阿基米德羊皮书”一页页拆开，利用各种现代的成像技术，最终竟然成功地完整重现了那份在700多年前已经被从羊皮纸上刮去的抄本内容。于是传世阿基米德著作的第三个抄本重新出现了。它现在被称为“抄本C”，成为存世的阿基米德著作抄本中最古老的版本。

“抄本C”中包括阿基米德的七篇著作：《论平面平衡》、《球体和圆柱体》、《测圆术》、《论螺线》、《论浮体》、《方法论》、《十四巧板》。其中，前五篇是以前“抄本A”和“抄本B”系统已经承传下来，为世人所知的；而最为珍贵的是最后两篇，即《方法论》和《十四巧板》，这是以前从未出现过的。

达·芬奇曾尽力搜寻阿基米德的著作，但他无法看到《方法论》，因为“文艺复兴”时期的大师们只能依赖“抄本A”和“抄本B”（那时还未佚失）来了解阿基米德。达·芬奇要是看到了《方法论》，他一定会爽然自失——原来阿基米德的研究和成就早在1700年前就大大超过他了。阿基米德在《方法论》中已经“十分接近现代微积分”，这里有对数学上“无穷”的超前研究，贯穿全篇的是如何将数学模型进行物理上的应用。研究者们甚至认为，“阿基米德有能力创造出伽利略和牛顿所创造的那种物理科学”。至于另一篇新发现的著作《十四巧板》，则别开生面。尽管“十四巧板”这种古代游戏（比中国民间的“七巧板”更复杂些）在西方早已为人所知，但最初诺尔他们认为《十四巧板》既难以理解也无关紧要，也许只是阿基米德的游戏而已。不过后来研究组合数学的专家参加研究之后，有了惊人发现——他们认为，阿基米德在《十四巧板》中，其实是要讨论总共有多少种方式将十四巧板拼成一个正方形。他们研究的答案是：《十四巧板》中的十四巧板总共有17152种拼法可以得到正方形。这使他们相信，《十四巧板》表明“希腊人完全掌握了组合数学这门科学的最早期证据”。

“阿基米德羊皮书”提供的《方法论》和《十四巧板》这两篇阿基米德遗作的重新问世，确实可以说是“改写了科学史”。

# 第二章　数学的魅力和应用

**内容提要**：人们的日常生活与科学发展离不开数学，除了前面所说的抽象、严谨和应用广泛以及数学美之外，还有什么地方更吸引人的呢？其实，数学本身的魅力更不能忽视，它能给人一种对数学的渴望和对理想的追求。本章通过对数学的魅力、数学符号及数学应用三个内容的学习，进一步感受数学的魅力，认识数学对现实世界的广泛影响和所起的作用。对数学魅力的认识和对数学符号的了解与数学符号的运用，将使数学学习者身心受益，相信学习者会爱上这无处不在的数学。

## 第一节　数学的魅力

多数人在听到“数学”二字后，第一反应就是“难”，为此不敢涉足数学专业并深入研究。可细想下来，数学无处不在，应用在生活中的各个领域，与现实中的每个人都息息相关，就像我国著名数学家陈省身曾说过：“世界再纷繁，加减乘除算尽，宇宙虽广大，点线面体包完”。数学的强大张力，也正是它的魅力之处。

著名女诗人普拉斯曾说过：“魅力有一种能使人开颜、消怒，并且悦人和迷人的神秘品质。它不像水龙头那样随开随关，突然迸发。它像根丝巧妙地编织在性格里，它闪闪发光，光明灿烂，经久不灭。”数学恰恰是“魅力”最好的代言人，它的形式简单、有序而又对称、统一，它的内涵严谨、简洁而又富含哲理性，它的和谐更是体现在数学的各个微小细节，它的曲折而坎坷的发展道路更像是孩子走向成熟的过程，让人感同身受而又无限向往。畅游在数学、空间、概率以及密码的世界里，我们越来越明显地感觉到，数学绝不是枯燥无味的，而是一门充满美感和魅力，能让人沉迷其中的学科。

### 一、数学的形式魅力

当我们真正进入数学王国，了解其中的各种奥秘后，就不再会因为其大量的公式、定理、图形而误认为数学是繁杂难懂的；相反，我们将看到数学文化中表现出来的简单、有序、对称、整齐、统一的形式魅力。

从数学中最简单的数开始，它的魅力无处不在。亿万年前的先祖们发现，不同种类的东西的总量可以存在某种关系，于是产生了最早的数学。古希腊著名数学家毕达哥拉斯曾说过：“数本身就是世界的秩序”，他的名言就是：“凡物皆数”，自然界的事物可以根据数进行分类，质数、勾股数、亲合数、循环数等。无穷无尽的数蕴含着精彩绝伦的奥秘，最经典的形式魅力莫过于“黄金分割点”的提出，1∶0.618，它是爱美人士的审美标准。数学的具体定义可以定义人体之美，可见其魅力之大。

点 $C$ 把线段 $AB$ 分成两条线段 $AC$ 和 $BC$，且 $AC>CB$。如果$\frac{BC}{AC}=\frac{AC}{AB}$，称线段 $AB$ 被点 $C$ 黄金分割，点 $C$ 叫做线段 $AB$ 的黄金分割点，$AC$ 与 $AB$ 的比称为黄金比，如图 2-1 所示。

图 2-1 黄金分割

由$\dfrac{BC}{AC}=\dfrac{AC}{AB}$,得$AC^2=AB\cdot BC$。设$AB=1,AC=x$,则$CB=1-x$,于是$x^2=1\cdot(1-x)$,即$x^2+x-1=0$。

解这个方程,得

$$x=\frac{1\pm\sqrt{5}}{2}$$

所以

$$x_1=\frac{-1+\sqrt{5}}{2},\quad x_2=\frac{-1-\sqrt{5}}{2}\text{(不合题意,舍去)}$$

所以,黄金比为

$$\frac{AC}{AB}=\frac{-1+\sqrt{5}}{2}=0.618$$

下面欣赏一组黄金分割点。

世界艺术珍品——维纳斯女神(如图 2-2 所示),她是公元前一百多年希腊雕塑鼎盛时期的代表作,她的上半身和下半身的比值接近 0.618。

你知道芭蕾舞演员跳舞时为什么要踮起脚尖吗?芭蕾舞演员的身段是苗条的,但下半身与身高的比值只有 0.58 左右,演员在表演时踮起脚尖,身高就可以增加 6~8cm,这时比值就接近 0.618,给人以更为优美的艺术形象,如图 2-3 所示。

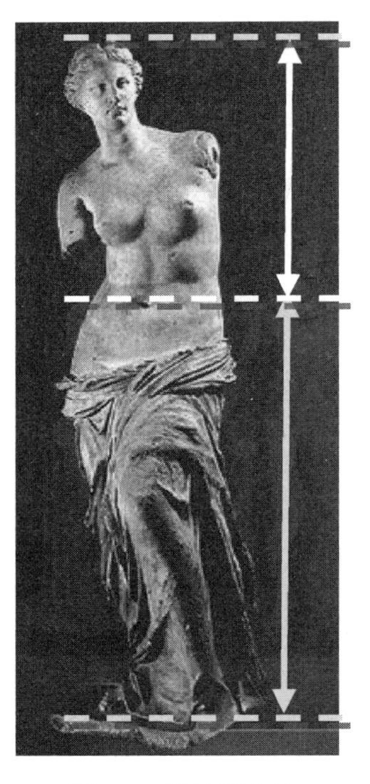

图 2-2 维纳斯女神

图 2-3 芭蕾舞演员踮脚尖跳舞

著名画家达・芬奇的《蒙娜丽莎》构图完美，体现了黄金分割在油画艺术上的应用。通过图 2-4 可以看出来，蒙娜丽莎的头和两肩在整幅画面中都完美地体现了黄金分割，使得这幅油画看起来和谐、完美。

图 2-4　达・芬奇的《蒙娜丽莎》

中国国旗的宽长比是黄金分割数。五角星有很多黄金分割点，所以国旗和五角星都很好看，如图 2-5 所示。

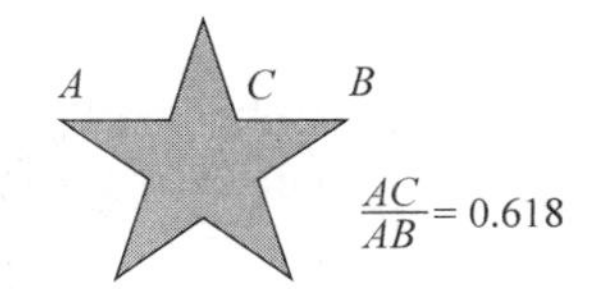


图 2-5　中国国旗设计

再从数学公式看其形式的魅力。很多烦琐、复杂的现象可以归纳为简单、明了的数学公式，其强大的容纳力量也是它的魅力所在。中学生都知道，直角三角形中斜边的平方等于两个直角边的平方和，即 $x^2+y^2=z^2$，但是在 2000 多年前，人们并不熟悉，也没有这么简洁的公式。它是毕达哥拉斯在“青年兄弟会”中经过激烈讨论，由勾股定理推广得来的规律，它深刻影响了人类的建筑和测量，持续不断地影响着人类文明。

最后，我们从数学的对称美看其形式魅力。最经典的对称美是行列式。人们把行列式比喻为“美丽的花园”，并且这个“花园”的每一条边都可以扩展。4 阶行列式是由 16 个元素按 4 行、4 列排成的一个正方形，即使是一个不懂数学的人，当他看到一个 4 阶行列式时也能感受到它排列整齐和处处对称，给人一种美的享受。

## 二、数学的内涵魅力

数学被人们尊称为自然科学皇后，是数与空间的结合，科学与艺术的结合，其中蕴含着令人神往的诱人魅力。数学研究者都认为，哪里有数学，哪里就充满魅力。大多数人对此很不理解，认为数学是枯燥无味的数字集合，了无生趣。但真正“钻”进数学世界的人认为数学是一座不起眼的宝藏，里面魅力无穷。事实上，数学确实如此，它极大地推动了人类社会进步，使我们的生活更加丰富多彩。

数学内涵的魅力主要由其严谨、简洁、哲理组成。数学最独特的魅力在于其严谨性，只有数学可以真正做到“滴水不漏”。数学可以被评为严谨性的楷模，真实、正确是数学中的绝对准则。在我们日常的数学活动中，常常用到反证法，在这种方法中，不仅要用到系统的公理和定理，而且要用到其他分支的知识。这种方法最突出的特点是严谨，避免数学结论出现纰漏。恰恰是因为数学的这种真实的严谨性，才使其显示出特有的魅力，使它能够延续几千年乃至永久。

数学最突出的内涵魅力是其简洁性，这也是我们能够亲身体验到的。世界通用的阿拉伯数字是最简洁的文字，数学中的概念和定理是最简洁的表述，数学中的图形由最简单的曲线勾勒而成。我们在学习数学的过程中可以利用最简洁、明了的概念、公式、公理推证出令人折服的定理和公式。我们也看到数学世界中的内在秩序性，它蕴含的是美、清、真，不允许掺杂任何的虚假、浑浊。

数学中还蕴含着很多哲学道理，最具代表性是布劳威尔的直觉主义。他是现代直觉主义的奠基人。从时间顺序出现的感觉是最基本的直觉，自然数的概念因此而形成。最重要的哲学道理是逻辑主义，代表人物是罗素，他通过总结前人的成果，撰写出《数学原理》。这本书是数理逻辑发展史的里程碑，发展、建立了数理逻辑的两个演算的形式化公理系统，为近代公理化奠定了基础，推动了数学逻辑发展史的进步。

### 三、数学的和谐魅力

数学的和谐魅力表现在各种数学形式在不同层次上的高度统一和协调，换句话说，就是不同的数学对象，或是同一个数学对象的不同组成部分之间存在和谐一致性。数学结构美的重要标志是数学的和谐魅力，数学家们不断地追求这种魅力，就像希腊数学家裴安说过：“和谐是杂多的统一，是对立的协调，经过数学变化出现了统一的均衡美。”下面介绍一个最简单的和谐美的例子：

三角函数是我们在高中接触过的概念。三角函数把角度、距离、坐标统一在一起，解决坐标不容易测量的问题，如图 2-6 所示。

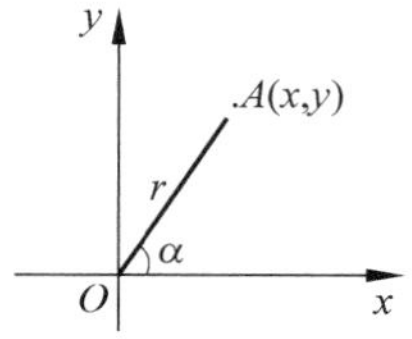

小明位于操场的 $O$ 点，小刚在操场的某点 $A$，可以通过三角函数来确定小刚相对于 $O$ 点的位置。引入 $r$、$\alpha$ 来计算 $x$、$y$，即

图 2-6 坐标图

$$\sin\alpha = \frac{x}{r}, \quad \cos\alpha = \frac{y}{r}, \quad \tan\alpha = \frac{y}{x}$$

三角函数是一种代数工具，可以利用它解决几何问题。解三角形就离不开三角函数，这也充分说明了数学的内在和谐统一的魅力。如果再把三角函数、几何图形、向量联系在一起，就可以用三角公式表示几何图形。例如单位向量$\overrightarrow{OA}=(\cos\alpha,\sin\alpha)$与$\overrightarrow{OB}=(\cos\beta,\sin\beta)$，由单位向量的数量积可以得出余弦的差角公式$\overrightarrow{OA}\cdot\overrightarrow{OB}=\cos(\alpha-\beta)=\cos\alpha\cos\beta+\sin\alpha\sin\beta$。三角函数中的重要换算公式 $\sin^2 x+\cos^2 x=1$ 与勾股定理有着千丝万缕的联系，协调统一，浑然一体，代数和几何完美、有机地统一在一起。

数学的运算法则、运算公式、运算结论都是由数学运算语言体现出来的，通过文字语言、图形语言、符号语言相互解释、转化和印证，使数学达到天衣无缝的完美，构成数学的和谐魅力。

### 四、数学的发展魅力

现在人们常说“道路是曲折的，前途是光明的”，数学的发展史也印证了这句话的哲理性。数学是人类最古老的的科学知识之一，史学研究者们称数学的发源地与人类文明的发祥地是一致的。同样，数学的发展也经历了许多挫折和坎坷，在磨砺中不断发展成熟。人类最早对数字的认知纯粹是自身生存的需要，逐步地，人类接受了十进制的阿拉伯数字。在20世纪60年代，人类文化学和西方数学、哲学融合发展，逐步形成了数学文化，一直到今天，形成较为系统的现代数学体系。人们将数学发展归纳为四个阶段，即数学起源时期、初等数学时期、近代数学时期和现代数学时期。

一般而言，通过了解事物的来历以及发展过程会帮助我们全方位地认识事物。对于数学的四个发展阶段可以这样解读，把它比喻成人类的成长阶段：第一，数学的“诞生”是伴随人类的生存需要而产生的，这时的生产力水平非常低，数学像刚入学的孩童般只具有“自然数”的概念，只认识简单的几何图形，而且数和图还没有分开；第二，数学的初等阶段也称为常量数学时期，在西方文艺复兴以及文明古国逐渐发展的背景下，形成了初中数学的主要内容，将数学分为算数、几何、代数、三角四个分支；第三，在近代数学时期，对数学的研究迎来了“运动和变化”，像是大学的青年充满生机和活力，这一时期突出的贡献是变量和函数的出现，如笛卡儿的坐标系、牛顿和莱布尼茨的微积分、复变函数和概率论等；第四，在现代数学阶段，数学逐步“成熟”起来，虽然时间较短，但是内容很丰富，远远超过了过去所有数学的总和，产生了集合论、数学分析、抽象代数、拓扑学等应用性更强的成果，很多成果被科技工作者应用，推动了人类的科技进步。

数学的发展是数学家们不断探索的过程，无数的前辈为数学文化倾尽毕生的心血，致力于数学研究，更向我们昭示数学强大的魅力。希尔伯特(Hilbert)提出了著名的23个问题，成为数学史上重要的里程碑，他费尽精力，甘当后人的垫脚石，激发了数学家们研究的兴趣，极大地推动了20世纪数学的发展；国际数学大师陈省身被称为“现代微分几何之父”，对中国数学的复兴做出了突出贡献，即使是安享晚年的陈老仍在钻研数学，感受数学的无穷魅力。

你可能喜欢音乐，因为它有优美、和谐的旋律；你可能喜欢图画，因为它从视觉上反映人和自然的美；那么，你应该更喜欢数学，因为它像音乐一样和谐，像图画一样美丽，而且它在更深的层次上揭示自然界和人类社会内在的规律，用简洁的、漂亮的定理和公式描述世界的本质。数学，有无穷的魅力！

### 练习 2.1

1. 有这样一个游戏：桌上放着15枚硬币，两个游戏者(你和一位同学)轮流取走若干枚。规则是每人每次至少取1枚，至多取5枚，谁拿到最后一枚谁就赢得全部15枚硬币。有没有能保证你赢的办法呢？

2. 有这样一则故事：在世界中心贝那勒斯(印度北部的佛教圣地)的圣庙里，安放着一块黄铜板，板上插着3根宝针，细如韭叶，高如腕尺。梵天在创造世界的时候，在其中的一根针上，从下到上串上由大到小的64片金片。这就是所谓的梵塔。当时梵天授言：不论白天黑夜,都要有一个值班的僧侣,按照梵天不渝的法则,把这些金片在3根针上移来移去,一次只能够移1片,并且要求不管在哪根针上,小片永远在大片的上面。当所有的64片都从梵天创造世界时所放的那根针上移到另一根针上时,世界就将在一声霹雳声中消灭,梵塔、宇宙和众生都将同归于尽!这,便是世界末日。该游戏称为"汉诺塔"你能完成吗?

3. 抓堆:有一堆谷粒(例如100粒),甲、乙轮流抓,每次可抓1~5粒,甲先抓。规定谁抓到最后一把谁赢。问:甲应该如何抓?为什么?

4. 抓三堆:有三堆谷粒(例如100粒、200粒、300粒),甲、乙轮流抓,每次只能从一堆中抓,最少抓1粒,可抓任意多粒。甲先抓,规定谁抓到最后一把谁赢。问:甲应该如何抓?为什么?

## 第二节 数学的语言

数学语言是数学思维的载体,数学学习实质上是数学思维活动,交流是思维活动中重要的环节,因此,动手实践、自主探索与合作交流是学习数学的重要形式。联合国教科文组织将有效的数学交流作为学习数学的目标之一,实现有效交流的前提是学习和掌握数学语言。

### 一、数学语言的类型

数学语言分为抽象性数学语言和直观性数学语言,包括数学概念、术语、符号、式子、图形等。数学语言又归结为文字语言、符号语言和图形语言三类。各种形态的数学语言各有优越性,如概念定义严密,揭示本质属性;术语引入科学、自然,体系完整规范;符号指意简明,书写方便,且集中表达数学内容;式子将关系融于形式之中,有助运算,便于思考;图形表现直观,有助记忆,有助思维,有益于问题解决。

符号语言是数学中通用的、特有的简练语言,是在人类数学思维长期发展过程中形成的一种语言表达形式。数学的效能来自数学符号。按感知规律,数学符号分为三种:象形符号、缩写符号和约定符号。象形符号是由数学对象的空间位置结构或数量关系经抽象、概括得到的各种数学图形或图式,再经缩小或改造而形成的一类数学符号。如几何学中的符号△、⊙、∥、⊥、∠等都是原形的压缩改造,属于象形符号。缩写符号是由数学概念的西文词汇缩写或加以改造而成的符号,比如函数f(function),极限lim(limit)、正弦sin(sine)、最大max(maximal)、最小min(minimal)、存在∃(exist)、任意∀(any)等符号均为此类。约定符号是数学共同体约定的,具有数学思维合理性、流畅性的数学符号,如运算符号+、×、∩,全等≌,相似∽,大于>,小于<等均属此类。由各种符号按照数学的逻辑意义和规则而组合建立起来的各种符号串或式子构成数学式语言或数学句子。这里的逻辑意义和规则是指数学中的一些规定或原理法则,如$a+bc$遵循的是运算次序、略写法则等。

数学中的文字语言是数学化了的自然语言,或者称为自然语言中的数学语言。自然语言常具有模糊性,而数学是严谨的,容不得含糊。所以,数学中的文字语言不是自然语言文字的简单移植或组合,而是经过一定的加工、改造、限定、精确化而形成的,并且这些语言具有数学学科特指的确定的语义，常以数学概念、术语的形式出现。例如，数学中的直线、全等、连续、区间、组合、相似、极限、轨迹等都是自然语言的精确化；绝对值、正值、中线、中位线、有理、无理等都是对自然语言中的文字进行限定的结果；增加几倍、扩大几倍、概率、正弦、可微、可积等都是具有特定含义的数学文字语言。有些数学语言本身还具有比喻或象形意义，如扇形、补角、射影、倒数、锐角、钝角、参数、行列式等数学词语，能给人一种语言直观，使人较为自然、容易地领会和理解。自然语言是数学文字语言形成与发展的基础，数学文字语言不仅借用了自然语言中的文字，沿用了自然语言中的语法规则，而且在大多数情况下两种语言的语义是一致的。

图形语言是指包含一定数学信息的各种图或表，细分为图形语言（几何图形、统计分析图、集合维恩图等）、图像语言（函数图像或统计线图等）和格表语言（统计数据表、分析表、框图等）。它们是数学形象思维的载体和中介，也是数学思维的重要材料和结果，还是进行抽象思维的一个重要工具。必须确认，图表也是一种数学语言，是数学的一种直观性语言，是对其他两种语言的补充，它与数学概念、术语、符号与式子等一起构成数学语言系统。尤其在当今信息化社会，人们会经常地在各种媒体上看到或阅读到某种载有一定数学意义的图形、图像或格表。它们作为信息传递的一种形式，具有同文字信息形式相同的功能，但比文字信息更直观。所以，掌握图表语言是现代社会的要求，学习者必须学会读图，掌握图表语言，要能够从图形、图像和格表中读出蕴涵的信息。

三种数学语言各有优势与不足：文字语言通俗、易懂，但描述起来是线性的，不易表露知识的内在结构；数学符号虽然抽象，但十分简洁，描述起来给人以结构感；图表语言比文字语言和一般符号语言更具直观性，容易形成表象。为了使数学内容不那么难懂，能够借助母语理解，在实际表述数学思想内容的时候，常结合自然语言的表述。所以，一种数学思想内容的表达常是数学符号语言、文字语言、图表语言和自然语言的优势互补和有机融合。

## 二、数学语言的特点

数学语言既具有抽象性、简约性，又具有精确性。

数学语言的精确性还表现在自身不存在歧义。所谓歧义现象，就是一个句子可以作两种或两种以上不同意义的理解，或者可以作两种或两种以上的结构分析。尽管数学中的句子有时可以作两种或两种以上的意义理解，不过这些理解在一定意义上都是等价的（故不称为歧义），可以看做等价转换或同义转换，这是数学解题的一种重要策略。从这个意义上讲，我们希望学习者能够灵活地做出语义转换。例如，$ab^2-a^2b-1=0$ 的基本语义为 $a$、$b$ 满足一个等式，但它可转义为“$b$ 是方程 $ax^2-a^2x-1=0$ 的一个根”，还可转义为“$a$ 是方程 $-bx^2+b^2x-1=0$ 的一个根”，这些意义在解题中没有任何冲突或矛盾。只是应注意，在语义转换方面，不能以偏概全，如“$a$ 不大于 $b$”不能转换为“$a$ 小于 $b$”。

数学语言的另一个突出特点是其符号化、形式化。形式化的主要表现是变元的使用。由于使用了各种变元，数学语言能够很好地表达一般规律。用数学语言表示形式，在这个形式中可以填进各种内容。当然，这些形式不是没有任何内容的，它是从个别的、具体的内容中抽象出来的，保留了它们共同的东西。数学语言的这种形式化特点，常常造成在数学语义理解不透彻的情况下数学语言的形式与内容脱节，造成学习上的形式主义。

数学语言与一般语言相比，第三个特点是在应用上有不同。例如，公式语言的应用与一般词语应用的形式是不同的，像“丰富多彩”这个词，一个学生会根据情境造出“昨天的电视节目丰富多彩”、“学校生活变得丰富多彩了”这样的句子，基本表明他掌握了这个词语的用法。一个优美的句子可以不加变化地嵌套在一段描写中，使用起来是镶嵌式的；数学语言的应用不完全是镶嵌式的，像三角函数诱导公式语言 $\sin(180°+\alpha)=\sin\alpha$，sin 是不能镶嵌在一个语句中的，是变形或代入式的，只有能够完成如 $\sin210°=\sin(180°+30°)=-\sin30°=-\frac{1}{2}$ 的计算，才表明学生基本会应用这个公式了（才可以说掌握了这个公式语言的用法）。又如对于余弦定理，只有根据三角形的具体情况，如 $b=8$，$c=3$，$A=60°$，写出 $a^2=8^2+3^2-2\times8\times3\times\cos60°$ 来，才能说学生基本会应用余弦定理了。“丰富多彩”是一个形容词，要想认识它，通过定义不太容易；而数学中的概念是定义式的，公式是推理式的，直观感受只是辅助，应从理论上把握。

数学语言与一般语言相比的第四个特点表现在理解要求的层次不同。比如，作为语言学中的三角形概念，知道它的形状就可以了，不必知道更深层次的性质；而在数学中学习它，不仅要从直观层面上清楚它的形状，而且重点要从抽象层面上知道其内涵和性质特征，语句中一出现“三角形 $ABC$”或“$\triangle ABC$”，就会联想到内角和、边角关系等。可以说，数学语言的学习面临的是语言发展和思维发展的双重任务。

理解数学语言常需要更多的判断、推理，语言中蕴涵的推理以及判断的理由、依据须清楚、明白；否则，即便语言中的概念清楚，意义明白，也不能达到数学上的理解。例如，“已知函数 $f(x)$ 是 $0,5x,2x-4,2-x$ 中的最大值，求 $f(x)$ 的最小值”，从字面意义上，学生都能够理解其意义，知道说的是什么意思，但是对整个问题不知怎样下手解决，原因是不能理解“$f(x)$ 是 $0,5x,2x-4,2-x$ 中的最大值”的深层意义，不能对其进行进一步的语义转换和重新表达。这表明，数学语言仅靠字面含义理解是不够的。

第五个特点：数学语言的理解常是句法分析先于语义理解。根据心理学的研究，“学会了语言和阅读的人，都具有一个心理词典。”所谓心理词典，就是词的意义在人的心理上的表征。通常，我们说认知一个词，就是在心理词典中找出与这个词相对应的词条。在每个词条中都包括与之相对应的词的语音与写法方面的表征以及词的意义的表征。数学学习的结果是在学习者内部形成一个数学心理词典，利用这个词典可以解释外部输入的数学信息。一个词的特征在心理词典中被呈现的形式常常被设想为一种网络结构，通过这个语义网络结构，可以找到一个词的特征集合，即词义。按照语义学理论，句子是表达完整思想的具有一定语法特征的、最基本的言语单位。语言学习的中心应该是学习句子，先理解句子，再造出句子。“句子的理解就是从书面文字中来建构意义。”所谓建构意义，就是从书面词的序列中建造起具有层次安排的命题。建构意义通常采用两种策略：语义策略和句法策略。语义策略是指在阅读一个句子的时候，通过识别句中词的意义和对句中的词进行意义搭配来确定这句话的含义的策略。例如，在一个句子中看到“红、小孩、苹果、吃”这几个词，即便没有任何其他的句法信息，也能建立起下面两个命题（意义）：小孩吃苹果，苹果是红的。这里使用了语义策略。句法策略是指把句子切分为构成成分进行分析，考察这个语言的内部构造，弄清这些构成成分是怎样相互联系起来的，从而建立起句子的底层结构意义。句法是指对句子中的构成成分的“系统安排”，它为人们提供了一种编码，使人们能够利用词的序列去传递思想。句法结构使同样的一个词在不同的句子中起着不同的句法作用，使句子具有不同的意义。例如“$a$ 与 $b$ 的平方和”和“$a$ 与 $b$ 和的平方”，两个句子由同样的词组成，差异在词的序列不同，正是这种词序的不同，才使它们具有完全不同的意义。

在自然语言句子的加工中，语义的联系常常统治着理解，而句法的分析是在必需的时候才起到证实和去歧义的作用。所以，读者首先按照句子的意义来加工，其次才按照它的句法来整理。然而，根据数学语言表达的特点，学生对数学语言更多的是句法结构理解，直接深入到语言材料内部，寻找关系，探明结构，再根据结构关系进行数学处理。例如，解题者对问题“2 元纸币的数目是 5 角纸币数目的 7 倍，5 角纸币的总币值比 2 元纸币的总币值多 3.60 元，列方程求解 2 元纸币、5 角纸币的数目”的加工结果就表明了这一点，解题者一般从结构入手，分析和提取出问题表述中涉及的量及其关系：2 元纸币（将这种对象视做 $x$，用它表示这种对象的数目）、5 角纸币（将这种对象视做 $y$，将对象与对象的数目视为一体）、它们的数目以及关系（$x$ 是 $y$ 的 7 倍）、总币值（各为 $2x$ 元，$5y$ 角）及其关系（$5y$ 角比 $2x$ 元多 3.60 元），通过上述理解，将关系数学化为方程 $x=7y$，$5y-2x=3.60$ 或 $50y-200x=360$，而较少先进行语义理解，考察问题的意义是否现实。

## 三、数学语言的学习策略

### 1. 注重数学语言的互译

普通语言即日常生活中所用的语言，是我们熟悉的，用它来表达事物，让人感到亲切，也容易理解。其他任何一种语言的学习都必须以普通语言为解释系统，数学语言也是如此。通过两种语言的互译，可以使抽象的数学语言在现实生活中找到借鉴，从而能透彻理解，运用自如。互译包括以下内容：

（1）将普通语言转化为数学语言（即数学化）

例如，方程把文字表达的条件改用数学符号。这是利用数学知识来解决实际问题的必要程序。

由具体的对应关系逐步抽象形成映射、函数的概念，以及对抽象的数学语言理解内化借助普通语言或具体实例表达交流。比如，根据映射和函数的定义构造映射和函数实例。

（2）将数学语言译为普通语言

数学实践告诉我们，凡是能用普通语言复述概念的定义和解释概念所揭示的本质属性，对概念的理解就深刻。由于数学语言是一种抽象的人工符号系统，不适于口头表达，因此只有翻译成普通语言使之“通俗化”，才便于交流。

（3）不同形态的数学语言之间的转换

比如，集合的自然语言表示、符号语言表示及韦恩图表示。又比如，函数 $y=f(x)$ 在 $[a,b]$ 上。

互译有助于激发学习的兴趣，加深对数学本质的理解，增强辨析能力。互译的过程体现对立统一的辩证思想，有助于不同思路的转换与问题化归。

例如，“已知 $x+2y=5$，求 $x^2+y^2$ 的最小值”可以转译为“求直线 $x+2y=5$ 上点到原点的距离的最小值”，进一步转换为“求原点到直线 $x+2y=5$ 的距离”，既沟通了代数与解析几何的联系，又使问题变得更简单易求。

**2. 善于推敲叙述语言的关键词句**

叙述语言是介绍数学概念最基本的表达形式，其中每一个关键的字和词都有确切的意义，须仔细推敲，明确关键词句之间的依存和制约关系。例如，平行线的概念"在同一平面内不相交的两条直线叫做平行线"中的关键词句有："在同一平面内"，"不相交"，"两条直线"。要着重说明平行线是反映直线之间的相互位置关系的，不能孤立地说某一条直线是平行线，要强调"在同一平面内"这个前提，从而加深对平行线的理解。

**3. 深入探究符号语言的数学意义**

符号语言是叙述语言的符号化，在引进一个新的数学符号时，首先要了解各种有代表性的具体模型，形成一定的感性认识，然后根据定义，离开具体的模型对符号的实质进行理性分析。对于数学符号语言，由于其高度的集约性、抽象性以及内涵的丰富性，往往难以读懂，要求学生对符号语言具有相当的理解能力，善于将简约的符号语言译成一般的数学语言，有利于问题的转化与处理。

例如，函数符号 $f(x)$ 可以从以下几个方面进行意义理解：第一，理解基本含义。$f(x)$是以 $x$ 为自变量的一个函数，表示的是一个映射或对应关系 $f:x\to f(x)$。如 $f(x)=x^2-2x-3(x\in\mathbf{R})$，$x=a\to f(a)=a^2-2a-3$，$f(a)$是函数在 $a$ 处的函数值。第二，增强对"对应"的理解。$f(x)$表示的是括号中的对象与对应对象的一种对应关系，不管括号中的对象（自变量）取什么值，与其对应的都是在对应关系结构（如果关系是可以用数学式子表示的）中用这个值代替对象而得的值。例如，$x+1$ 对应的不是 $f(x)+1$，而是 $f(x+1)=(x+1)^2-2(x+1)-3$。第三，进一步加深对 $f(x)$意义的理解。可以通过如"已知 $f(x+1)=x^2-2x-3$，求 $f(x)$"等问题的思考、讨论而获得。

**4. 合理破译图形语言的数形关系**

图形语言是一种视觉语言，通过图形给出某些条件，其特点是直观，便于观察与联想。观察题设图形的形状、位置、范围，联想相关的数量或方程，是"破译"图形语言的数形关系的基本思想。例如，长方体的表面积，初次接触空间图形的平面直观图，对于这种特殊的图形语言，难于理解，学习时可采用以下步骤来操作：

① 从模型到图形，即根据具体的模型画出直观图。

② 从图形到模型，即根据所画的直观图，用具体的模型表现出来。这样的设计重在建立图形与模型之间的视觉联系，为学习者提供充分的感性认识，从而熟悉直观图的画法结构和特点。

③ 从图形到符号，即把已有直观图中的各种位置关系用符号表示出来。

④ 从符号到图形，即根据符号所表示的条件，准确地画出相应的直观图。这两步设计是为了建立图像语言与符号语言之间的对应关系，利用图形语言来辅助思维，利用符号语言来表达思维。

例如，如图 2-7 所示，一位电工沿着竖立的梯子 $LN$ 往上爬，当他爬到中点 $M$ 处时，由于地面太滑，梯子沿墙面与地面滑下，则 $M$ 点的轨迹是________（设点 $M$ 的坐标为$(x,y)(x>0)$，则 $y$ 与 $x$ 之间的函数关系用图像表示大致是什么图形）。

由于梯子滑行的直觉表象，读者常会选择 $A$。而实际上，根据直角三角形"斜边中点

到直角顶点距离是斜边长的一半”，其轨迹是以原点 $O$ 为圆心、$\frac{|LN|}{2}$ 为半径的圆弧，应选 C。

因为梯子沿墙面与地面滑下时，梯子的长度保持不变，$M$ 是中点也保持不变，即 $OM$ 的值是一个定值，是梯子 $NL$ 的一半。利用勾股定理，可建立关于 $x$，$y$ 的函数关系式，从而得知 $y$ 与 $x$ 之间的函数关系，如图 2-8 所示。

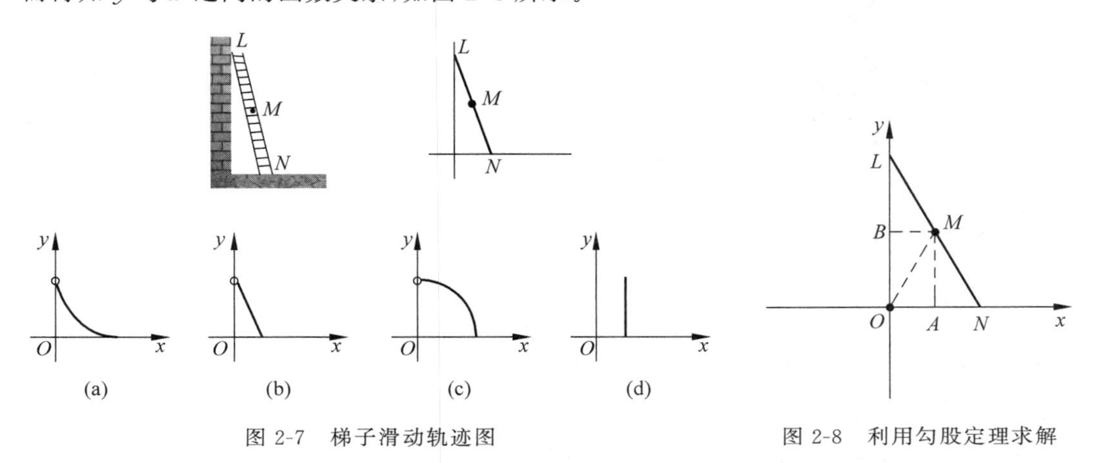


图 2-7　梯子滑动轨迹图　　　图 2-8　利用勾股定理求解

**解**：过 $M$ 作 $MA\perp ON$，过 $M$ 作 $MB\perp OL$，则 $OA=x$，$AM=OB=y$。

因为 $M$ 是 $NL$ 的中点，所以 $OM=\frac{1}{2}NL$。在 Rt$\triangle MOA$ 中，$AO^2+AM^2=OM^2$，即

$$x^2+y^2=OM^2=\left(\frac{1}{2}NL\right)^2$$

因为梯子的长度是一个定值，所以 $y$ 与 $x$ 之间的函数关系满足圆的方程（$x>0$），故答案选 C。

总之，在数学学习中，应严谨、准确地使用数学语言，善于发现并灵活掌握各种数学语言所描述的条件及其相互转化，加深对数学概念的理解和应用。

## 练习 2.2

1. 如图 2-9 所示，一架长 4m 的梯子 $AB$ 斜靠在与地面 $OM$ 垂直的墙 $ON$ 上，梯子与地面的倾斜角 $\alpha$ 为 60°。

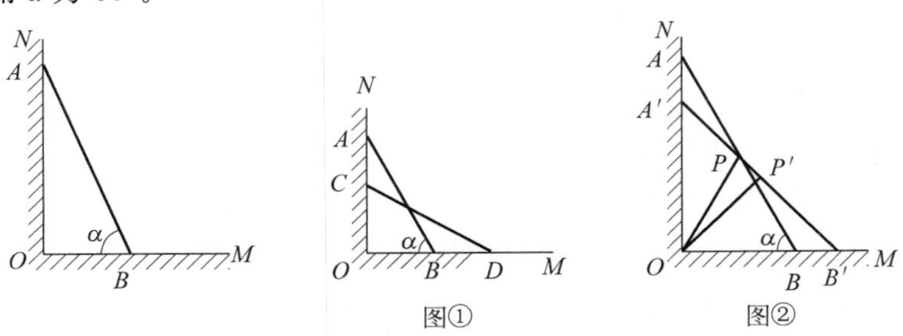


图 2-9　练习 2.2 第 1 题图

(1) 求 $AO$ 与 $BO$ 的长。

(2) 若梯子顶端 $A$ 沿 $NO$ 下滑,同时底端 $B$ 沿 $OM$ 向右滑行。

① 如图①所示,设 $A$ 点下滑到 $C$ 点,$B$ 点向右滑行到 $D$ 点,并且 $AC:BD=2:3$,试计算梯子顶端 $A$ 沿 $NO$ 下滑多少米。

图 2-10 练习 2.2 第 2 题图

② 如图②所示,当 $A$ 点下滑到 $A'$点,$B$ 点向右滑行到 $B'$点时,梯子 $AB$ 的中点 $P$ 随之运动到 $P'$。若$\angle POP'=15°$,试求 $AA'$的长。

2. 如图 2-10 所示,长为 4m 的梯子搭在墙上与地面成 45°角,作业时调整为 60°角,则梯子的顶端沿墙面升高了多少米(结果保留根号)?

3. 电视台为某个广告公司特约播放两套片集。其中,片集甲播映时间为 20 分钟,广告时间为 1 分钟,收视观众为 60 万;片集乙播映时间为 10 分钟,广告时间为 1 分钟,收视观众为 20 万。广告公司规定每周至少有 6 分钟广告,而电视台每周只能为该公司提供不多于 86 分钟的节目时间。问电视台每周应播映两套片集各多少次,才能获得最高的收视率?

4. 2015 年是世界反法西斯战争和中国抗日战争胜利 70 周年。表 2-1 所示是部分国家在第二次世界大战中死亡人数统计。根据表中提供的资料,按要求回答问题。

**表 2-1 练习 2.2 第 4 题表**

| 国家 | 军队死亡人数 | 平民死亡人数 |
|---|---|---|
| 中国 | 28,000,000 | 30,000,000 |
| 日本 | 1,850,000 | 672,000 |
| 苏联 | 13,700,000 | 13,000,000 |
| 德国 | 3,500,000 | 1,600,000 |
| 南斯拉夫 | 300,000 | 1,200,000 |
| 意大利 | 77,500 | 153,000 |

(1) 从表 2-1 中,你发现哪些有价值的信息?请写出两条。

(2) 看了表 2-1,你想说什么?请写出来。

## 第三节 数学的应用

1992 年,国际数学家联合会把 2000 年定为“世界数学年”,其目的在于加强数学与社会的联系,使更多人了解数学的作用。

通常,人们把数学分为纯粹数学与应用数学。纯粹数学研究数学本身提出的问题,如费马大定理、哥特巴赫猜想、几何三大难题等。这些问题与生活无关,不用于技术,不能改善人类的生活条件。应用数学却不同,它直接应用于技术。这种看法在第二次世界大战前具有相当的普遍性。第二次世界大战后,情况发生了很大变化。

英国著名数学家哈代说,纯粹数学是一门“无害而清白”的职业,而数论和相对论是这种清白学问的范例："真正的数学对战争毫无影响，至今没有人能发现有什么火药味的东西是数论或相对论造成的，而且将来好多年也不会有人能够发现这类事情。"但1945年原子弹的蘑菇云使人们，也使哈代本人在生前看到了相对论不可能与战争有关的预言的可怕破产。他最钟爱的数论也已成为能控制成千上万颗核导弹的密码系统的理论基础。20世纪90年代的"海湾战争"甚至被称为"数学战争"了。

第二次世界大战以后，数学的面貌呈现以下四大变化：

① 计算机的介入改变了数学研究的方法，大大扩展了数学研究的领域，加强了数学与社会多方面的联系。例如，四色问题的解决，数学实验的诞生，生物进化的模拟，股票市场的模拟等。

② 数学直接介入社会，数学模型的作用越来越大。

③ 离散数学获得重大发展。人们可以在不懂微积分的情况下，对数学做出重大贡献。

④ 分形几何与混沌学的诞生是数学史上的重大事件。

下面具体谈谈数学在各个领域的新贡献。

**1. 化学**

大约在1950年，一位名叫赫伯特·A·豪普特曼(H. Hauptman)的数学家对晶体的结构产生了兴趣。从20世纪初化学家就知道，当X射线穿过晶体时，光线碰到晶体中的原子而发生散射或衍射。把胶卷置于晶体之后，X射线会使随原子位置而变动的衍射图案处的胶卷变黑。化学家的迷惑是，他们不能准确地确定晶体中原子的位置。这是因为X射线也可以看做是波，它们有振幅和相位。这个衍射图只能探清X射线的振幅，不能探测相位。化学家们对此困惑了40多年。豪普特曼认识到，这件事能形成一个纯粹的数学问题，并有一个优美的解。

他借助傅氏分析找出了决定相位的办法，并进一步确定了晶体的几何结构。结晶学家只见过物理现象的影子，豪普特曼却利用100年前的古典数学从影子来再现实际的现象。前几年在一次谈话中，他回忆说，1950年以前，人们认为他的工作是荒谬的，并把他看成一个大傻瓜。事实上，他一生只上过一门化学课——大学一年级的化学，但是，由于他用古典数学解决了一个难倒现代化学家的谜，而在1985年获得了诺贝尔化学奖。

**2. 生物学**

数学在生物学中的应用使生物学从经验科学上升为理论科学，由定性科学转变为定量科学。它们的结合与相互促进必将产生许多奇妙的结果。

数学在生物学中的应用可以追溯到11世纪。我国科学家沈括观察到出生性别大致相等的规律，提出"育胎之理"的数学模型。1866年奥地利人孟德尔通过植物杂交实验提出了"遗传因子"的概念，并发现了生物遗传的分离定律和自由组合定律。但这些都是简单的，个别而不普遍。1899年英国人皮尔逊创办《生物统计学》，是数学大量进入生物学的序曲。哈代和费希尔在20世纪20年代创立了群体遗传学，成为生命科学中最活跃的定量分析方法和工具。意大利数学家沃尔泰拉在第一次世界大战后不久创立了生物动力学。这几位都是当时一流的数学家。

数学对生物学最有影响的分支是生命科学。目前拓扑学和形态发生学，纽结理论和

DNA重组机理受到很大重视。美国数学家琼斯在纽结理论方面的工作使他获得1990年的菲尔兹奖。生物学家很快地把这项成果用到了DNA上，对弄清DNA结构产生了重大影响。《Science》杂志发表文章说："数学打开了双螺旋的疑结"。

其次是生理学。人们建立了心脏、肾、胰腺、耳朵等许多器官的计算模型。此外，生命系统在不同层次上呈现出无序与有序的复杂行为，如何描述它们的运作体制对数学和生物学都构成挑战。

最后是脑科学。目前网络学的研究对神经网络至关重要。

为了让数学发挥作用，最重要的是对现有生物学研究方法进行改革。如果生物学仍满足于从某一实验中得出一个很局限的结论，生物学将变成生命现象的记录，失去了理性的光辉，更无法揭开自然之谜。

### 3. 体育运动

用现代数学方法研究体育运动是从20世纪70年代开始的。1973年，美国的应用数学家J. B. 开勒发表了赛跑的理论，并用他的理论训练中长跑运动员，取得了很好的成绩。几乎同时，美国的计算专家艾斯特运用数学、力学理论，并借助计算机研究了当时铁饼投掷世界冠军的投掷技术，提出了自己的研究理论，据此提出了改正投掷技术的训练措施，使这位世界冠军在短期内将成绩提高了4米，在奥运会的比赛中创造了连破三次世界纪录的辉煌成绩。这些例子说明，数学在体育训练中发挥着越来越明显的作用，所用到的数学内容也相当深入。主要的研究方面有：赛跑理论，投掷技术，台球的击球方向，跳高的起跳点，足球场上的射门与守门，比赛程序的安排，博弈论与决策。

举个例子。1982年11月在印度举行的亚运会上，曾经创造男子跳高世界纪录的我国著名跳高选手朱建华已经跳过2米33的高度，稳获冠军。他开始向2米37的高度进军。只见他几个碎步，快速助跑，有力地弹跳，身体腾空而起。他的头部越过了横杆，上身越过了横杆，臀部、大腿，甚至小腿都越过了横杆，可惜，脚跟擦到了横杆。横杆摇晃了几下，掉了下来！问题出在哪里？出在起跳点上。那么，如何选取起跳点呢？可以建立一个数学模型。其中涉及起跳速度，助跑曲线与横杆的夹角，身体重心的运动方向与地面的夹角等诸多因素。

### 4. 数学与经济学联姻

经济学在社会科学中占有举足轻重的地位。一方面，因为是它与人的生活密切相关。它探讨的是资源如何在人群中有效分配的问题。另一方面，是因为经济学理论的清晰性、严密性和完整性使它成为社会科学中最"科学"的学科，而这要归功于数学。数学介入经济学，使得经济学发生了深刻而巨大的变革。目前看来至少推动了几门新的经济学分支学科的诞生和发展，包括数理经济学、计量经济学等。从1969年到1990年，共有27位经济学家获得诺贝尔奖，其中有14位是因为提出和应用数学方法于经济分析中才获此殊荣，其他人也部分地应用了数学，纯做文字分析的几乎没有。

### 5. 数理语言学

在传统分类中，语言学属人文科学。但由于其研究对象的特殊性，近年来它越来越向自然科学靠拢。因为它是一个内部规则严整的系统，所以应用数学是自然的。用数学方法研究语言现象，给语言以定量化与形式化的描述称为数理语言学。它既研究自然语言，也研究人工语言，例如计算机语言。数理语言学包含三个主要分支：统计语言学、代数语言学和算法语言学。统计语言学用统计方法处理语言资料，衡量各种语言的相关程度，比较作者的文体风格，确定不同时期的语言发展特征，等等。代数语言学是借助数学和逻辑方法提出精确的数学模型，并把语言改造为现代科学的演绎系统，以便适用于计算机处理。算法语言学是借助图论的方法研究语言的各种层次，挖掘语言的潜在本质，解决语言学中的难题。

**6. 文学作品鉴真**

《红楼梦》研究是一个很好的例子。1980 年 6 月在美国威斯康星大学召开的首届国际《红楼梦》研讨会上，华裔学者陈炳藻宣读了论文“从词汇统计论《红楼梦》的作者问题”。此后他又发表了多篇用电脑研究文学的论文。数学物理中的谱分析与快速傅里叶变换密切相关。令人吃惊的是，这一方法已被成功地应用于文学研究。文学作品的微量元素，即文学的“指纹”，就是文章的句型风格，其判断的主要方法是频谱分析。日本有两位作者多久正和安本美典大量应用频谱分析来研究各种文学作品，最后达到这样的程度：随便拿来一篇文字，不讲明作者，也可以知道作者是谁，就像法医根据指纹抓犯人一样，准确无误。

**7. 史学研究**

数学方法的应用为历史研究开辟了许多过去不为人重视，或不曾很好利用的历史资料的新领域，并且极大地影响历史学家运用文献资料的方法，影响他们对原始资料的收集和整理，以及分析这些资料的方向、内容和着眼点。另外，数学方法正在影响历史学家观察问题的角度和思考问题的方式，从而有可能解决使用习惯的、传统的历史研究方法所无法解决的某些难题。数学方法的应用使历史学趋于严谨和精确，而且对研究结果的检验有重要意义。

**8. 自然界**

大家都听到过蝉鸣，或知了叫。不管有多少蝉或知了，也不管有多少树，它们的鸣声总是一致的。这是什么原因呢？谁在指挥它们？自然界最壮观的景象之一发生在东南亚。在那里，一大批萤火虫同步闪光。1935 年，在《科学》杂志上发表了一篇题为“萤火虫的同步闪光”的论文。在这篇论文中，美国生物学家史密斯对这一现象做了生动的描述：“想象一下，一棵 10 米至 12 米高的树，每一片树叶上都有一个萤火虫，所有的萤火虫大约都以每 2 秒 3 次的频率同步闪光，这棵树在两次闪光之间漆黑一片。想象一下，在 160 米的河岸两旁是不间断的芒果树，每一片树叶上的萤火虫，以及树列两端之间所有树上的萤火虫完全一致同步闪光。那么，如果一个人的想象力足够生动的话，他会对这一惊人奇观形成某种概念。”

这种闪光为什么会同步？1990 年，米洛罗和施特盖茨借助数学模型给出了解释。在这种模型中，每个萤火虫都和其他萤火虫相互作用。建模的主要思想是，把诸多昆虫模拟成一群彼此靠视觉信号耦合的振荡器。每个萤火虫用来产生闪光的化学循环被表示成一个振荡器，萤火虫整体表示成此种振荡器的网络——每个振荡器以完全相同的方式影响其他振荡器。这些振荡器脉冲式耦合，即振荡器仅在产生闪光一瞬间对邻近振荡器施加影响。米洛罗和施特盖茨证明了，不管初始条件如何，所有振荡器最终都会变得同步。这个证明的基础是吸附概念。吸附使两个不同的振荡器“互锁”，并保持同相。由于耦合完全对称，一旦一群振荡器互锁，就不能解锁。

最后，需要指出，数学与人类文明的联系与应用是多方面、多层次的，数学与哲学、文学、建筑、音乐也都有深刻的联系。计算机诞生后，数学与其他文化的联系更加深入和广泛。可以毫无愧言地说，信息时代就是数学时代。联合国科教文组织在1992年发表了《里约热内卢宣言》，将2000年定为“数学年”，并指出“纯粹数学与应用数学是理解世界及其发展的一把主要钥匙。”未来不管你将从事自然科学还是社会科学，请记住这句话，并用你的胆力、智慧和勤奋把人类文明推向新的高峰。

## 练习 2.3

1. 把35颗糖放在5个盒子里，每个盒子里的颗数都是单数，而且数量都不相等，则每个盒子里各装了多少颗糖？

2. 有20个人要到河对岸去，河边只有一条小船，船上每一次最多只能坐5个人。小船至少要载几次，才能使大家全部过河？

3. 假设有一个池塘，里面有无穷多的水。现有2个空水壶，容积分别为5升和6升。问题是：如何只用这2个水壶从池塘里取得3升水？

4. 有只猴子在树林采了100根香蕉堆成一堆，猴子家离香蕉堆50m，猴子打算把香蕉背回家，每次最多能背50根，可是猴子嘴馋，每走1米要吃一根香蕉。问猴子最多能背回家几根香蕉？

5. “过路人，这儿埋葬着丢番图！他生命的六分之一是童年；再过了一生的十二分之一后，他开始长胡须；又过了一生的七分之一后，他结了婚；婚后五年，他有了儿子，但可惜儿子的寿命只有父亲的一半；儿子死后，老人再活了四年就结束了余生。”根据这个墓志铭，请计算出丢番图的寿命。

## 习 题 二

1. 设函数 $f(x)$ 的定义域为 $\mathbf{R}$，判断下列3个命题的真假：

(1) 若存在常数 $M$，使得对任意 $x\in\mathbf{R}$，有 $f(x)\leqslant M$，则 $M$ 是函数 $f(x)$ 的最大值。(    )

(2) 若存在 $x_0\in\mathbf{R}$，使得对任意 $x\in\mathbf{R}$，且 $x\neq x_0$，有 $f(x)<f(x_0)$，则 $f(x_0)$ 是函数 $f(x)$ 的最大值。(    )

(3) 若存在 $x_0\in\mathbf{R}$，使得对任意 $x\in\mathbf{R}$，有 $f(x)\leqslant f(x_0)$，则 $f(x_0)$ 是函数 $f(x)$ 的最大值。(    )

2. 方程 $x^2-ax+2=0$ 有且仅有一个根在区间 $(0,3)$ 内，则 $a\in$________。

3. 函数 $y=x^2+2$ 与函数 $y=ax$ 的图像在 $x\in(0,3)$ 有一个交点，则 $a\in$________。

4. 某球迷协会组织36名球迷拟租乘汽车赴比赛场地，为首次打进世界杯决赛圈的国家足球队加油助威。租用的汽车有两种：一种每辆可乘8人，另一种每辆可乘4人，要求租用的车子不留空座，也不超载。

(1) 请你给出不同的租车方案(至少3种)。

(2) 若8座车的租金是300元/天，4座车的租金是200元/天。请你设计出费用最少的租车方案，并说明理由。

5. 在我国民间流传着许多诗歌形式的数学算题，这些题目叙述生动、活泼，它们大都是关于方程或方程组的应用题。由于诗歌的语言通俗易懂、雅俗共赏，因而一扫纯数学的枯燥无味之感，令人耳目一新，回味无穷。

(1) 周瑜寿属：

而立之年督东吴，早逝英年两位数；
十比个位正小三，个位六倍与寿符；
哪位同学算得快，多少年寿属周瑜？

诗的意思是：周瑜病逝时的年龄是一个大于30的两位数，其十位上的数字比个位上的数字小3，个位上的数字的6倍正好等于这个两位数。求这个两位数。

(2) 官兵分布：

一千官兵一千布，一官四尺无零数；
四兵才得布一尺，请问官兵多少数？

(3) 老头买梨：

一群老头去赶集，半路买了一堆梨；
一人一个多一个，一人两个少两梨。
请问君子知道否，几个老头几个梨？

6. 唐代大诗人李白经常饮酒作诗。下面这首《李白买酒》诗却是一首极有趣的数学题：

李白街上走，提壶去买酒。
遇店加一倍，见花饮一斗。
三遇店和花，喝光壶中酒。
请君猜一猜，壶中原有酒。

7. 2002年世界杯足球赛期间，韩国组委会公布决赛门票价格为：一等席$300，二等席$200，三等席$125($表示美元单位)。某服装公司在促销活动中，组织获奖的36名顾客到韩国观看2002年世界杯足球赛的决赛，计划用$5025购买两种门票。你能设计出几种购票方案供该服装公司选择吗(写出解题过程)？

8. 有四个人借钱的数目分别是这样的：阿伊库向贝尔借了10美元；贝尔向查理借了20美元；查理向迪克借了30美元；迪克又向阿伊库借了40美元。碰巧四个人都在场，决定结账。请问：最少只需要动用多少美元就可以将所有欠款一次付清？

9. 某刊物报道："2008年12月15日，两岸海上直航、空中直航和直接通邮启动，'大三通'基本实现。'大三通'最直接的好处是省时间和省成本。据测算，空运平均每航次可节省4小时，海运平均每航次可节省22小时，以两岸每年往来合计500万人次计算，共可为民众节省2900万小时…"根据文中信息，求每年采用空运和海运往来两岸的人员各有多少万人次？

10. 一个旅游团50人到一家宾馆住宿，宾馆的客房有三人间、二人间、单人间三种。其中，三人间的每人每晚100元，二人间每人每晚150元，单人间200元。如果该团住满了20间客房，最低总消费是多少？

## 数学家的故事(2)

### 牛顿——牛人数学家

艾萨克·牛顿(Newton Isaac,1643—1727)是英国伟大的数学家、物理学家、天文学家和自然哲学家,其研究领域包括物理学、数学、天文学、神学、自然哲学和炼金术。牛顿的主要贡献是发明了微积分,发现了万有引力定律和经典力学,设计并实际制造了第一架反射式望远镜等,被誉为人类历史上最伟大、最有影响力的科学家。为了纪念牛顿在经典力学方面的杰出成就,"牛顿"后来成为衡量力的大小的物理单位。

牛顿于1643年1月4日生于英格兰林肯郡格兰瑟姆附近的沃尔索普村。他1661年入英国剑桥大学圣三一学院,1665年获文学士学位,随后两年在家乡躲避鼠疫。他在此间制定了一生大多数重要科学创造的蓝图。1667年,牛顿回剑桥后当选为剑桥大学三一学院院委,次年获硕士学位。1669年任剑桥大学卢卡斯数学教授席位,直到1701年。1696年任皇家造币厂监督,并移居伦敦。1703年任英国皇家学会会长。1706年受英国女王安娜封爵。在晚年,牛顿潜心于自然哲学与神学。1727年3月31日,牛顿在伦敦病逝,享年84岁。

1643年1月4日英格兰林肯郡格兰瑟姆附近的沃尔索普村的一个自耕农家庭里,牛顿诞生了。牛顿是一个早产儿,出生时只有3磅重,接生婆和他的亲人都担心他能否活下来。谁也没有料到,这个看起来微不足道的小东西会成为一位震古烁今的科学巨人,并且竟活到了84岁的高龄。

牛顿出生前3个月,父亲便去世了。在他2岁时,母亲改嫁给一个牧师,把牛顿留在外祖母身边抚养。11岁时,母亲的后夫去世,母亲带着和后爸所生的一子二女回到牛顿身边。牛顿自幼沉默寡言,性格倔强,这种习性可能来自他的家庭处境。

大约从5岁开始,牛顿被送到公立学校读书。少年时的牛顿并不是神童,他资质平常,成绩一般,但他喜欢读书,喜欢看一些介绍各种简单机械模型制作方法的读物,并从中受到启发,自己动手制作些奇奇怪怪的小玩意,如风车、木钟、折叠式提灯等。

传说小牛顿把风车的机械原理摸透后,自己制造了一架磨坊的模型。他将老鼠绑在一架有轮子的踏车上,然后在轮子的前面放上一粒玉米,刚好那地方是老鼠可望不可及的位置。老鼠想吃玉米,就不断地跑动,于是轮子不停地转动。又一次,他放风筝时,在绳子上悬挂小灯,夜间村人看去惊疑是彗星出现。他还制造了一个小水钟。每天早晨,小水钟会自动滴水到他的脸上,催他起床。他还喜欢绘画、雕刻,尤其喜欢刻日晷,家里墙角、窗台上到处安放着他刻画的日晷,用于验看日影的移动。

牛顿12岁时进了离家不远的格兰瑟姆中学。牛顿的母亲原希望他成为一个农民,但牛顿本人无意于此,而酷爱读书。随着年岁增大,牛顿越发爱好读书,喜欢沉思,做科学小实验。他在格兰瑟姆中学读书时,曾经寄宿在一位药剂师家里,使他受到了化学试验的熏陶。

牛顿在中学时代学习成绩并不出众，只是爱好读书，对自然现象有好奇心，例如颜色、日影四季的移动，尤其是几何学、哥白尼的日心说等。他还分门别类地记读书笔记，又喜欢别出心裁地做些小工具、小技巧、小发明、小试验。

当时英国社会渗透基督教新思想，牛顿家里有两位都以神父为职业的亲戚，这可能影响牛顿晚年的宗教生活。从这些平凡的环境和活动中，还看不出幼年的牛顿是个才能出众、异于常人的儿童。

后来迫于生活，母亲让牛顿辍学在家务农，赡养家庭。但牛顿一有机会便埋首书卷，以至经常忘了干活。每次，母亲叫他同佣人一道上市场，熟悉做交易的生意经时，他便恳求佣人一个人上街，自己则躲在树丛后看书。有一次，牛顿的舅父起了疑心，就跟踪牛顿上市镇去，发现他的外甥伸着腿，躺在草地上，正在聚精会神地钻研一个数学问题。牛顿的好学精神感动了舅父，于是舅父劝服了母亲让牛顿复学，并鼓励牛顿上大学读书。牛顿重新回到了学校，如饥似渴地汲取书本上的营养。

1661 年，19 岁的牛顿以减费生的身份进入剑桥大学三一学院，靠为学院做杂务的收入支付学费。1664 年他成为奖学金获得者，1665 年获学士学位。

17 世纪中叶，剑桥大学的教育制度还渗透着浓厚的中世纪经院哲学的气味，当牛顿进入剑桥时，那里还在传授一些经院式课程，如逻辑、古文、语法、古代史、神学等。两年后，三一学院出现了新气象，卢卡斯创设了一个独辟蹊径的讲座，规定讲授自然科学知识，如地理、物理、天文和数学课程。

讲座的第一任教授伊萨克·巴罗是个博学的科学家。这位学者独具慧眼，看出了牛顿具有深邃的观察力、敏锐的理解力。于是将自己的数学知识，包括计算曲线图形面积的方法，全部传授给牛顿，并把牛顿引向了近代自然科学的研究领域。

在这段学习过程中，牛顿掌握了算术、三角，读了开普勒的《光学》，笛卡儿的《几何学》和《哲学原理》，伽利略的《两大世界体系的对话》，胡克的《显微图集》，还有皇家学会的历史和早期的哲学学报等。

牛顿在巴罗门下的这段时间，是他学习的关键时期。巴罗比牛顿大 12 岁，精于数学和光学，他对牛顿的才华极为赞赏，认为牛顿的数学才华超过自己。后来，牛顿在回忆时说道："巴罗博士当时讲授关于运动学的课程，也许正是这些课程促使我去研究这方面的问题。"

当时，牛顿在数学上很大程度是依靠自学。他学习了欧几里得的《几何原本》、笛卡儿的《几何学》、沃利斯的《无穷算术》、巴罗的《数学讲义》及韦达等许多数学家的著作。其中，对牛顿具有决定性影响的要数笛卡儿的《几何学》和沃利斯的《无穷算术》，它们将牛顿迅速引导到当时数学的最前沿——解析几何与微积分。1664 年，牛顿被选为巴罗的助手；第二年，剑桥大学评议会通过了授予牛顿大学学士学位的决定。

1665～1666 年，严重的鼠疫席卷伦敦，剑桥离伦敦不远，为恐波及，学校因此而停课。牛顿于 1665 年 6 月离校返乡。

由于牛顿在剑桥受到数学和自然科学的熏陶和培养，对探索自然现象产生了浓厚的兴趣，家乡安静的环境使得他的思想展翅飞翔。1665～1666 年这段短暂的时光成为牛顿科学生涯中的黄金岁月，他在自然科学领域内思潮奔腾，才华迸发，思考前人从未思考过的问题,踏进了前人没有涉及的领域,创建了前所未有的惊人业绩。

1665年年初,牛顿创立级数近似法,以及把任意幂的二项式化为一个级数的规则;同年11月,创立正流数法(微分);次年1月,用三棱镜研究颜色理论;5月,开始研究反流数法(积分)。这一年内,牛顿开始想到研究重力问题,并想把重力理论推广到月球的运动轨道上去。他还从开普勒定律中推导出:使行星保持在它们的轨道上的力必定与它们到旋转中心的距离平方成反比。牛顿见苹果落地而悟出地球引力的传说,说的也是此时发生的轶事。

总之,在家乡居住的两年中,牛顿以比此后任何时候更为旺盛的精力从事科学创造,并关心自然哲学问题。他的三大成就——微积分、万有引力、光学分析的思想都是在这时孕育成形的。可以说,此时的牛顿已经开始着手描绘他一生大多数科学创造的蓝图。

1667年复活节后不久,牛顿返回剑桥大学,10月1日被选为三一学院的仲院侣(初级院委),翌年3月16日获得硕士学位,同时成为正院侣(高级院委)。1669年10月27日,巴罗为了提携牛顿而辞去了教授之职,26岁的牛顿晋升为数学教授,并担任卢卡斯讲座的教授。巴罗为牛顿的科学生涯打通了道路,如果没有牛顿的舅父和巴罗的帮助,牛顿这匹千里马可能就不会驰骋在科学的大道上。巴罗让贤,这在科学史上一直被传为佳话。

在牛顿的全部科学贡献中,数学成就占有突出的地位。他数学生涯中的第一项创造性成果就是发现了二项式定理。据牛顿本人回忆,他是在1664年和1665年间的冬天,在研读沃利斯博士的《无穷算术》时,试图修改他的求圆面积的级数时发现这一定理的。

笛卡儿的解析几何把描述运动的函数关系和几何曲线相对应。牛顿在老师巴罗的指导下,在钻研笛卡儿的解析几何的基础上,找到了新的出路。可以把任意时刻的速度看做是在微小的时间范围里的速度的平均值,这就是一个微小的路程和时间间隔的比值。当这个微小的时间间隔缩小到无穷小的时候,就是这一点的准确值。这就是微分的概念。

微积分的创立是牛顿最卓越的数学成就。牛顿为解决运动问题,才创立这种和物理概念直接联系的数学理论,牛顿称之为流数术。它所处理的一些具体问题,如切线问题、求积问题、瞬时速度问题以及函数的极大和极小值问题等,在牛顿前已经有人研究。但牛顿超越了前人,他站在了更高的角度,对以往分散的结论加以综合,将自古希腊以来求解无限小问题的各种技巧统一为两类普通的算法——微分和积分,并确立了这两类运算的互逆关系,完成了微积分发明中最关键的一步,为近代科学发展提供了最有效的工具,开辟了数学上的一个新纪元。

牛顿没有及时发表微积分的研究成果。他研究微积分可能比莱布尼茨早一些,但是莱布尼茨采取的表达形式更加合理,而且关于微积分的著作出版时间也比牛顿早。

在牛顿和莱布尼茨之间,为争论谁是这门学科的创立者的时候,竟然引起了一场悍然大波,这种争吵在各自的学生、支持者和数学家中持续了相当长的一段时间,造成了欧洲大陆的数学家和英国数学家的长期对立。英国数学在一个时期里闭关锁国,囿于民族偏见,过于拘泥在牛顿的流数术中停步不前,因而数学发展整整落后了一百年。

1707年,牛顿的代数讲义经整理后出版,定名为《普遍算术》。他主要讨论了代数基础及其(通过解方程)在解决各类问题中的应用。书中陈述了代数基本概念与基本运算,

用大量实例说明了如何将各类问题化为代数方程，同时对方程的根及其性质进行了深入探讨，引出了方程论方面的丰硕成果。例如，他得出了方程的根与其判别式之间的关系，指出可以利用方程系数确定方程根之幂的和数，即牛顿幂和公式。

牛顿对解析几何与综合几何都有贡献。他在1736年出版的《解析几何》中引入了曲率中心，给出密切线圆（或称曲线圆）的概念，提出曲率公式及计算曲线的曲率方法，并将自己的许多研究成果总结成专论《三次曲线枚举》，于1704年发表。此外，他的数学工作还涉及数值分析、概率论和初等数论等众多领域。

牛顿在力学领域也有伟大的发现，这是说明物体运动的科学。第一运动定律是伽利略发现的。这个定律阐明，如果物体处于静止或作恒速直线运动，只要没有外力作用，它就仍将保持静止或继续作匀速直线运动。这个定律也称惯性定律，它描述了力的一种性质：力可以使物体由静止到运动和由运动到静止，也可以使物体由一种运动形式变化为另一种形式，被称为牛顿第一定律。力学中最重要的问题是物体在类似情况下如何运动。牛顿第二定律解决了这个问题。该定律被看做是古典物理学中最重要的基本定律。牛顿第二定律定量地描述了力能使物体的运动产生变化。它说明速度的时间变化率（即加速度$a$与力$F$成正比，而与物体的质量里成反比，即$a=F/m$或$F=ma$。力越大，加速度越大；质量越大，加速度越小。力与加速度都既有量值又有方向。加速度由力引起，方向与力相同；如果有几个力作用在物体上，就由合力产生加速度。第二定律是最重要的，动力学的所有基本方程都可由它通过微积分推导出来。

此外，牛顿根据这两个定律制定出第三定律。牛顿第三定律指出，两个物体的相互作用总是大小相等而方向相反。对于两个直接接触的物体，这个定律比较易于理解。书本对于桌子向下的压力等于桌子对书本的向上的托力，即作用力等于反作用力。引力也是如此，飞行中的飞机向上拉地球的力在数值上等于地球向下拉飞机的力。牛顿运动定律广泛用于科学和动力学问题上。

牛顿在天文学、光学、经典力学等方面都有巨大的贡献，为多个学科的发展奠定了坚实的基础。

牛顿名言：

1. 如果说我比别人看得更远些，那是因为我站在巨人肩上的缘故。
2. 无知识的热心，犹如在黑暗中远征。
3. 你该将名誉作为你最高人格的标志。
4. 我的成就，当归功于精微的思索。

5. 你若想获得知识，你该下苦功；你若想获得食物，你该下苦功；你若想得到快乐，你也该下苦功，因为辛苦是获得一切的定律。

6. 聪明人之所以不会成功，是由于他们缺乏坚韧的毅力。

7. 胜利者往往是从坚持最后五分钟的时间中得来成功。

8. 我不知道世人怎样看我，但我自己以为我不过像一个在海边玩耍的孩子，不时为发现比寻常更为美丽的贝壳而沾沾自喜。

# 第三章　数学史与数学文化

**内容提要**：数学史和数学文化越来越引起人们的重视。通过数学史和数学文化的学习，可以引发学习者激情四射、妙趣横生的学习热情和对数学深入探究的坚韧。本章主要介绍数学史上的三次危机和几个数学文化典型实例，通过学习数学文化的表现形式，对数学会有更深刻的理解。

## 第一节　历史上的三次数学危机

### 一、什么是数学危机

一般来讲，危机是一种激化的、非解决不可的矛盾。从哲学上来看，矛盾是无处不在、不可避免的，即便以确定无疑著称的数学也不例外。

数学中有大大小小的许多矛盾，比如正与负、加法与减法、微分与积分、有理数与无理数、实数与虚数等。但是整个数学发展过程中还有许多深刻的矛盾，例如有穷与无穷、连续与离散，乃至存在与构造、逻辑与直观、具体对象与抽象对象、概念与计算等。在整个数学发展的历史上，贯穿着矛盾的斗争与解决。在矛盾激化到涉及整个数学的基础时，就产生了数学危机。

矛盾的消除，危机的解决，往往给数学带来新的内容、新的进展，甚至引起革命性的变革，这也反映出矛盾斗争是事物发展的历史动力这一基本原理。整个数学的发展史就是矛盾斗争的历史，斗争的结果就是数学领域的发展。

人类最早认识的是自然数。从引进零及负数就经历过斗争：要么引进这些数，要么大量的数的减法就行不通；同样，引进分数使乘法有了逆运算——除法，否则许多实际问题也不能解决。但是接着又出现了这样的问题：是否所有的量都能用有理数来表示？于是发现无理数导致第一次数学危机，而危机的解决促使逻辑的发展和几何学的体系化。

方程的解导致了虚数的出现。虚数从一开始就被认为是“不实的”。这种不实的数却能解决实数不能解决的问题，从而为自己争得存在的权力。

从欧几里得几何一统天下到各种非欧几何学蓬勃发展也是如此。在19世纪，人们发现了许多用传统方法不能解决的问题，如五次及五次以上代数方程不能通过加、减、乘、除、乘方、开方求出根来；古希腊几何三大问题，即三等分任意角、倍立方体、化圆为方不能通过圆规、直尺作图来解决等。

这些否定的结果表明传统方法的局限性，也反映了人类认识的深入，给这些学科带来极大的冲击，几乎完全改变了它们的方向。比如，代数学从此以后向抽象代数学方面发展，求解方程的根变成了分析及计算数学的课题。在第三次数学危机中，这种情况多次出现，尤其是包含整数算术在内的形式系统的不完全性、许多问题的不可判定性提高了人们的认识，促进了数理逻辑的大发展。

这种矛盾、危机引起的发展，改变面貌，甚至引起革命，在数学发展历史上屡见不鲜。第二次数学危机是由无穷小量的矛盾引起的，它反映了数学内部的有限与无穷的矛盾。数学中一直贯穿着计算方法、分析方法在应用与概念上清楚及逻辑上严格的矛盾。在这方面，比较注意实用的数学家盲目应用；比较注意严密的数学家及哲学家则提出批评。只有这两方面取得协调一致后，矛盾才能解决。后来，算符演算及 δ 函数也重复了这个过程，开始是形式演算、任意应用，直到施瓦尔兹才奠定广义函数论的严整系统。

对于第三次数学危机，有人认为只是数学基础的危机，与数学无关。这种看法是片面的。诚然，问题涉及数理逻辑和集合论，但它一开始就牵涉到无穷集合。而现代数学如果脱离无穷集合，可以说寸步难行。因为如果只考虑有限集合或至多是可数的集合，绝大部分数学将不复存在。而且即便这些有限数学的内容，也有许多问题要涉及无穷的方法，比如解决数论中的许多问题都要用解析方法。由此看来，第三次数学危机是一次深刻的数学危机。

## 二、第一次数学危机（无理数的产生）

第一次危机发生在公元前 580～568 年的古希腊，数学家毕达哥拉斯建立了毕达哥拉斯学派。这个学派集宗教、科学和哲学于一体，人数固定，知识保密，所有发明创造都归于学派领袖。

### （一）危机的起源

毕达哥拉斯学派认为“万物皆数”，这个数就是整数。他们确定数学的目的是企图通过数的奥秘来探索宇宙的永恒真理，并且认为宇宙间的一切现象都能归结为整数或整数之比。后来，这个学派发现了毕达哥拉斯学定理（勾股定理），他们认为这是一件很了不起的事。然而，后面还有更了不起的事。毕达哥拉斯学派的希帕索斯从毕达哥拉斯定理出发，发现边长为 1 的正方形的对角线不能用整数来表示，于是产生了无理数。这无疑对“万物皆数”产生了巨大的冲击，由此引发了第一次数学危机。

### （二）危机的解决

由无理数引发的第一次数学危机对古希腊的数学观点产生了极大的冲击。动摇数学基础的第一次危机并没有很轻易地被解决。大约到了公元前 370 年，这个矛盾终于被毕达哥拉斯学派的欧多克斯通过给比例下新定义的方法巧妙地处理了。但这个问题直到 19 世纪的戴德金和康托尔等人建立了现代实数理论才算彻底解决。

### （三）对数学发展的意义

产生第一次危机最大的意义是导致无理数的产生，打破了长时间禁锢数学发展的枷锁。这次数学危机也使整数的权威地位开始动摇，使几何学的身份升高了。在以后的一两千年中，几何支撑了数学的发展。同时危机表明，直觉和经验不一定靠得住，推理证明才是最可靠的，从此希腊人开始重视演绎推理，并由此建立了几何公理体系，这不能不说是数学思想上的一次巨大革命。

## 三、第二次数学危机(微积分工具)

18世纪,微分法和积分法在生产和实践上都有了广泛而成功的应用,大部分数学家对这一理论的可靠性毫不怀疑。但不管是牛顿还是莱布尼茨,所创立的微积分理论都是不严格的。

### (一) 危机的起源

牛顿和莱布尼茨的微积分理论是建立在无穷小分析之上的,但他们对作为基本概念的无穷小量的理解与应用是混乱的。1734年,英国哲学家、大主教贝克莱发表《分析学家或者向一个不信正教数学家的进言》,矛头指向微积分的基础——无穷小的问题,提出了所谓贝克莱悖论。笼统地说,贝克莱悖论可以表述为“无穷小量究竟是否为0”的问题。这一问题的提出在当时的数学界引起了一定的混乱,由此导致了第二次数学危机的产生。

### (二) 危机的解决

为了解决第二次数学危机,数学家们开始在严格化基础上重建微积分,其中贡献最大的是法国数学家柯西,他在《分析教程》和《无穷小计算讲义》中给出了数学分析一系列基本概念的精确定义。例如,他给出了精确的极限定义,然后用极限定义连续性、导数、微分,定积分和无穷级数的收敛性。后来,魏尔斯特拉斯及其追随者们实现了分析的算术化。至此,数学史上的第二次危机克服,数学的整个结构被恢复。

### (三) 对数学发展的意义

牛顿和莱布尼茨创立的微积分理论虽然存在一定的缺陷,但微积分仍然很受重视,被广泛地应用于物理学、力学、天文学中。危机爆发后,经过柯西等人的不懈努力,严格的极限理论建立起来,为微积分奠定了理论基础。微积分理论的建立在数学史上有深远的意义。一方面,它消除了微积分长期以来的神秘性,使数学以及其他科学冲破了宗教的束缚,为以后的独立发展创造了条件;另一方面,微积分理论基础的建立加速了微积分的发展,产生了复变函数、实变函数、微分方程、变分学、积分方程、泛函分析等学科,形成了庞大的分析体系,成为数学的重要分支。

## 四、第三次数学危机(罗素悖论)

到19世纪末,康托尔的集合论已经得到数学家的承认,集合论也成功地应用到其他的数学分支。集合论是数学的基础,由于集合论的使用,数学似乎达到了无懈可击的地步。但是,正当数学家们熟练地应用集合论时,数学帝国又爆发了一次危机。

### (一) 危机的起源

康托尔集合论的创造性成果为数学提供了广泛的理论基础,所以在1900年巴黎国际数学会议上,法国大数学家庞加莱宣称:“数学的严格性,看来直到今天才可以说实现了。”但事隔两年后,传出一个惊人的消息:集合论的概念本身出现了矛盾。这就是英国数学家罗素提出的著名的悖论。罗素悖论的内容用一句话表述就是:所有不以自己为元素的集合组成一个集合,记为**A**,则有集合**A**包含**A**等价于集合**A**不包含**A**这样的悖理。罗素悖论一提出就在当时的数学界和逻辑学界引起极大的震动,导致了数学史上的第三次危机。

（二）危机的解决

危机产生后，数学家纷纷提出自己的解决方案。其中，以罗素为主要代表的逻辑主义学派提出了类型论以及后来的曲折理论、限制大小理论、非类理论和分支理论，这些理论都对消除悖论起到了一定的作用；最重要的是德国数学家策梅罗提出的集合论的公理化。策梅罗认为，适当的公理体系可以限制集合的概念，从逻辑上保证集合的纯粹性。他首次提出了集合论公理系统，后经费兰克尔、冯·诺伊曼等人的补充形成了完整的集合论公理体系（ZFC系统）。ZFC系统的建立，使各种矛盾得到回避，消除了罗素悖论为代表的一系列集合悖论，表面上解决了第三次数学危机。

（三）对数学发展的意义

集合论公理系统的建立，成功排除了集合论中出现的悖论，比较圆满地解决了第三次数学危机。但在另一方面，罗素悖论对数学而言有着更为深刻的影响，它使得数学基础问题第一次以最迫切的需要的姿态摆到数学家面前，导致数学家对数学基础的研究。为了消除第三次数学危机，数理逻辑取得了很大发展，证明论、模型论和递归论相继诞生，出现了数学基础理论、类型论和多值逻辑等。可以说，第三次数学危机大大促进了数学基础研究及数理逻辑的现代性，也直接造成了数学哲学研究的“黄金时代”。

数学史上的三次危机，虽给数学的发展带来了空前的困难，但是给数学以极大的推动。这三次危机的解决都丰富了数学理论，推动了数学的严密化发展。经历了历史上三次数学危机的数学界，是否从此就与数学危机“绝缘”呢？不！因为人类的认识在各个历史阶段中的局限性和相对性，以及所形成的各个理论系统中，本来就有悖论产生的可能性，但在人类认识世界的深化过程中同样具有排除悖论的可能性。数学大厦的基础仍然存在裂缝，并不如想象中那样完美与和谐。因此，要正确地看待数学史产生的危机及其对数学等学科发展所起的巨大作用。

**练习 3.1**

1. 毕达哥拉斯学派认为“万物皆数”，其主要内容是什么？
2. 解决第二次数学危机贡献最大的数学家是谁？其主要观点是什么？
3. 试述悖论与数学史上三次危机的关系和意义。

## 第二节　田忌赛马与运筹学

在中国战国时期，曾经有过一次流传后世的赛马比赛，相信大家都知道，这就是田忌赛马。田忌赛马的故事说明在已有的条件下，经过筹划，选择一个最好的方案，会取得最好的效果。这也是现代运筹学的典型案例，主要说明在研究经济活动和军事活动时能用数量来表达有关策划、管理方面的问题。当然，随着客观实际的发展，运筹学的许多内容不但研究经济和军事活动，有些已经深入到日常生活当中。运筹学可以根据问题的要求，通过数学上的分析、运算，得出各种各样的结果，最后提出综合性的合理安排，以达到最好的效果。

为此，下面通过进一步分析田忌赛马问题，展示运筹学在现实生活和决策中的重要地位，让大家更好地了解和运用运筹学的思想进行生产和生活。

**1. 问题描述**

《史记》中有这样一个故事：有一天，齐王要田忌和他赛马，规定每个人从自己的上、中、下三等马中各选一匹来赛；并规定，每次拿一匹马来比赛。约定每有一匹马取胜，可获千两黄金；每有一匹马落后，要付千两黄金。

当时，齐王的每一等次的马比田忌同样等次的马都要强，因而，如果田忌用自己的上等马与齐王的上等马比，用自己的中等马与齐王的中等马比，用自己的下等马与齐王的下等马比，要输三次，因而要输黄金三千两。但是结果，田忌没有输，反而赢了一千两黄金。这是怎么回事呢？

答案早已经不是秘密，其内在的思想值得我们学习和研究。在赛马之前，田忌的谋士孙膑给他出了一个主意，让田忌用自己的下等马去与齐王的上等马比，用自己的上等马与齐王的中等马比，用自己的中等马与齐王的下等马比。田忌的下等马当然会输，但是上等马和中等马都赢了，因而田忌不仅没有输掉黄金三千两，还赢了黄金一千两。

**2. 分析与求解**

通过深入的分析，可以看到，田忌赛马能够赢不是必然的，是有一些必要因素存在的。

首先，假设田忌为 $X$ 方，齐王为 $Y$ 方。田忌有上、中、下三种马匹，按其速度分别记为 $X_1, X_2, X_3$；齐王也有上、中、下三种马匹，按其速度分别记为 $Y_1, Y_2, Y_3$。其中，$X_1 > X_2 > X_3$，$Y_1 > Y_2 > Y_3$，由故事所述容易得出：

$$Y_1 > X_1;\ Y_2 > X_2;\ Y_3 > X_3$$

（1）不做任何调整

胜负是以三局两胜制判定的，由此得出如下对田忌局势的分析表格：

<table>
<tr><td>双方场次</td><td colspan="2">1</td><td colspan="2">2</td><td colspan="2">3</td><td>结果</td></tr>
<tr><td>齐王</td><td>$Y_1$</td><td rowspan="2">$Y_1 > X_1$<br>负</td><td>$Y_2$</td><td rowspan="2">$Y_2 > X_2$<br>负</td><td>$Y_3$</td><td rowspan="2">$Y_3 > X_3$<br>负</td><td rowspan="2">负</td></tr>
<tr><td>田忌</td><td>$X_1$</td><td>$X_1$</td><td>$X_3$</td></tr>
</table>

所以，可知田忌必败。

（2）做出场次的调整

做出场次调整，但有以下条件：

$$Y_1 > Y_2 > X_1 > X_2 > Y_3 > X_3$$

由此得出如下对田忌局势的分析表格：

<table>
<tr><td>双方场次</td><td colspan="2">1</td><td colspan="2">2</td><td colspan="2">3</td><td>结果</td></tr>
<tr><td>齐王</td><td colspan="2">$Y_1$</td><td colspan="2">$Y_2$</td><td colspan="2">$Y_3$</td><td></td></tr>
<tr><td>田忌 1</td><td>$X_3$</td><td>$Y_1 > X_3$<br>负</td><td>$X_1$</td><td>$Y_2 > X_1$<br>负</td><td>$X_2$</td><td>$Y_3 < X_2$<br>胜</td><td>负</td></tr>
<tr><td>田忌 2</td><td>$X_3$</td><td>$Y_1 > X_3$<br>负</td><td>$X_2$</td><td>$Y_2 > X_2$<br>负</td><td>$X_1$</td><td>$Y_3 < X_1$<br>胜</td><td>负</td></tr>
</table>

续表

| 双方场次 | 1 | | 2 | | 3 | | 结果 |
|---|---|---|---|---|---|---|---|
| 齐王 | $Y_1$ | | $Y_2$ | | $Y_3$ | | |
| 田忌 3 | $X_2$ | $Y_1>X_2$ 负 | $X_1$ | $Y_2>X_1$ 负 | $X_3$ | $Y_3>X_3$ 负 | 负 |
| 田忌 4 | $X_2$ | $Y_1>X_2$ 负 | $X_3$ | $Y_2>X_3$ 负 | $X_1$ | $Y_3<X_1$ 胜 | 负 |
| 田忌 5 | $X_1$ | $Y_1>X_1$ 负 | $X_3$ | $Y_2>X_3$ 负 | $X_2$ | $Y_3<X_2$ 胜 | 负 |

所以，在田忌的上等马都比齐王的中等马速度慢的情况下，即使做出了调整也无法改变输的局势。

同理，在 $Y_1>Y_2>X_1>Y_3>X_2>X_3$，$Y_1>X_1>Y_2>Y_3>X_2>X_3$ 和 $Y_1>Y_2>Y_3>X_1>X_2>X_3$ 的条件下，田忌都是没有赢的机会。

只有在同等次的马匹都只比齐王的同等次马匹稍差一点的情况下，即 $Y_1>X_1>Y_2>X_2>Y_3>X_3$ 的条件下可得到如下结果：

| 双方场次 | 1 | | 2 | | 3 | | 结果 |
|---|---|---|---|---|---|---|---|
| 齐王 | $Y_1$ | | $Y_2$ | | $Y_3$ | | |
| 田忌 1 | $X_3$ | $Y_1>X_3$ 负 | $X_1$ | $Y_2<X_1$ 胜 | $X_2$ | $Y_3<X_2$ 胜 | 胜 |
| 田忌 2 | $X_3$ | $Y_1>X_3$ 负 | $X_2$ | $Y_2>X_2$ 负 | $X_1$ | $Y_3<X_1$ 胜 | 负 |
| 田忌 3 | $X_2$ | $Y_1>X_2$ 负 | $X_1$ | $Y_2<X_1$ 胜 | $X_3$ | $Y_3>X_3$ 负 | 负 |
| 田忌 4 | $X_2$ | $Y_1>X_2$ 负 | $X_3$ | $Y_2>X_3$ 负 | $X_1$ | $Y_3<X_1$ 胜 | 负 |
| 田忌 5 | $X_1$ | $Y_1>X_1$ 负 | $X_3$ | $Y_2>X_3$ 负 | $X_2$ | $Y_3<X_2$ 胜 | 负 |

### 3. 结果分析

所以，在齐王上等马比田忌的上等马快，而田忌的上等马比齐王的中等马快，田忌的中等马比齐王的下等马快时，通过合理地安排，用田忌的下等马对齐王的上等马，田忌的中等马对齐王的下等马，田忌的上等马对齐王的中等马，即可取得胜利。

### 4. “田忌赛马”与运筹学学习启示

运筹学作为一门用来解决实际问题的学科，在处理千差万别的问题时，一般有以下几个步骤：确定目标、制定方案、建立模型、制定解法。

我国学术界 1955 年开始研究运筹学时，正是从《史记》中摘取“运筹”一词作为 OR (Operations Research)的意译，就是“运用筹划、以智取胜”的含义。

虽然不大可能存在能处理及其广泛对象的运筹学，但是在运筹学的发展过程中形成了某些抽象模型，应用于解决较广泛的实际问题。

随着科学技术和生产的发展，运筹学渗入很多领域，发挥越来越重要的作用。运筹学本身也不断发展，现在已经是一个包括好几个分支的数学部门了，比如数学规划（又包含线性规划、非线性规划、整数规划、组合规划等）、图论、网络流、决策分析、排队论、可靠性数学理论、库存论、对策论、搜索论、模拟等。

在"田忌赛马"中，我们可以看到运筹学的运用改变了田忌必败的局势，然而这一切并不是必然的，运筹学的运用需要建立在一定的基础之上，这就告诫我们：一切的成功有智慧的帮助，可没有坚实的基础作为依靠也是不可能成功的，就如爱因斯坦所言："成功等于百分之九十九的汗水加上百分之一的灵感"。所以不论何时，都需要不断充实自己，不断学习，才能在关键的时候有回旋的余地，否则，即使有好的办法也是枉然。

从严格的意义上来讲，田忌反败为胜的关键不是因为改变了方法，而是因为采取了正确的策略。因为方法是更为具体化的操作性很强的方式、手段，就赛马来说，就是如何"策马扬鞭"的具体骑术。而策略是更高层次上的总体上的程序性、步骤性的东西，就赛马而言，是怎样从整体出发安排好赛马的对阵顺序的根本性问题。通过这个实例，我们应该认识到，学习策略是指学习者在学习活动中有效学习的规则、方法、技巧及调控的总和；它是内隐的规则系统和外显的程序步骤的统一，是决定学习效果的主要因素之一，是鉴别会学与否的标志，是衡量个体学习能力的重要尺度；它决定着学习者的总体方向，制约着学习的效率和学习效果。所以不论做什么事，策略很重要，不仅可以让我们事半功倍，更有机会让我们反败为胜。

## 练习 3.2

1. 从"田忌赛马"回答下面的问题：

(1) 第一次是怎样比的？谁赢了？田忌为什么会输？

(2) 第二次比赛，又是怎样比的？谁赢了？齐王为什么会输？

(3) 猜想：这是田忌赢齐王的唯一办法吗？除了这两种出马顺序，田忌还有其他应对齐王的办法吗？

2. 新年运动会时，举行跳绳团体赛，每人比一场。如果你是体育委员，你能安排好出场顺序，使四(3)班必胜吗？

| 四(2)班代表队 | 四(3)班代表队 |
|---|---|
| 张明 105 个/分 | 李文 110 个/分 |
| 李维 90 个/分 | 陈敏 95 个/分 |
| 刘涛 60 个/分 | 刘瑞 75 个/分 |

3. 学生和老师玩扑克牌游戏，比大小。

(1) 出示两组扑克牌，分别是 A 组 10、7、5 和 B 组 2、6、8。

(2) 让学生先选卡片。一般情况下，学生会选 A 组卡片，老师只能选 B。为什么学生会选 A 组？

(3) 谁会赢？为什么？

# 第三节 海岸线的长度问题

在人们的意识中，海岸线总是有一定的长度，例如说某国家的海岸线有多长等。1967年，曼德布罗特在美国《科学》杂志上发表了题为“英国的海岸线有多长?”的论文。他认证说，任何海岸线在一定意义上都是无限长的，而在另一种意义上，结果依赖于测量海岸线所用的尺子的长度。他对海岸线的本质所作的独特分析震惊学术界，分形(fractal)一词最初就是出现在这篇文章中。对于“大不列颠的海岸线有多长”这一问题的深入思考和分析，实际上是曼德布罗特思想的转折点。下面介绍海岸线长度问题。

首先从圆周长的测量谈起。如图 3-1(a)所示，用多边形的周长去近似圆的周长，不难看出，它是一个逼近过程。这个过程满足下面两点：

① 测量值依赖多边形的边长，边长越小，测量值越大。

② 用多边形的边去近似其所对应的圆弧，当边长越来越小时，近似效果越来越好，因而在极限情况时，多边形的周长就是圆的周长。

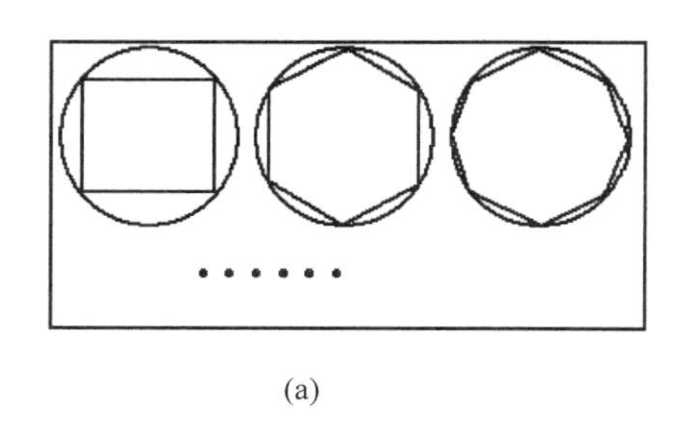

(a)

(b)

图 3-1 海岸线长度问题

用类似的方法考虑图 3-1(b)(英国海岸线缩影图)。设想有人用一定的步长绕海岸线走一圈，则第①点是满足的，第②点就不一样了。从图 3-1(b)可以看出，当用较大的步子时，每一步与对应的海岸线差异明显。组成海岸线的沙滩、石块、海湾、断层、峡谷、江河出口等使得海岸线的结构十分复杂，而在测量时，尺子总有一个确定的长度(标度)，无论这个长度多么小，总会忽略一些更小的精细结构。即对于无论多么小的标度，标度与对应的海岸线总有明显差异，因为随着标度变小，海湾与半岛将显露出越来越小的子海湾与子半岛。用曼德布罗特的话说，任何小尺度上的复杂程度与大尺度上的复杂程度有相似性。因而，当选定一个标度对海岸线进行测量时，会得到确定值，尺子长度越小，测得的值越大。在这种意义上，海岸线长度依赖尺子的标度。当标度趋于零时，长度并不趋于一个固定值，而是趋于无穷大。在这种意义上，海岸线是无穷长的。描述光滑曲线长度的数学模型无法用来描述英国海岸线，而数学家柯克(Koch Helge. Von)早在 1904 年构造的“妖魔”曲线却能恰如其分地描述海岸线。

对于海岸线的测量结果，如何合理地给出解释呢?

当用一把固定长度的直尺(没有刻度)来测量时，海岸线上两点间的小于尺子尺寸的曲线只能用直线来近似。因此，测得的长度是不精确的。

如果用更小的尺子来刻画这些细小之处，就会发现，这些细小之处同样是无数的曲线近似而成的。随着不停地缩短尺子,会发现细小曲线越多,测得的曲线长度就越大。

如果尺子小到无限,测得的长度也是无限。

1904 年,瑞典数学家柯克(Koch,1870—1924)构造了一种雪花形状的曲线,习惯上称之为柯克雪花曲线。这一曲线巧妙地解释了曼德布罗特的分形几何思想,其构造方法如下所述:

① 取一个边长为 1 的正三角形,在每个边上以中间的 1/3 为一边,向外侧凸出作一个正三角形。

② 将原来边上中间的 1/3 部分擦掉,构成一个很像雪花形状的有 12 条边的六角星。

③ 再以上图中每边中间的 1/3 为一边,向外凸出作一个正三角形,然后把原来边上中间的 1/3 部分擦掉,构成一个更像雪花的六角星。这个六角星有 48 条边。

④ 重复以上步骤,不断做下去,得到的图形就是柯克雪花曲线,如图 3-2 所示。

柯克曲线最明显的特点是:对于自身的任何一个局部,放大后都与整体非常相似。柯克曲线是通过无限的步骤创造的。这无限步骤中的每一步,都是在上一步图形的每个边上,以中间的 1/3 为一边,向外侧凸出作一个正三角形,再把原来边上中间的 1/3 部分擦掉。这样,柯克曲线自身的任何一个局部,如此不断地做下去,与整体非常相似。

雪花曲线令人惊异的性质是:它具有有限的面积,但有着无限的周长;雪花曲线的周长持续增加而没有界限,但整条曲线可以画在一张很小的纸上,所以它的面积是有限的。实际上,其面积等于原三角形面积的 8/5 倍,如图 3-3 所示。

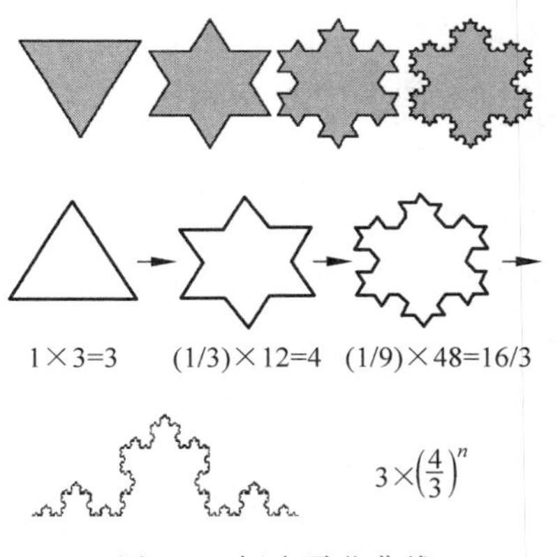


图 3-2　柯克雪花曲线

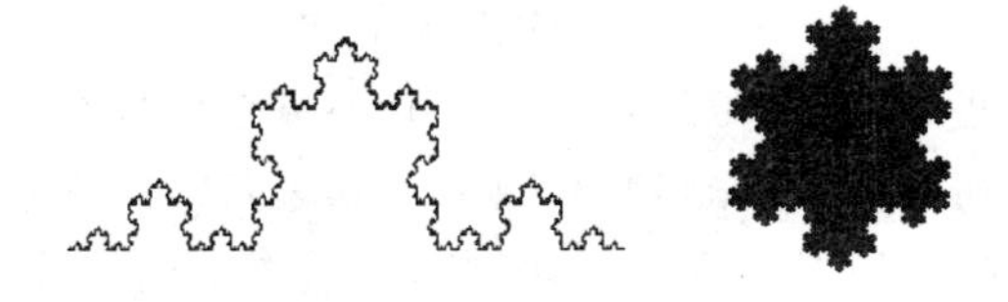

图 3-3　雪花曲线及其面积

曼德布罗特认为:海岸线更接近于柯克曲线的形式。

① 海岸线是没有规则的,不能用函数表达出来。

② 海岸线在各种尺度上都有同样程度的不规则性。

③ 海岸线的部分和整体很相似,无论从远处观察还是从近处观察,都一样复杂,有自相似性。

④ 海岸线长度是测不准的。

暂且不说海水入侵、潮汐运动、泥沙入海、围海造地等因素导致海岸线时刻处于动态变化中,位置不固定,仅从地图上看看海岸线蜿蜒曲折、扭曲破碎、极不规则的形态,就知道测量其长度是一项何等复杂的工作。随着成图比例尺逐渐增大,我们会惊奇地发现,海湾之中还有海湾，半岛之上还有半岛，同一段海岸线呈现出的曲折并不相同。

因此，曼德布罗特认为海岸线长度取决于测量时所用尺子的长度。若量尺以千米为单位，则百米以下的弯曲细节会被忽略，测得的海岸线长度势必较短；若量尺以百米为单位，可以量出更多的细节，测得的海岸线长度较长，但仍会忽略十米以下的弯曲细节；可以设想，当用长度足够小的量尺去测量形状复杂多变的海岸线时，测得的长度会变得无限大。因而海岸线的长度随测量尺度的变化而呈现出不确定性。

其实，自然界中还存在大量类似的复杂无规形体，例如起伏不平的山脉、蜿蜒曲折的河流、变幻无常的浮云、纵横交错的血管、眼花缭乱的繁星等。曼德布罗特进行深入研究后发现，这种不规则形体的局部形状与整体形态之间往往包含相似的细节，即自相似性。例如，从显微镜下观察动物毛细血管，会发现其形态与其大动脉形态惊人的相似；再如海岸线，10 公里范围内的图像曲线和 1 寸范围内的图像曲线也是相似的，即它们从整体到局部都是自相似的。

因此，曼德布罗特将这种部分与整体以某种形式相似的不规则形体称为分形。无独有偶，分形思想在我国古代哲学中也有体现。《道德经》中有“天下万物生于有，有生于无。道生一，一生二，二生三，三生万物”的理论，《周易》中有“《易》有太极，是生两仪，两仪生四象，四象生八卦”的说法，这些哲学思想包含了朴素的分形思想。

根据分形思想，若考虑到能测量原子的尺度，海岸线用传统几何方法测量任意段长度就该为无穷大。那么，海岸线是否就无法测量了呢？当然不是。曼德布罗特等科学家的研究最后还是解决了这个问题，他们引入一个叫“分形维数”的概念，使得用传统方法测量时，在不同尺度下不规则的程度保持不变，即通过计算维数的方法去刻画海岸线的不规则性，使问题得以解决。

曼德布罗特曾指出，柯克曲线是粗糙且生动的海岸线模型。只有在海岸线对应的维数空间中，才能对其进行合理的测量与描述，从而得到更为精确的海岸线长度粗糙解。

上述理论对海岸线资源管理有重要的理论价值和实践意义。对于我国而言，海岸线是非常珍贵的空间资源，具有不可再生性和稀缺性。准确测算海岸线的长度，是海岸线集约利用、实施海岸线有效管理和进行海岸保护的重要前提。然而，目前我国各沿海省市公布的海岸线长度与宗海项目的边界长度标准并未统一，因此，有必要借鉴分形思想，选择科学、合理的海岸线测量方法，将海岸线长度统一确定下来。在满足不同层面上的宏观海洋管理的同时，精度也能达到单体项目海岸线管理的标尺。这项工作对于切实提高海岸线资源管理水平，推进海岸线的集约节约利用具有深远意义。

“整体中的小块，从远处看是不成形的小点，近处看则发现它变得轮廓分明，其外形大致和以前观察的整体形状相似”。下面欣赏一组分形的图形。

(1) 曼德布罗特集——分形的标志(如图 3-4 所示)。

(2) 谢尔宾斯基“垫片”(如图 3-5 所示)。

(3) 谢尔宾斯基“地毯”(如图 3-6 所示)。

(4) 门格尔“海绵”(如图 3-7 所示)。

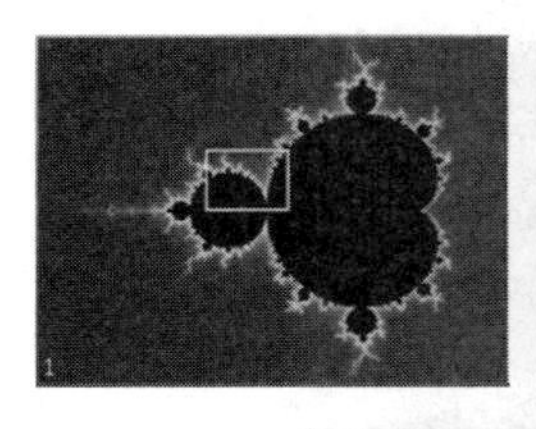

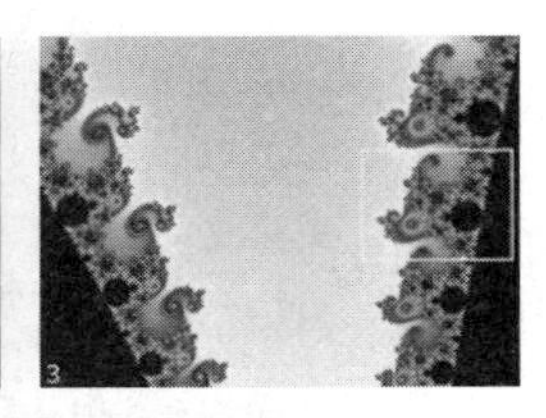
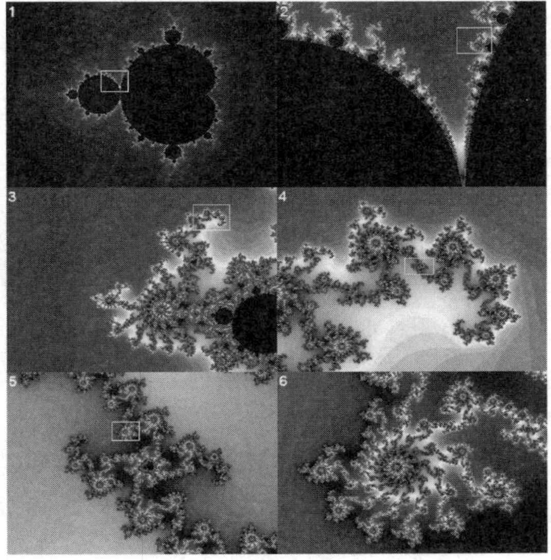

图 3-4　曼德布罗特集

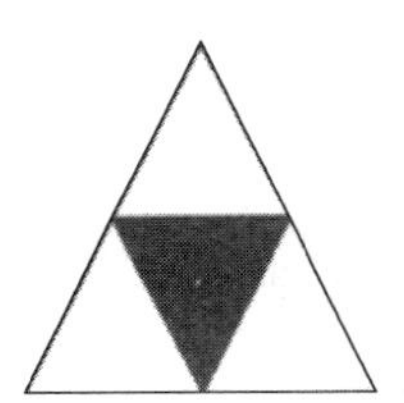

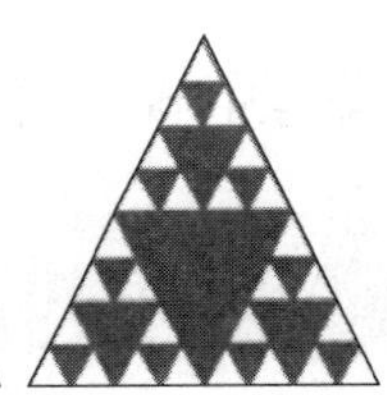
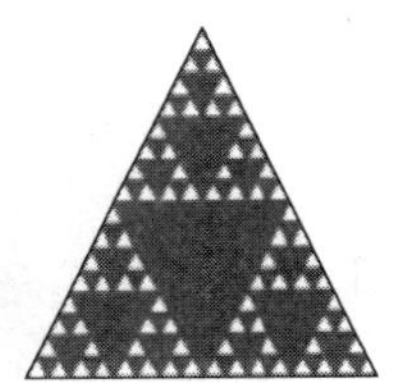

图 3-5　谢尔宾斯基“垫片”

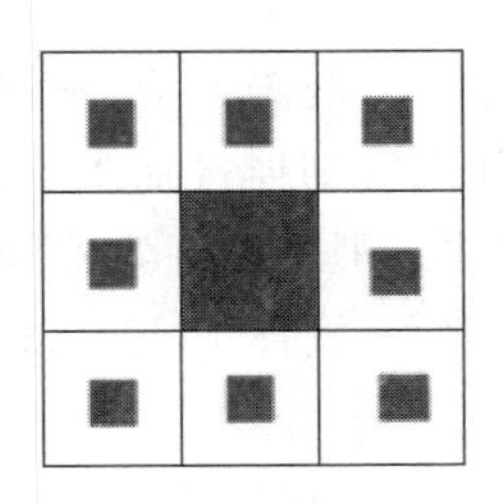
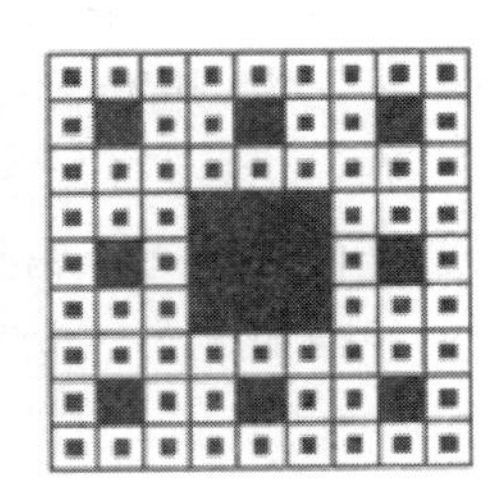

图 3-6　谢尔宾斯基“地毯”

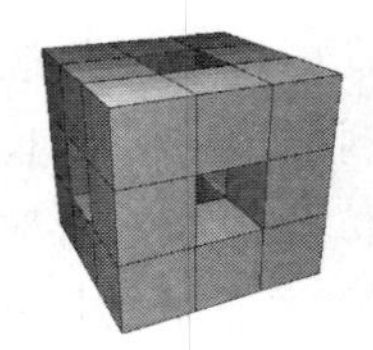

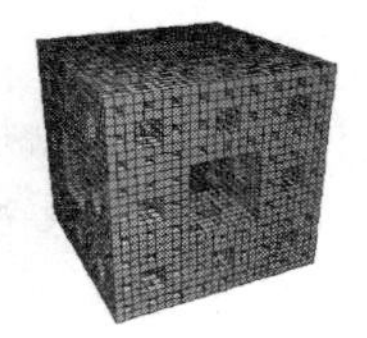

图 3-7　门格尔“海绵”

## 练习 3.3

1. 中国海岸线总长度________，其中大陆海岸线________，岛屿海岸线________，陆地边界线总长________。

A. 3.2 万公里，1.8 万公里，1.4 万公里，2.2 万余公里

B. 3.2 万公里，2.0 万公里，1.4 万公里，2.2 万余公里

C. 3.2 万公里，1.8 万公里，1.4 万公里，2.0 万余公里

D. 3.0 万公里，1.8 万公里，1.4 万公里，2.2 万余公里

2. 领海：国家领土在海中的延伸，属于国家领土的一部分。领海的范围是从大陆海岸基线向海上延伸 12 海里。国家对领海行使主权。

专属经济区：专属经济区所属国家具有勘探、开发、使用、养护、管理海床和底土及其上覆水域自然资源的权利，对人工设施的建造使用、科研、环保等的权利。其他国家仍然享有航行和飞越的自由，以及与这些自由有关的其他符合国际法的用途（铺设海底电缆、管道等）。请问：专属经济区是从大陆海岸基线向海中延伸多少海里？

3. 我国濒临的海域，从南向北依次为（　　）。

A. 渤海、黄海、东海、南海　　B. 南海、东海、渤海、黄海

C. 南海、东海、黄海、渤海　　D. 渤海、东海、黄海、南海

4. 起源于"英国海岸线长度"问题的一个数学分支是________，它诞生于________世纪。

# 第四节　有限与无限

### 一、无限

无限与有限相对。既然能确定有限的存在，似乎无限当然存在。其实不然。是否存在无限的事物，自古以来就有很大的争议。

无限，也就是无穷，即不能穷尽。人们关于无限的思考，来自于对时间长短和空间大小的感受。人的一生是由每天、每时、每刻连接而形成的，我们子孙绵延，一直延续下去，无穷馈也，因此人们产生无穷的想法。但谁能证实时间确实是无穷的呢？对于天地之大，也是由近及远，想象有无穷之大。但是，同样无人可以证明宇宙究竟有没有边界，它的边界究竟在哪里。

无限的另一个来源，就是关于积点成线的观点。在古希腊时代，人们就认为直线是由点连续起来的，点动成线。但是一段直线究竟有多少个点？一段直线是否可以无限制地分割下去？人们有两种不同的观点：一种是以柏拉图为代表的哲学家和数学家，认为无限的事物存在。这种观点称为实无限论者。例如，自然数{1，2，3，……}的全体构成一个无穷的整体。以亚里士多德为代表的哲学家和科学家则反对实无限的存在，他们只承认像自然数这样的事物有无限的倾向，而自然数并不是实际的无限对象。他们是潜无限论者。

## 二、中国古代关于无限的认识

大约与古希腊柏拉图、亚里士多德同时代的中国战国时期的庄子在他的著作《庄子·天下篇》中引用了另一位哲学家惠施的话："一尺之棰，日取其半，万世不竭"。这段话的意义何在呢？有人说，这段话中包含有极限的思想，这是不对的。这里并没有任何极限的思想，只包含有明显的无限的思想。即庄子认为"一尺之棰"（直线的一段）可以无限制地分割下去，这种不断地分割的过程是没有终结的。这是实无限观点，还是潜无限观点？很难说。但不管怎么说，这里包含了线段无限可分的观点，即不认为有组成直线的最小的单位线段（原子）存在，是非原子论观点。

## 三、极限——无限与有限的转换

如果说笛卡儿发明解析几何，是高等数学诞生的开端的话，那么，极限概念的出现，就是高等数学成熟的标志。在极限概念产生以前，微积分概念和方法还只是描述性的，没有严格的理论基础，所以它才受到贝克莱之流的攻击，以致出现第二次数学危机。正是由于极限理论的产生，才彻底解决了微积分的理论基础问题，建立了微积分的严格理论。以后又在极限理论的基础上建立了实数理论，完全克服了第二次数学危机，使数学理论蓬勃发展，由古典高等数学发展为近现代数学。

极限，就其实质的意义，就是在无限与有限之间架起了一座桥梁，使我们有可能用有限的方法来驾驭无限的对象。

例如，上述"一尺之棰，日取其半，万世不竭"的论断，强调分割的过程是不可穷尽的。若用极限的理论，这个"日取其半"的无限过程是可以终结的——它的最后结果是 0。

## 四、关于无限的困惑

人们对于无限的认识是很困难的，其主要原因是：无限的对象很难捉摸，它有许多与有限对象大不相同的性质。第一个指出这一点的人，是中世纪意大利科学家伽利略。根据人们的常识，如果两种东西能够一个对一个地对应起来（即一一对应），它们就是一样多。但是他发现了以下事实，居然能将自然数与自然数的平方数一一对应起来：

$$\begin{matrix} 1, & 2, & 3, & 4, & \cdots \\ | & | & | & | & \\ 1^2, & 2^2, & 3^2, & 4^2, & \cdots \end{matrix}$$

这就是说，自然数有多少，自然数的平方就有多少。那么，自然数与自然数的平方数不是一样多了吗？但在常人眼中，自然数的平方数当然比自然数少得多，它们怎么会一样多呢？这使得伽利略十分困惑，百思不得其解。

其后，又有人讲了一个有趣的故事，说有一个很大很大的旅馆，有无穷多个房间，而且所有房间都住满了客人（假设每个房间只能住 1 人）。这时，又来了一位客人要求住宿。伙计说，对不起，房间已经住满了客人，请另找其他旅馆吧。但这时店老板出来招呼客人，请你不忙走，让我来安排一下。他将第 1 个房间的客人挪到第 2 个房间，将第 2 个房间的客人挪到第 3 个房间，第 3 个房间的客人挪到第 4 个房间，如此等等。总之，将每一个房间的客人都挪到下一个房间，经过一番挪动，终于将第1个房间挪空出来，请这位后来的客人住进去。

这就奇怪了，明明所有的房间都住满了客人，怎么会挪出一个房间住进多一个人呢？原因在于：这个旅馆的房间有无穷多个。这在有限的范围里绝不能发生，在无限的范畴中就能发生。

客满后又来一位客人的房间安排为：

| 1 | 2 | 3 | 4 | … | $k$ | … |
|---|---|---|---|---|---|---|
| ↓ | ↓ | ↓ | ↓ | … | ↓ | … |
| 2 | 3 | 4 | 5 | … | $k+1$ | … |

空出1号房间安排后来的客人。

把问题放大或延伸，解决以下问题：

客满后又来了一个旅游团，旅游团中有无穷个客人。在无限的情况下，还是能够安排住宿的。把原来的客人重新调整一下，把原来的客人看成一个团，并把团员依次编号为1,2,3,4,……，分别排到偶数号房间，空下奇数号房间来安排后来的一个旅游团。

| 1 | 2 | 3 | 4 | … | $k$ | … |
|---|---|---|---|---|---|---|
| ↓ | ↓ | ↓ | ↓ | … | ↓ | … |
| 2 | 4 | 6 | 8 | … | $2k$ | … |

客满后又来了一万个旅游团，每个团中都有无穷个客人。在无限的情况下，还是能够安排住宿的。把原来的客人重新调整一下，把原来的客人看成一个团，并把团员依次编号为1,2,3,4,……，分别安排到10001号、20002号、30003号、40004号、……房间，每个位置(号)都空下10000个房间来安排后来的一个旅游团。即给出了一万个、又一万个的空房间。

| 1 | 2 | 3 | 4 | … | $k$ | … |
|---|---|---|---|---|---|---|
| ↓ | ↓ | ↓ | ↓ | … | ↓ | … |
| 10001 | 20002 | 30003 | 40004 | … | $10001\times k$ | … |

该旅馆客满后又来了无穷个旅游团，每个团中都有无穷个客人，还能否安排？答案是：还能安排。

将所有旅游团的客人统一编号如下所示，依次进入11,12,13,14,…；21,22,23,…；31,32,33,…。各号房间顺序入住，则所有人都有房间住。

一团：　1.1 → 1.2　1.3　1.4 …

　　　　↙　↙　↙

二团：　2.1　2.2　2.3　2.4 …

　　　　↙　↙

三团：　3.1　3.2　3.3　3.4 …

……

源远流长的中华文化无不渗透着有限与无限的思索。《老子》曰：“天下万物生于有，有生于无。”中国画“以物形为有，以空白为无”，中国古典音乐以“无限”、“无尽”为境界，“琴意得之于弦外”，中国文化的精华——诗歌不也强调“言有尽而意无穷”？

## 练习 3.4

1. 哪些得数是有限小数？哪些得数是无限小数？哪些得数是无限循环小数？

10÷3＝3.3333…

5÷8＝0.625

1.1÷7＝0.1571428571…

37.1÷2.9＝12.793103448…

9.8÷0.6＝16.333…

4÷9＝0.444…

66.1÷0.9＝73.444…

4.16÷1.3＝ 3.2

2. 已知数列$\{a_n\}$满足$a_1=a, a_{n+1}=1+\frac{1}{a_n}$。当$a$取不同的值时，可得到不同的数列。如当$a=1$时，得到无穷数列$1,2,\frac{3}{2},\frac{5}{3},\cdots$；当$a=-\frac{1}{2}$时，得到有穷数列：$-\frac{1}{2},-1,0$。

(1) 当$a$为何值时，$a_4=0$？

(2) 设数列$\{b_n\}$满足$b_1=-1, b_{n+1}=\frac{1}{b_n-1}(n\in \mathbf{N}_+)$，求证：$a$取数列$\{b_n\}$中的任一个数，都可以得到一个有穷数列$\{a_n\}$。

(3) 若$\frac{3}{2}<a_n<2(n\geqslant 4)$，求$a$的取值范围。

3. 面对有限资源和无限开发的矛盾，人们正在寻找、确定新的价值取向，提出以控制人口增长、保护资源基础和开发再生能源来实现可持续发展。有学者称，可持续发展是一种“发展的哲学”。这说明________。

A. 哲学是智慧之学，为人们的实践提供具体的方法指导

B. 哲学就在我们身边，来源于人们对实践的追问和思考

C. 哲学的任务是指导人们科学地看待自然界的变化与发展

D. 哲学正确地总结和概括了时代的实践经验和认识成果

4. 如何把无限循环小数化成分数？

# 第五节　韩信点兵与中国剩余定理

韩信点兵又称为中国剩余定理，乃由于相传汉高祖刘邦问大将军韩信统御兵士多少。韩信阅兵时，让一队士兵 5 人一行排队从他面前走过，他记下最后一行士兵的人数(1 人)；再让这队士兵 6 人一行排队从他面前走过，他记下最后一行士兵的人数(5 人)；再让这队士兵 7 人一行排队从他面前走过，他记下最后一行士兵的人数(4 人)，再让这队士兵 11 人一行排队从他面前走过，他记下最后一行士兵的人数(10 人)。然后韩信凭这些数，求得这队士兵的总人数。

韩信点兵是一个很有趣的猜数游戏。随便抓一把蚕豆粒，假若 3 个一数余 1 粒，5 个一数余 2 粒，7 个一数余 2 粒，那么所抓的蚕豆有多少粒？这类题目看起来是很难计算

的，可是中国古时流传着一种算法，它的名称很多，宋朝周密叫它“鬼谷算”，又名“隔墙算”；杨辉叫它“剪管术”；比较通行的名称是“韩信点兵”。最初记述这类算法的是一本名叫《孙子算经》的书。后来在宋朝经过数学家秦九韶的推广，又发现了一种算法，叫做“大衍求一术”，流传到西洋以后，外国人称它是“中国剩余定理”，在数学史上是极有名的问题。至于它的算法，在《孙子算经》上就已经有了说明：“凡三三数之剩一，则置七十；五五数之剩一，则置二十一；七七数之剩一，则置十五”，而且流传着这么一首歌诀：

三人同行七十稀，五树梅花廿一枝，七子团圆正半月，除百零五便得知。

这就是韩信点兵的计算方法，《孙子算经》中给出了其中关键的步骤，但再没有说明求乘数的方法，直到1247年宋代数学家秦九韶在《数书九章》中才给出具体求法：70是5与7最小公倍的2倍，21、15分别是3与7、3与5最小公倍数的1倍。秦九韶称这2、1、1的倍数为乘率。求出乘率，就可知乘数，意思是说：凡是用3个一数剩下的余数，将它用70去乘（因为70是5与7的倍数，又是以3去除余1的）；5个一数剩下的余数，将它用21去乘（因为21是3与7的倍数，又是以5去除余1的）；7个一数剩下的余数，将它用15去乘（因为15是3与5的倍数，又是以7去除余1的），最后将70、5、15这些数加起来。若超过105，就再减105，所得的数便是原来的数了。根据这个道理，可以很容易地把前面这个题目列成算式

$$1\times70+2\times21+2\times15-105=142-105=37$$

因此可知，这一堆蚕豆最少有37粒。

《孙子算经》的作者及确实著作的年代均不可考，不过根据考证，著作年代不会在晋朝之后。以这个考证来说，上述问题的解法，中国人发现得比西方早，所以这个问题的推广及其解法被称为中国剩余定理。中国剩余定理（Chinese Remainder Theorem）在近代抽象代数学中占有一席非常重要的地位。

**问题1**：有一群人，3人一数剩1人，5人一数剩1人，7人一数剩1人，问全部至少有几人？

仔细观察，我们在数这群人的过程中有一个共同点，就是最后数完都剩下一人，所以可以用下面的式子来表示：

某数$\div3=a\cdots\cdots1(a\geqslant0)$

某数$\div5=b\cdots\cdots1(b\geqslant0)$

某数$\div7=c\cdots\cdots1(c\geqslant0)$

将上述式子改写一下，变成

某数$=a\times3+1\cdots\cdots(1)(a\geqslant0)$

某数$=b\times5+1\cdots\cdots(2)(b\geqslant0)$

某数$=c\times7+1\cdots\cdots(3)(c\geqslant0)$

从(1)式，知道某数可能为1（当$a=0$时），也可能为4（当$a=1$时），依此类推，可知某数可能为1,4,7,10,…中的任何一个。

从(2)式，知道某数可能为1（当$b=0$时），也可能为6（当$b=1$时），依此类推，可知某数可能为1,6,11,16,…中的任何一个。

从(3)式，知道某数可能为1（当$c=0$时），也可能为8（当$c=1$时），依此类推，可知某数可能为1,8,15,22,…中的任何一个。

综合上面 3 个式子的发现，将结果列在下面：

| 式子 \ $a$ | 0 | 1 | 2 | 3 | 4 | 5 | … | 7 | … | 15 | … | 21 | … | 35 | … |
|---|---|---|---|---|---|---|---|---|---|---|---|---|---|---|---|
| (1) | 1 | 4 | 7 | 10 | 13 | 16 | … | 22 | … | 46 | … | 64 | … | 106 | … |
| (2) | 1 | 6 | 11 | 16 | 21 | 26 | … | 36 | … | 76 | … | 106 | … | 176 | … |
| (3) | 1 | 8 | 15 | 22 | 29 | 36 | … | 50 | … | 106 | … | 148 | … | 246 | … |

由此发现某数在 1 与 106 的地方会发生 3 个式子都相同的数值，而某数在 16、22 和 36 的地方会有两个式子相同的数值。仔细观察后，将整理的结果呈现如下：

$$\underbrace{16=5\times3}_{(1)}+\underbrace{1=3\times5}_{(2)}+1$$

$$\underbrace{22=7\times3}_{(2)}+\underbrace{1=3\times7}_{(3)}+1$$

$$\underbrace{36=7\times5}_{(1)}+\underbrace{1=5\times7}_{(3)}+1$$

从上面的算式看出其中的规律：因为 3 与 5 互质，所以[3,5]＝3 跟 5 的乘积→16 是 3 和 5 的最小公倍数加 1；因为 3 与 7 互质，所以[3,7]＝3 跟 7 的乘积→22 是 3 和 7 的最小公倍数加 1；因为 5 与 7 互质，所以[5,7]＝5 跟 7 的乘积→36 是 5 和 7 的最小公倍数加 1。由此，试着将 106 也使用这种方法来列式：

(1) $106=35\times3+1$

(2) $106=21\times5+1$

(3) $106=15\times7+1$

这 3 个式子都可用 $106=3\times5\times7+1$ 来表示(因为 $35=5\times7$，$21=3\times7$，$15=3\times5$)。因此可以说，106 是 3、5、7 中任意 2 个数的最小公倍数乘以另外一数的乘积加 1 的结果。

因为 3、5、7 两两之间互质，所以[3,5,7]＝3、5、7 的乘积，所以说 106 是 3、5、7 的最小公倍数加 1，则答案是至少有 106 人。

**问题 2**：有一群人，3 人一数剩 1 人，5 人一数剩 3 人，7 人一数剩 5 人，全部至少有几人?

这道题其实也有一个共通点，即最后面数完都不足 2 人，所以用下面的式子来表示：

某数$=a\times3-2$……(1)($a\geqslant0$)

某数$=b\times5-2$……(2)($b\geqslant0$)

某数$=c\times7-2$……(3)($c\geqslant0$)

从上面各式可知某数在第(1)式可能为 1(当 $a=1$ 时)，在(2)式可能为 3(当 $b=1$ 时)，在(3)式可能为 5(当 $c=1$ 时)。当然，某数在(1)式时也可能为 4(当 $a=2$ 时)，在(2)式时也可能为 8(当 $b=2$ 时)，在(3)式时也可能为 12(当 $c=12$ 时)，依此类推。

综合上面 3 个式子的发现，将结果列在下面：

| 式子 \ $a$ | 1 | 2 | 3 | 4 | 5 | … | 7 | … | 15 | … | 21 | … | 35 | … |
|---|---|---|---|---|---|---|---|---|---|---|---|---|---|---|
| (1) | 1 | 4 | 7 | 10 | 13 | … | 19 | … | 43 | … | 61 | … | 103 | … |
| (2) | 3 | 8 | 13 | 18 | 23 | … | 33 | … | 73 | … | 103 | … | 173 | … |
| (3) | 5 | 12 | 19 | 26 | 33 | … | 47 | … | 103 | … | 145 | … | 253 | … |

从上表发现，某数在103的地方发生3个式子都相同的数值，而某数在13、19和33的地方有两个式子相同的数值。仔细观察后，将整理的结果呈现如下：

$$13=\underbrace{5\times3-2}_{(1)}=\underbrace{3\times5-2}_{(2)}$$

$$19=\underbrace{7\times3-2}_{(1)}=\underbrace{3\times7-2}_{(3)}$$

$$33=\underbrace{7\times5-2}_{(2)}=\underbrace{5\times7-2}_{(3)}$$

从上面的算式可以看出其中的规律：13是3和5的最小公倍数减2；19是3和7的最小公倍数减2；33是5和7的最小公倍数减2。由此试着将103也使用这种方法来列式，即

(1) $103=35\times3-2=7\times5\times3-2$

(2) $103=21\times5-2=3\times7\times5-2$

(3) $103=15\times7-2=3\times5\times7-2$

这3个式子都可用$103=3\times5\times7-2$来表示(因为$35=5\times7$，$21=3\times7$，$15=3\times5$)。可以说，103是3、5、7中任意2个数的最小公倍数乘以另外一数的乘积减2的结果。因此答案是103人。

**问题3**：有一群人，3人一数剩2人，5人一数剩3人，7人一数剩4人，全部至少有几人？

从问题1与问题2的分析方法中发现：

① 除3余2的数有：5，8，11，14，17，20，23，26，29，32，35，38，41，44，……

除5余3的数有：8，13，18，23，28，33，38，43，48，53，……

所以，既除3余2，又除5余3的数有：

8， 23， 38， 53， 68……皆差15

+15 +15 +15 +15

② 同①，可以得到除5余3、除7余4的数：

18， 53， 88， 123……皆差35

+35 +35 +35

综合①、②两点，整理后列出下表：

| 被 3 除余 2 | 2,5,8,11,14,17,20,23,…,47,50,53,56,59,62,…,149,152,155,158,161,164,…,251,254,257,260,263,266,269…… |
| --- | --- |
| 被 5 除余 3 | 3,8,13,18,23,28,…,43,48,53,58,63,68,73,…,143,148,153,158,163,168,…,253,258,263,268,273,278…… |
| 被 7 除余 4 | 4,11,18,25,…,39,46,53,60,67,74,81,…,130,137,144,151,158,165,172,…,249,256,263,270,277,284…… |

从上表观察出,除 3 余 2、除 5 余 3、除 7 余 4 的数有:

53，　158，　263……皆差 105

＋105　＋105

也就是说,从 53 开始,逐次加 105 都是答案。

根据上面的描述,将其写成公式:

$$某数=53+105\cdot k, k\text{ 为整数}$$

也可以用《孙子算经》上的方法来求解这道题。

先把 3、5、7 中任意两个数的最小公倍数算出来,看是否为另一数的倍数加余数;如等式不成立,即把此公倍数依序乘以 2,3,4,5……。依此类推,直到某数减去余数后,能被另一数整除为止。

① $35=3\times11+2$,35 是能被 5 和 7 整除,且除 3 余 2 的数。

② $21=5\times4+1$,21 并不是除 5 余 3 的数,所以将其乘以 2。

$42=5\times8+2$,42 也不是除 5 余 3 的数,所以将 21 乘以 3。

$63=5\times12+3$,在 63 时,某数能被 3 和 7 整除,并除 5 余 3。

③ 同②,$15=7\times2+1$,$30=7\times4+2$,$45=7\times6+3$,$60=7\times8+4$,15 并不是除 7 余 4 的数,所以将其依序乘以 2,3,4,5,…发现某数在 60 时,能被 3 和 5 整除,并除 7 余 4。

分析将上述整理成一个式子,得

$$35=3\times11+2=5\times7$$

$$63=5\times12+3=3\times7\times3$$

$$60=7\times8+4=3\times5\times4$$

最后,把得到的 3 个数加起来,减去小于自己但最接近自己的公倍数,求出最小的正整数解,即

$$70+63+60-105\times1=158-105=53$$

答案是 53 人。

问题 1 与问题 2 也可用《孙子算经》的方法求解:

问题 1:$70+21+15=106$

问题 2:$70+63+75-105\times1=208-105=103$

结论:

① 韩信点兵问题有无穷多个解答。

② 韩信点兵问题的解决方法不只一种。

③ 无论问题的余数是多少,皆可用”中国剩余定理”的公式 $x=a\times70+b\times21+c\times15+105\times n$($n$ 为整数)来求得答案。

## 练习 3.5

1. 一个数在 200～400 之间，它被 3 除余 2，被 7 除余 3，被 8 除余 5，求该数。

2. 甲、乙两数的最大公因数是 12，最小公倍数是 252。已知甲数是 36，求乙数。

3. 有一片牧场，每天牧草都均匀地生长。如果这片牧场上的草可供 27 头牛吃 6 天，或者可供 23 头牛吃 9 天。那么，这片牧场的草可供 21 头牛吃多少天？

4. 假定现在是 3 点整，再经过多少分钟，时针与分针正好重合？

5. 在你面前有一条长长的阶梯。如果你每步跨 2 阶，最后剩下 1 阶；如果你每步跨 3 阶，最后剩 2 阶；如果你每步跨 5 阶，最后剩 4 阶；如果你每步跨 6 阶，最后剩 5 阶；只有当你每步跨 7 阶时，最后才正好走完，一阶不剩。请你算一算，这条阶梯到底有多少阶？

## 习　题　三

**一、选择题**

1. “万物皆数”是________提出的。

A. 笛卡儿　　B. 欧几里得　　C. 阿基米德　　D. 毕达哥拉斯

2. 毕达哥拉斯“万物皆数”中的“数”是指________。

A. 法则　　B. 实数　　C. 有理数　　D. 自然数

3. 数学发展史上爆发过________次数学危机。

A. 一　　B. 二　　C. 三　　D. 四

4. $\sqrt{2}$不能表示成整数比引发________数学危机。

A. 第一次　　B. 第二次　　C. 第三次　　D. 第四次

5. 庆祝毕达哥拉斯定理发现时宰的是________。

A. 马　　B. 羊　　C. 牛　　D. 老虎

6. 某电视台在黄金时段的 2 分钟广告时间内，计划插播长度为 15 秒和 30 秒的两种广告。15 秒的广告每播一次收费 0.6 万元，30 秒的广告每播一次收费 1 万元。若要求每种广告播放不少于 2 次，则电视台收益最大的播放方式是________。

A. 15 秒的广告播放 4 次，30 秒的广告播放 2 次

B. 15 秒的广告播放 2 次，30 秒的广告播放 4 次

C. 15 秒的广告播放 2 次，30 秒的广告播放 3 次

D. 15 秒的广告播放 3 次，30 秒的广告播放 2 次

**二、判断题**

1. 两个整数的比称为有理数。(　　)

2. 华罗庚认为数学可以给人类带来音乐、美术、科学等可以给人的一切。(　　)

3. 数学的精确性只体现在数学逻辑的严密上。(　　)

4. 金字塔是按照黄金分割法建立的。(　　)

5. 第二次数学危机的核心是微积分的基础不稳固。(　　)

6. 送上太空试图与外星人交流的数学思想是勾股定理。(　　)

7. 3 条直线分割平面，最多分成 7 个部分。(　　)

8. 第一次数学危机是$\sqrt{2}$不能写成两个整数之比引发的。(　　)

**三、简(解)答题**

1. “一个违反万物皆数的理论,葬送了一双发现的眼睛;一次对真理苦苦的追寻,造就了基础数学中最重要的课程;一回回不断地完善理论系统,奠定了数学的基石。”指的是数学史上的哪三次重大事件?

2. 据《新华日报》消息,巴西医生马廷恩经过多年苦心研究后得出结论:有腐败行为的人容易得癌症、心肌梗塞、过敏症、脑溢血、心脏病等。马廷恩医生将犯有贪污、受贿罪的580名官员编为A组,将600名廉洁官员编为B组,经过比较后发现,B组的健康人数比A组的健康人数多272人,两组患病(或死亡)共444人。试问犯有贪污、受贿罪的官员与廉洁官员的健康人数各占本组的百分之几?

3. 某小区便利店老板到厂家购进A、B两种香油共140瓶,花去了1000元。其进价和售价如下表所示:

| | 进价/(元/瓶) | 售价/(元/瓶) |
|---|---|---|
| A种香油 | 6.5 | 8 |
| B种香油 | 8 | 10 |

(1) 该店购进A、B两种香油各多少瓶?

(2) 将购进的140瓶香油全部销售完,可获利多少元?

4. (中国古代问题)唐太宗传令点兵,若一千零一卒为一营,则剩余一人;若一千零二卒为一营,则剩四人。问此次点兵至少有多少人?

5. 中国古代约5～6世纪成书的《张邱建算经》中有一题:今有鸡公一,值钱伍;鸡母一,值钱三;鸡雏三,值钱一。凡百钱买鸡百只,问鸡公、母、雏各几何?

## 数学家的故事(3)

### 高斯——数学王子

卡尔·弗里德里希·高斯(Johann Carl Friedrich Gauss)(1777—1855),生于不伦瑞克,卒于哥廷根,德国著名数学家、物理学家、天文学家、大地测量学家。高斯被认为是最重要的数学家,有“数学王子”的美誉,并被誉为历史上伟大的数学家之一,和阿基米德、牛顿并列,同享盛名。

高斯1777年4月30日生于不伦瑞克的一个工匠家庭。高斯3岁时便能纠正他父亲借债账目的事情,这成为一件轶事流传至今。他曾说,他在麦仙翁堆上学会计算。能够在头脑中进行复杂的计算,是上帝赐予他一生的天赋。父亲格尔恰尔德·迪德里赫对高斯要求极为严厉,甚至有些过分。高斯尊重他的父亲,并且秉承了其父诚实、谨慎的性格。高斯很幸运地有一位鼎力支持他成才的父亲。高斯一生下来,就对一切现象和事物十分好奇,而且决心弄个水落石出,这超出了一个孩子能被许可的范围。当父亲为此训斥他时，母亲总是支持高斯，坚决反对顽固的丈夫想把儿子变得跟他一样无知。

在成长过程中，幼年的高斯主要得益于母亲罗捷雅和舅舅弗利德里希(Friederich)。弗利德里希富有智慧，为人热情而又聪明能干，他投身于纺织贸易并颇有成就。他发现姐姐的儿子聪明伶俐，因此把一部分精力花在这位小天才身上，用生动活泼的方式开发高斯的智力。

高斯7岁那年开始上学。10岁的时候，他进入了学习数学的班级。这是一个首次创办的班，孩子们在这之前都没有听说过算术这么一门课程。数学教师是布特纳，他对高斯的成长也起了一定作用。

一天，老师布置了一道题，1＋2＋3＋……，这样从1一直加到100等于多少。

高斯很快就算出了答案，起初老师布特纳并不相信高斯算出了正确答案："你一定是算错了，回去再算算。"高斯说出答案就是5050，是这样算的：1＋100＝101，2＋99＝101，……，1加到100有50组这样的数，所以50×101＝5050。

布特纳对他刮目相看。他特意从汉堡买了最好的算术书送给高斯，说："你已经超过了我，我没有什么东西可以教你了。"接着，高斯与布特纳的助手巴特尔斯建立了真诚的友谊，直到巴特尔斯逝世。他们一起学习，互相帮助，高斯由此开始了真正的数学研究。

1788年，11岁的高斯进入文科学校。他在新的学校里，所有的功课都极好，特别是古典文学和数学成绩尤为突出。他的教师们和慈母把他推荐给伯伦瑞克公爵，希望公爵能资助这位聪明的孩子上学。

布伦兹维克公爵卡尔·威廉·斐迪南召见了14岁的高斯。这位朴实、聪明但家境贫寒的孩子赢得了公爵的同情，公爵慷慨地提出愿意作高斯的资助人，让他继续学习。

1792年高斯进入布伦兹维克的卡罗琳学院继续学习。1795年，公爵又为他支付各种费用，送他入德国著名的哥廷根大学，使得高斯能按照自己的理想勤奋地学习，并开始进行创造性研究。

1796年高斯19岁，发现了正十七边形的尺规作图法，解决了自欧几里得以来悬而未决的一个难题。同年，他发表并证明了二次互反律。这是他的得意之作，他一生曾用八种方法证明，称之为"黄金律"。

1799年，高斯完成了博士论文，获黑尔姆施泰特大学的博士学位。虽然他的博士论文顺利通过了，被授予博士学位，同时获得了讲师职位，但他没有能成功地吸引学生，因此只能回老家——又是公爵伸手救援他。

公爵继续慷慨资助高斯的研究，使得他能在1803年谢绝圣彼得堡提供的教授职位。他一直是圣彼得堡科学院通讯院士。

公爵为高斯付了长篇博士论文的印刷费用，送给他一幢公寓，又为他印刷了《算术研究》，使该书得以在1801年问世；还负担了高斯的所有生活费用。所有这一切，令高斯十分感动。他在博士论文和《算术研究》中写下了情真意切的献词："献给大公，你的仁慈，将我从所有烦恼中解放出来，使我能从事这种独特的研究。"

布伦兹维克公爵在高斯的成才过程中起到举足轻重的作用。不仅如此，这种作用实际上反映了欧洲近代科学发展的一种模式，表明在科学研究社会化以前，私人的资助是科学发展的重要推动因素之一。高斯正处于私人资助科学研究与科学研究社会化的转变时期。

1806年,卡尔·威廉·斐迪南公爵在抵抗拿破仑统帅的法军时不幸在耶拿战役阵亡,这给高斯以沉重打击。他悲痛欲绝,长时间对法国人有一种深深的敌意。大公的去世给高斯带来了经济上的拮据,加上德国处于法军奴役下的不幸,以及第一个妻子的逝世,使得高斯有些心灰意冷。

但他是位刚强的汉子,从不向他人透露自己的窘况,也不让朋友安慰自己的不幸。人们只是在19世纪整理他未公布于众的数学手稿时才得知他那时的心情。在一篇讨论椭圆函数的手稿中,突然插入了一段细微的铅笔字:"对我来说,死去也比这样的生活更好受些。"

慷慨、仁慈的资助人去世了,高斯必须找一份合适的工作,以维持一家人的生计。由于高斯在天文学、数学方面的杰出工作,他的名声从1802年起就已传遍欧洲。彼得堡科学院不断暗示他,自从1783年莱昂哈德·欧拉去世后,欧拉在彼得堡科学院的位置一直在等待着像高斯这样的天才。公爵在世时坚决劝阻高斯去俄国,他甚至愿意给高斯增加薪金,为他建立天文台。

为了不使德国失去最伟大的天才,德国著名学者洪堡(B. A. Von Humboldt)联合其他学者和政界人物,为高斯争取到了享有特权的哥廷根大学数学和天文学教授,以及哥廷根天文台台长的职位。1807年,高斯赴哥廷根就职,全家迁居于此。

从这时起,除了一次到柏林去参加科学会议以外,他一直住在哥廷根。洪堡等人的努力,不仅使得高斯一家人有了舒适的生活环境,高斯本人可以充分发挥其天才,而且为哥廷根数学学派的创立,使德国成为世界科学中心和数学中心创造了条件。同时,这也是科学研究社会化的一个良好开端。

高斯在数学方面的成就十分突出。

欧几里得指出,正三边形、正四边形、正五边形、正十五边形和边数是上述边数2倍的正多边形的几何作图是能够用圆规和直尺实现的。但从那时起,关于这个问题的研究没有多大进展。高斯在数论的基础上提出了判断一个给定边数的正多边形是否可以几何作图的准则。例如,用圆规和直尺可以作圆内接正十七边形。这样的发现还是欧几里得以后的第一个。

这些关于数论的工作对代数的现代算术理论(即代数方程的解法)做出了贡献。高斯还将复数引进了数论,开创了复整数算术理论。复整数在高斯以前只是直观地被引进。1831年(发表于1832年)他给出了一个如何借助$x$,$y$平面上的表示来发展精确的复数理论的详尽说明。

高斯是最早怀疑欧几里得"几何学是自然界和思想中所固有的"那些人之一。欧几里得是建立系统性几何学的第一人。其模型中的一些基本思想被称做公理,它们是通过纯粹的逻辑构造整个系统的出发点。在这些公理中,平行线公理一开始就显得很突出。按照这一公理,通过不在给定直线上的任何点,只能作一条与该直线平行的线。

不久就有人推测:这一公理可以从其他一些公理推导出来,因而可以从公理系统中删去。但是关于它的所有证明都有错误。高斯是最早认识到可能存在一种不适用平行线公理的几何学的人之一。他逐渐得出革命性的结论:确实存在这样的几何学,其内部相容,并且没有矛盾。但因为与同代人的观点相背,他不敢发表(参阅"非欧几里得几何"条)。

当1830年前后,匈牙利的波尔约(Janos Bolyai)和俄国的罗巴切夫斯基独立地发表非欧几何学时，高斯宣称他大约在30年前就得到同样的结论。高斯也没有发表特殊复函数方面的工作，可能是因为没有能从更一般的原理导出它们。因此这一理论不得不在他死后数十年由其他数学家从他著作的计算中重建。

1830年前后，极值(极大和极小)原理在高斯的物理问题和数学研究中开始占有重要地位，例如流体保持静止的条件等问题。在探讨毛细作用时，他提出了一个数学公式，能将流体系统中一切粒子的相互作用、引力以及流体粒子和与它接触的固体或流体粒子之间的相互作用都考虑在内。这一工作对于能量守恒原理的发展做出了贡献。从1830年起，高斯就与物理学家威廉·爱德华·韦伯密切合作。由于对地磁学的共同兴趣，他们一起建立了一个世界性的系统观测网。他们在电磁学方面最重要的成果是电报的发展。因为他们的资金有限，所以试验都是小规模的。

高斯的数学研究几乎遍及所有领域，在数论、代数学、非欧几何、复变函数和微分几何等方面都做出了开创性的贡献。他还把数学应用于天文学、大地测量学和磁学的研究，发明了最小二乘法原理。高斯一生共发表155篇论文。他对待学问十分严谨，只是把他自己认为十分成熟的作品发表出来。

高斯首先迷恋的也是自然数。高斯在1808年谈到："任何一个花过一点功夫研习数论的人，必然会感受到一种特别的激情与狂热。"

高斯对代数学的重要贡献是证明了代数基本定理，他的存在性证明开创了数学研究的新途径。事实上，在高斯之前有许多数学家认为已给出了这个结果的证明，可是没有一个证明是严密的。高斯把前人证明的缺失一一指出来，然后提出自己的见解，他一生中一共给出了四个不同的证明。高斯在1816年左右就得到非欧几何的原理。他还深入研究复变函数，建立了一些基本概念，发现了著名的柯西积分定理。他还发现椭圆函数的双周期性，但这些工作在他生前都没有发表出来。

在物理学方面，高斯最引人注目的成就是在1833年和物理学家韦伯发明了有线电报，这使高斯的声望超出了学术圈而进入公众社会。除此以外，高斯在力学、测地学、水工学、电动学、磁学和光学等方面均有杰出的贡献。

高斯名言：

① 浅薄的学识使人远离神，广博的学识使人接近神。

② 数学，科学的皇后；算术，数学的皇后。

# 第四章　数学思想方法

**内容提要**：数学思想方法是数学学习的精髓。日本著名数学家和数学教育家米山国藏认为，学生在学校学的数学知识，毕业后若没什么机会去用，很快就忘掉了。然而，不管他们将来从事什么工作，深深铭刻在心中的数学精神、数学的思维方法、研究方法、推理方法和看问题的着眼点，能使他们终身受益。可见，数学的思想方法对人的影响是十分深远的。本章将介绍四种常见而又比较通俗的数学思想方法：函数与方程、转化与化归、分类讨论和数形结合。

思想是客观存在反映在人的意识中经过思维活动而产生的结果。它是从大量的思维活动中获得的产物，经过反复提炼和实践，如果一再被证明为正确，就可以反复被应用到新的思维活动中，并产生出新的结果。

所谓数学思想，是指现实世界的空间形式和数量关系反映到人的意识之中，经过思维活动而产生的结果。它是对数学事实与数学理论的本质认识。数学思想比一般说的数学概念具有更高的抽象和概括水平，后者比前者更具体、更丰富，而前者比后者更本质、更深刻。

数学思想是一类科学思想，但科学思想未必单单是数学思想。例如，分类思想是各门科学都要运用的思想（比如，语文分为文学、语言和写作，外语分为听、说、读、写和译，物理学分为力学、热学、声学、电学、光学和原子核物理学，化学分为无机化学和有机化学，生物学分为植物学和动物学等）。只有将科学思想应用于空间形式和数量关系时，才能成为数学思想。如果用一个词语"逻辑划分"作为标准，那么，当该逻辑划分与数理有关时（可称之为数理逻辑划分），可以说是数学思想；当该逻辑划分与数理无直接关系时（例如把社会中的各行各业分为工、农、兵、学、商等），不应该说是运用数学思想。同样地，当且仅当哲学思想（例如一分为二的思想、量质互变的思想和肯定否定的思想）在数学中予以大量运用并且被"数学化"了时，它们也可以称为数学思想。

数学方法是以数学为工具进行科学研究的方法，即用数学的语言表达事物的状态、关系和过程，经过推导、运算与分析，形成解释、判断和预言的方法。

数学思想与数学方法既有差异性，又有同一性。其差异性表现在：数学方法是数学思想的表现形式和得以实现的手段。方法指向实践，而数学思想是数学方法的灵魂，它指导方法的运用。数学思想具有概括性和普遍性，数学方法则具有操作性和具体性；数学思想是内隐的，数学方法是外显的；数学思想比数学方法更深刻、更抽象地反映数学对象间的内在关系，是数学方法进一步的概括和升华。可以这样理解，数学思想相当于建筑的一张图纸，数学方法则相当于建筑施工的手段。数学思想比数学方法在抽象程度上处于更高的层次。难怪说，数学思想是一般哲学思想在数学中的体现，是在对数学知识做进一步认识和概括的基础上形成的概念。其同一性表现在：数学思想与数学方法同属方法论的范畴。它们有时是等同的。人们往往把某一数学成果笼统地称为数学思想方法，而当用它去解决某些具体数学问题时，又可具体称为数学方法。因而，一般将数学思想与数学方法统称为数学思想方法。数学思想方法很多,有初等数学思想方法、高等数学思想方法等,这里只介绍常见的数学四大思想方法：函数与方程、转化与化归、分类讨论、数形结合。

## 第一节　函数与方程

在我国古代数学中,虽然没有明确地提出函数的概念,但函数的思想在现今发现的我国最早的数学著作《算数书》中就有所体现。譬如,“增减分”描述的就是正比例函数与反比例函数的单调性,虽然不够完整,但对于以常量计算为主的中国古代数学来说,这是非常难能可贵的。

解析几何中的一个重要思想是将方程中的未知数看做变数,让方程中的未知数取不同的数值。最早体现在不定方程的研究中。一般认为,数学史上第一个对不定方程进行广泛、深入研究的是公元 3 世纪的古希腊数学家丢番图。在公元前 1 世纪成书的中国数学典籍《九章算术》中,对不定方程就进行了比较广泛的讨论。

函数思想即是用函数的概念和性质去分析问题、转化问题和解决问题。函数描述了自然界中量的依存关系,是对问题本身的数量本质特征和制约关系的一种动态刻画。因此,函数思想的实质是提取问题的数学特征,用联系的变化的观点提出数学对象,抽象其数学特征,建立函数关系。

方程思想是从问题的数量关系入手,运用数学语言将问题中的条件转化为数学模型(方程、不等式或方程与不等式的混合组),然后通过解方程(组)或不等式(组)来求解问题。

很明显,函数与方程思想是可以相互转化的。只有在对问题的观察、分析、判断等一系列的思维过程中,具备标新立异、独树一帜的深刻性、独创性思维,才能构造出函数原型,化归为方程的问题,实现函数与方程互相转化、接轨,达到解决问题的目的。

笛卡儿的方程思想是：实际问题→数学问题→代数问题→方程问题。宇宙世界充斥着等式和不等式。我们知道,哪里有等式,哪里就有方程；哪里有公式,哪里就有方程；求值问题是通过解方程来实现的……；不等式问题与方程相似,密切相关。函数和多元方程没有什么本质的区别,如函数 $y=f(x)$,可以看做关于 $x$、$y$ 的二元方程 $f(x)-y=0$。可以说,函数的研究离不开方程。列方程、解方程和研究方程的特性,都是应用方程思想时需要重点考虑的。方程的思想和函数的思想是处理常量数学与变量数学的重要思想,在解决一般数学问题中具有重大的方法论意义。

**【例 4.1】** 若关于 $x$ 的方程 $4^x+a2^x+a+1=0$ 有实数解,求实数 $a$ 的取值范围。

分析：处理此问题有两种方法：一是从“原方程有解”出发,进行等价转换,求出 $a$ 的取值范围；二是将已知方程变形转化,将 $a$ 作为 $t$ 的函数,把求 $a$ 的取值范围转化为求函数值域的问题。

**解法一**：令 $2^x=t(t>0)$,则原方程化为 $t^2+at+a+1=0(*)$。

① 当方程$(*)$的根都在$(0,+\infty)$上时,可得下式：

$$\begin{cases}\Delta=a^2-4(a+1)\geqslant 0\\ t_1+t_2=-a>0\\ t_1t_2=a+1>0\end{cases}$$

解得

$$\begin{cases} a \leqslant 2-2\sqrt{2} \text{ 或 } a \geqslant 2+2\sqrt{2} \\ a < 0 \\ a > -1 \end{cases}$$

即

$$-1 < a \leqslant 2-2\sqrt{2}$$

② 当方程(＊)的一个根在$(0,+\infty)$上，另一个根在$(-\infty,0]$上时，令$f(t)=t^2+at+a+1$，则有$f(0)\leqslant 0$且$-\frac{a}{2}>0$，即$a\leqslant -1$。

由①、②可得实数$a$的取值范围是$a\leqslant 2-2\sqrt{2}$。

**解法二：**令$2^x=t(t>0)$，则原方程化为$t^2+at+a+1=0$，所以

$$\begin{aligned} a &= -\frac{1+t^2}{1+t} = -(t+1)-\frac{2}{t+1}+2 \\ &\leqslant -(2\sqrt{2}-2) \\ &= 2-2\sqrt{2} \end{aligned}$$

即

$$a \leqslant 2-2\sqrt{2}$$

**评析：**解法一运用方程中根与系数的关系及分类思想，求解过程较繁。解法二采用分离参数法构造函数，运用均值不等式求出$a$的取值范围，解法简单且容易操作。

**【例 4.2】** 已知二次函数$f(x)$的二次项系数为$a$，且不等式$f(x)>-2x$的解集为$(1,3)$。若方程$f(x)+6a=0$有两个相等实根，求$f(x)$的解析式。

分析：此题若能把二次不等式的解集转化为二次函数的问题即可获解。

**解：**$f(x)>-2x$的解集为$(1,3)$即$f(x)+2x>0$的解集为$(1,3)$。因为

$$f(x)+2x = a(x-1)(x-3) \text{ 且 } a<0$$

所以

$$\begin{aligned} f(x) &= a(x-1)(x-3)-2x \\ &= ax^2-(2+4a)x+3a \end{aligned} \quad ①$$

由$f(x)+6a=0$，得

$$ax^2-(2+4a)x+9a=0 \quad ②$$

由题意，方程②有两个相等实根，所以$\Delta=0$，即

$$5a^2-4a-1=0$$

因为

$$a=1,\quad a=-\frac{1}{5}$$

所以

$$a<0$$

则

$$a=-\frac{1}{5}$$

代入①,得

$$f(x)=-\frac{1}{5}x^2-\frac{6}{5}x-\frac{3}{5}$$

**【例 4.3】** 某旅游点有50辆自行车供游客租赁使用,管理这些自行车的费用为每日115元。根据经验,若每辆自行车的日租金不超过6元,则自行车可以全部租出;若超过6元,则每超过1元,租不出去的自行车就增加3辆。为了便于计算,每辆自行车的日租金 $x$(元)只取整数,并且要求出租自行车一日总收入必须高于这一日的管理费用。用 $y$(元)表示出租自行车的日净收入(即一日中出租自行车的总收入减去管理费用的所得)。

(1) 求函数 $y=f(x)$ 的解析式及其定义域。

(2) 试问当每辆自行车的日租金定为多少元时,才能使一日的净收入最多?

**解**:(1) 当 $x\leqslant 6$ 时,$y=50x-115$。

令 $50x-115>0$,解得 $x>2.3$。

因为 $x\in\mathbf{N}$,所以 $x\geqslant 3$,则

$$3\leqslant x\leqslant 6,\quad x\in\mathbf{N}$$

当 $x>6$ 时,$y=[50-3(x-6)]x-115$。令 $[50-3(x-6)]x-115>0$,有

$$3x^2-68x+115<0$$

此不等式的整数解为 $2\leqslant x\leqslant 20(x\in\mathbf{N})$。所以 $6<x\leqslant 20(x\in\mathbf{N})$,故

$$y=\begin{cases}50x-115 & (3\leqslant x\leqslant 6,x\in\mathbf{N})\\ -3x^2+68x-115 & (6<x\leqslant 20,x\in\mathbf{N})\end{cases}$$

定义域为 $\{x\mid 3\leqslant x\leqslant 20,x\in\mathbf{N}\}$

(2) 对于 $y=50x-115\ (3\leqslant x\leqslant 6,x\in\mathbf{N})$,显然,当 $x=6$ 时,$y_{\max}=185$(元)。

对于

$$y=-3x^2+68x-115=-\left(x-\frac{34}{3}\right)^2+\frac{811}{3}\quad(6<x\leqslant 20,\quad x\in\mathbf{N})$$

当 $x=11$ 时,

$$y_{\max}=270(\text{元})$$

综上所述,当每辆自行车日租金定在11元时,才能使一日的净收入最高。

由以上分析可以看出,在求解含有相关的变量的题目时,应该要有牢固的函数与方程的思想。这种思想的运用在高等数学中比比皆是,是学习高等数学必备的素质。下面介绍一组概念:函数的零点。

① 函数 $y=f(x)$ 的图像与 $x$ 轴交点的横坐标叫做函数 $y=f(x)$ 的零点。

② 函数 $y=f(x)$ 的零点也就是方程 $f(x)=0$ 的解。

③ 函数 $y=f(x)$ 在区间 $(a,b)$ 上有零点的判断方法是:若函数 $y=f(x)$ 在闭区间 $[a,b]$ 上的图像是连续曲线,且 $f(a)\cdot f(b)<0$,那么,$y=f(x)$ 在区间 $(a,b)$ 上至少有一个零点。

## 练习 4.1

1. 函数 $f(x)=2^x-x^2$ 在区间 $[-1,0]$ 内是否有零点?答:________。

2. 已知 $x=1$ 是方程 $2x^3-3x+1=0$ 的一个根,那么函数 $f(x)=2x^3-3x+1$ 的另

外两个零点是________。

3. 方程 $2x^2+2^x-3=0$ 的实数根有________个。

4. 求证函数 $f(x)=2^x+x^2-2$ 在 $(-2,0)$ 和 $(0,1)$ 内各至少有一个零点。

5. 已知二次函数 $f(x)=ax^2+bx+c$。

(1) 若 $f(-1)=0$，判断函数 $f(x)$ 零点的个数。

(2) 若 $f(1)\neq f(3)$，证明方程 $f(x)=\frac{1}{2}[f(1)+f(3)]$ 必有一个实根属于 $(1,3)$。

6. 已知二次函数 $f(x)=ax^2+bx+1(a,b\in\mathbf{R},a>0)$。设方程 $f(x)=x$ 的两个实数根为 $x_1$ 和 $x_2$。如果 $x_1<2<x_2<4$，设函数 $f(x)$ 的对称轴为 $x=x_0$。求证：$x_0>-1$。

7. 已知函数 $f(x)=\cos^2x-a\sin x+b(a>0)$ 的最大值为 0，最小值为 $-4$，求 $a$ 和 $b$ 的值。

8. 直线 $m: y=kx+1$ 和双曲线 $x^2-y^2=1$ 的左支交于 $A$、$B$ 两点，直线 $L$ 过点 $P(-2,0)$ 和线段 $AB$ 的中点 $M$。求 $L$ 在 $y$ 轴上的截距 $b$ 的取值范围。

## 第二节　转化与化归

转化与化归的思想就是将未知解法或难以解决的问题，通过观察、分析、联想、类比等思维过程，选择恰当的方法进行变换，化归为在已知知识范围内已经解决或容易解决的问题的数学思想。转化与化归的思想是解决数学问题的根本思想，解题的过程实际就是转化的过程。数学中的转化比比皆是。例如，未知向已知的转化，命题之间的转化，数与形的转化，空间向平面的转化，高维向低维的转化，多元向一元的转化，高次向低次的转化等，都是转化思想的体现。

转化与化归常遵循以下几个原则：

① 熟悉化原则：将陌生的问题转化为熟悉的问题，以利于运用熟知的知识、经验和问题来解决。

② 简单化原则：将复杂的问题化归为简单问题，通过对简单问题的解决，达到解决复杂问题的目的，或获得某种解题的启示和依据。

③ 和谐化原则：化归问题的条件或结论，使其表现形式更符合数与形内部所表示的和谐的形式，或者转化命题，使其推演有利于运用某种数学方法或其方法符合人们的思维规律。

④ 直观化原则：将比较抽象的问题转化为比较直观的问题来解决。

⑤ 正难则反原则：当问题正面讨论遇到困难时，可考虑问题的反面，设法从问题的反面去探求，使问题获解。

### 一、正与反的转化

对于有些数学问题，如果直接从正面入手，求解难度较大，致使思想受阻，可以从反面着手去解决。例如，函数与反函数的有关问题，对立事件的概率，间接法求解，排列组合问题，举不胜举。

**【例 4.4】** 求常数 $m$ 的范围，使曲线 $y=x^2$ 的所有弦都不能被直线 $y=m(x-3)$ 垂直平分。

分析：直接求解较为困难。事实上，问题可以转化为：在曲线 $y=x^2$ 存在关于直线 $y=m(x-3)$ 对称的两点，求 $m$ 的范围。

略解：抛物线 $y=x^2$ 上存在两点 $(x_1,x_1^2)$ 和 $(x_2,x_2^2)$ 关于直线 $y=m(x-3)$ 对称，则

$$\begin{cases}\dfrac{x_1^2+x_2^2}{2}=m\left(\dfrac{x_1+x_2}{2}-3\right)\\ \dfrac{x_1^2-x_2^2}{x_1-x_2}=-\dfrac{1}{m}\end{cases}$$

即

$$\begin{cases}x_1^2+x_2^2=m(x_1+x_2-6)\\ x_1+x_2=-\dfrac{1}{m}\end{cases}$$

消去 $x_2$，得

$$2x_1^2+\frac{2}{m}x_1+\frac{1}{m^2}+6m+1=0$$

所以存在 $(x_1,x_1^2)$ 和 $(x_2,x_2^2)$。因为上述方程有解，所以

$$\Delta=\frac{-12m^3-2m^2-1}{m^2}>0$$

所以 $(2m+1)(6m^2-2m+1)<0$，从而 $m<-\dfrac{1}{2}$。因此，原问题的解为 $\left\{m\mid m\geqslant-\dfrac{1}{2}\right\}$。

## 二、常量与变量的转化

在处理多变元的数学问题时，可以选取其中的常数（或参数），将其看做是“主元”，把其他变元看做是常量，从而达到减少变元简化运算的目的。

**【例 4.5】** 已知曲线系 $C_k$ 的方程为 $\dfrac{x^2}{9-k}+\dfrac{y^2}{4-k}=1$，试证明：坐标平面内任一点 $(a,b)(a,b\neq0)$ 在 $C_k$ 中总存在一个椭圆和一条双曲线过该点。

分析：若从曲线的角度去考虑，即以 $x$、$y$ 为主元，思维受阻。若从 $k$ 来考虑，不难看出，当 $k<4$ 或 $4<k<9$ 时，$C_k$ 表示的曲线分别为椭圆和双曲线，问题归结为证明在区间 $(-\infty,4)$ 和 $(4,9)$ 内分别存在 $k$ 值，使曲线 $C_k$ 过点 $(a,b)$。

**证明**：设点 $(a,b)(a,b\neq0)$）在曲线 $C_k$ 上，则 $\dfrac{x^2}{9-k}+\dfrac{y^2}{4-k}=1$，整理得

$$k^2+(a^2+b^2-13)k+(36-4a^2-9b^2)=0 \qquad ①$$

令 $f(k)=k^2+(a^2+b^2-13)k+(36-4a^2-9b^2)$，则有

$$f(4)=-5b^2<0,\quad f(9)=5a^2>0$$

可知 $f(k)=0$，根据函数图像开口向上，可知方程①在 $(-\infty,4)$ 和 $(4,9)$ 内分别有一个根，即对平面内任一点 $(a,b)$，在曲线系 $C_k$ 中总存在一个椭圆和一条双曲线通过该点。

本题巧妙地将解析几何中的曲线系问题转化为自变量为主元的方程的根的问题，降低了难度。这种方法在解析几何中用得较普遍。

## 三、一般与特殊的转化

当面临的数学问题由一般情况难以解决，可以从特殊情况来解决，反之亦然。

**【例 4.6】** 已知函数 $f(x)=\dfrac{a^x}{a^x+\sqrt{a}}(a>0$ 且 $a\neq 1)$，求 $f\left(\dfrac{1}{100}\right)+f\left(\dfrac{2}{100}\right)+\cdots+f\left(\dfrac{99}{100}\right)$的值。

分析：直接代入计算较为复杂，可寻求 $f(x)$ 与 $f(1-x)$的关系。

**解**：
$$f(x)+f(1-x)=\frac{a^x}{a^x+\sqrt{a}}+\frac{a^{1-x}}{a^{1-x}+\sqrt{a}}=\frac{a^x}{a^x+\sqrt{a}}+\frac{a}{a+a^x\sqrt{a}}$$
$$=\frac{a^x}{a^x+\sqrt{a}}+\frac{\sqrt{a}}{\sqrt{a}+a^x}=\frac{\sqrt{a}+a^x}{a^x+\sqrt{a}}=1$$

于是，
$$f\left(\frac{1}{100}\right)+f\left(\frac{2}{100}\right)+\cdots+f\left(\frac{99}{100}\right)$$
$$=\left[f\left(\frac{1}{100}\right)+f\left(\frac{99}{100}\right)\right]+\left[f\left(\frac{2}{100}\right)+f\left(\frac{98}{100}\right)\right]+\cdots+\left[f\left(\frac{49}{100}\right)+f\left(\frac{51}{100}\right)\right]+f\left(\frac{50}{100}\right)$$
$$=1\times 49+\frac{1}{2}$$
$$=\frac{99}{2}$$

一般问题特殊化，使问题处理变得直接、简单。特殊问题一般化，可以使我们从宏观、整体的高度把握问题的一般规律，达到成批地处理问题的效果。

## 四、主与次的转化

利用主元与参变量的关系，视参变量为主元(即变量与主元的角色换位)，常常可以简化问题的解决。

**【例 4.7】** 设 $y$ 是实数，$4y^2+4xy+x+5=0$，则 $x$ 的取值范围是________。

分析：把 $4y^2+4xy+x+5=0$ 看做是关于 $y$ 的二次方程，利用 $\Delta\geqslant 0$，求解 $x$ 的范围。

略解：把 $4y^2+4xy+x+5=0$ 看做是关于 $y$ 的二次方程，因为 $y$ 是实数，所以方程有解。因此
$$\Delta=(4x)^2-4^2(x+6)\geqslant 0$$
$$\{x\mid x\leqslant -2 \text{ 或 } x\geqslant 3\}$$

## 五、等与不等的转化

相等与不等是数学解题中矛盾的两个方面，但是它们在一定的条件下可以互相转化。例如，有些题目表面看来似乎只具有相等的数量关系，根据这些相等关系难以解决问题，若能挖掘其中的不等关系，建立不等式(组)去转化，往往能获得简洁求解的效果。

**【例 4.8】** 已知 $a$ 和 $b$ 都是实数，且 $a\sqrt{1-b^2}+b\sqrt{1-a^2}=1$。求证：$a^2+b^2=1$。

分析：利用均值不等式，先得到一个不等关系，再结合已知条件中的相等关系，寻求 $a$ 与 $b$ 之间的关系。

**解**：$\because a\sqrt{1-b^2}\leqslant\frac{a^2+(1-b^2)}{2}, b\sqrt{1-a^2}\leqslant\frac{b^2+(1-a^2)}{2}$

$\therefore a\sqrt{1-b^2}+b\sqrt{1-a^2}\leqslant 1$

又 $a\sqrt{1-b^2}+b\sqrt{1-a^2}=1, a=\sqrt{1-b^2}$ 且 $b=\sqrt{1-a^2}$，即 $a^2+b^2=1$。

利用等与不等之间的辩证关系，相互转化，可以使问题有效解决。

## 六、数与形的转化

许多数量关系的抽象概念若能赋予几何意义，会变得直观、形象，有利于解题途径的探求；另外，一些涉及图形的问题如能化为数量关系的研究，可以获得简洁而一般的解法。这就是数形结合的相互转化。

**【例 4.9】** 设对于任意实数 $x\in[-2,2]$，函数 $f(x)=\lg(3a-ax-x^2)$ 总有意义。求实数 $a$ 的取值范围。

解法一：$f(x)$ 有意义，则 $3a-ax-x^2>0$，即 $x^2+ax-3a<0$ 在 $x\in[-2,2]$ 时总成立。

设 $g(x)=x^2+ax-3a$，即当 $x\in[-2,2]$ 时，$g(x)<0$ 总成立。

依抛物线 $y=g(x)$ 的特征（如图 4-1 所示），将其定位，有

$$\begin{cases} g(-2)<0 \\ g(2)<0 \end{cases} \Rightarrow \begin{cases} 4-5a<0 \\ 4-a<0 \end{cases}$$

解得 $a>4$。

解法二：不等式可化成 $a>h(x)=3-x+\frac{9}{3-x}-6$，只要求 $h(x)=3-x+\frac{9}{3-x}-6$ 的最大值即可。设 $t=3-x, t\in[1,5]$，$h(x)+6$ 的图像如图 4-2 所示，可知 $h(x)+6$ 的最大值为 10，最小值为 4，故 $a>4$。

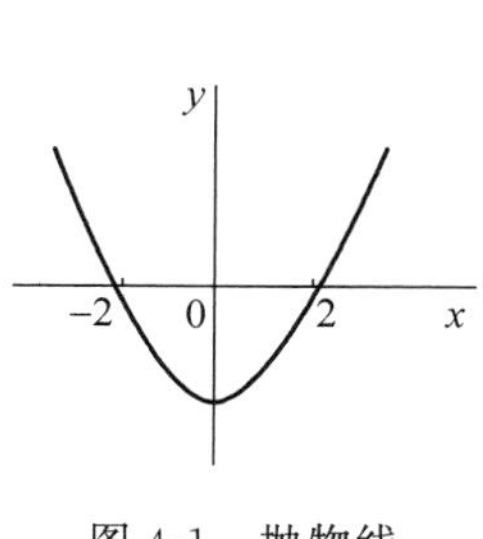

图 4-1　抛物线

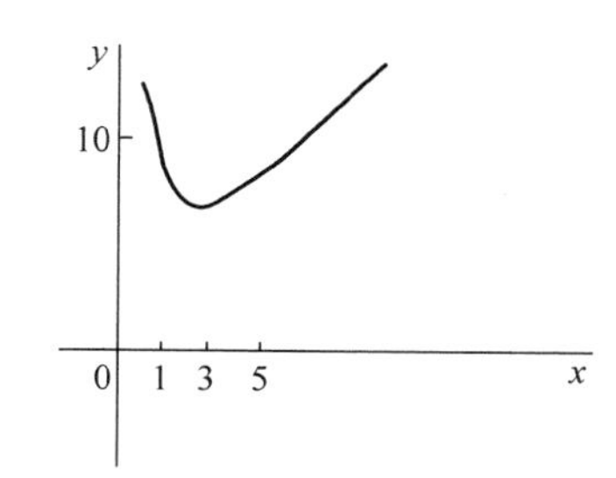

图 4-2　$h(x)+b$ 的图像

［**点评**］　通过数与形的转化，抓住了抛物线的特征，建立了实数 $a$ 的不等式组，从而求出 $a$ 的范围。解法二是通过分离参数的方法，再通过换元，利用函数 $u+\frac{1}{u}$ 的特征求其最值，同样体现了数形结合的特点。

## 七、陌生与熟悉的转化

把一个复杂的、陌生的问题转化为简单的、熟悉的问题来解决。这是数学解题的一条重要原则。

**【例 4.10】** 某厂 2001 年生产利润逐月增加，且每月增加的利润相同，但由于厂方正在改造建设，1 月份投入资金建设恰好与 1 月的利润相等。随着投入资金逐月增加，且每月增加投入的百分率相同，到 12 月，投入建设资金恰好与 12 月的生产利润相同。问全年总利润 $m$ 与全年总投入 $N$ 的大小关系是________。

A. $m>N$　　B. $m<N$　　C. $m=N$　　D. 无法确定

分析：每月的利润组成一个等差数列$\{a_n\}$，且公差 $d>0$；每月的投资额组成一个等比数列$\{b_n\}$，且公比 $q>1$。$a_1=b_1$，且 $a_{12}=b_{12}$，比较 $S_{12}$与 $T_{12}$的大小。若直接求和，很难比较出其大小，但注意到等差数列的通项公式 $a_n=a_1+(n-1)d$ 是关于 $n$ 的一次函数，其图像是一条直线上的一些点列；等比数列的通项公式 $b_n=a_1q^{n-1}$是关于 $n$ 的指数函数，其图像是指数函数上的一些点列，如图 4-3 所示。

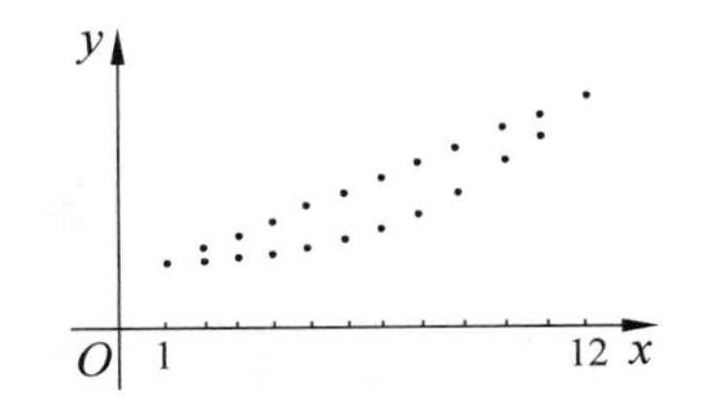

图 4-3　等差数列与等比数列的图像

在同一坐标系中画出图像，可以直观地看出 $a_i\geqslant b_i$，则 $S_{12}>T_{12}$，即 $m>N$。

把一个原本求和的问题，退化到各项逐一比较大小，而一次函数、指数函数的图像是每个学生所熟悉的。

化归与转化思想在教学中应用非常普遍。我们在解每一道题时，实际上都在转化和类比。将问题由难转易，由陌生的问题转为熟悉的问题，从而解决问题。类比与转化的类型很多，归纳如下：

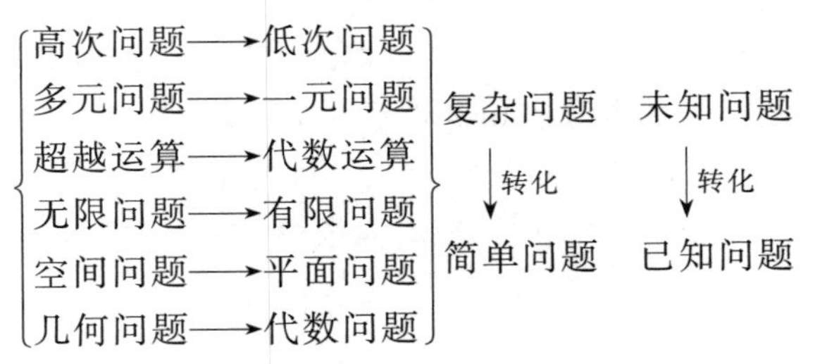


## 练习 4.2

1. 已知函数 $f(x)=4x^2-ax+1$ 在$(0,1)$内至少有一个零点，试求实数 $a$ 的取值范围。

2. 已知奇函数 $f(x)$在 $\mathbf{R}$ 上单调递增，且 $f(x^2+x)-f(2)<0$，则实数 $x$ 的取值范围为________。

3. 关于 $x$ 的不等式 $x^2+16\geqslant mx$ 在 $x\in[1,10]$上恒成立，则实数 $m$ 的取值范围为________。

4. 若 $f(x)$是定义在 $\mathbf{R}$ 上的函数，对任意实数 $x$ 都有 $f(x+3)\leqslant f(x)+3$ 和 $f(x+$

$2) \geqslant f(x)+2$,且 $f(1)=1$,则 $f(2014)=$ ________。

5. 如图4-4所示,已知正方形 $ABCD$ 的边长为4。延长 $CB$ 到 $E$,使 $BE=3$;过点 $A$ 作 $AF \perp AE$,交 $DC$ 于 $F$。

(1) 求证:$\triangle ADF \cong \triangle ABE$。

(2) 求 $\cos\angle BAF$ 的值。

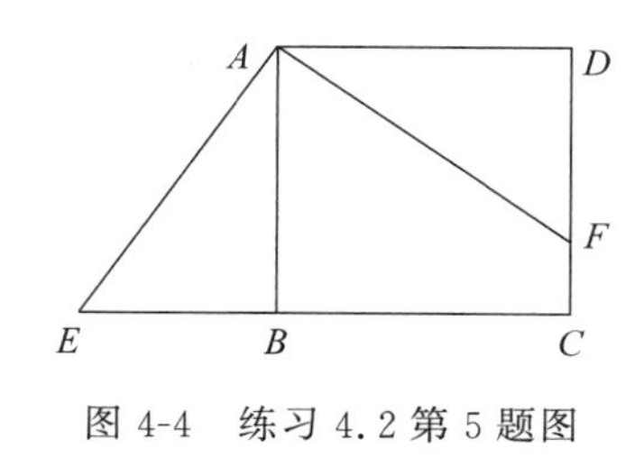


图4-4 练习4.2第5题图

## 第三节 分类讨论

解决数学问题,实质上是接收信息、加工信息和输出信息的过程。当我们面对较为繁杂无序的信息时,要想尽快地、准确地将有关信息传输到适当的流程中去,首先必须对接收到的信息进行鉴别、判断、分类、梳理,然后逐类加工,这就是分类讨论。它是一种十分重要的数学思想方法。数学中的分类是一种逻辑划分,即在研究、解决数学问题时,按照一定的标准,将数学对象划分为若干既有联系又有区别的部分。

分类讨论是一种逻辑方法,是一种重要的数学思想,也是一种重要的解题策略,它体现了化整为零、积零为整的思想与归类整理的方法。有关分类讨论思想的数学问题具有明显的逻辑性、综合性、探索性,能训练人的思维条理性和概括性。

分类讨论时遵循的原则是:分类的对象是确定的,标准是统一的,不遗漏、不重复,科学地划分,分清主次,不越级讨论。其中,最重要的一条是不漏、不重。

解答分类讨论问题时的基本方法和步骤是:首先确定讨论对象以及所讨论对象全体的范围;其次确定分类标准,正确进行合理分类,即标准统一、不漏不重、分类互斥(没有重复);再对所分类逐步讨论,分级进行,获取阶段性结果;最后进行归纳小结,综合得出结论。

分类讨论思想的类型有以下几种:

(1) 问题中的变量或含有需讨论的参数,要进行分类讨论的。

(2) 问题中的条件是分类给出的。

(3) 解题过程不能统一叙述,必须分类讨论的。

(4) 涉及几何问题时,由于几何元素的形状、位置的变化需要分类讨论的。

**【例4.11】** 已知方程 $m^2x^2+(2m+1)x+1=0$ 有实数根,求 $m$ 的取值范围。

分析:该方程是二次型的,是否为一元二次方程,视二次项系数的取值而定,因此需对二次项系数是否为零进行分类讨论。

**解**:(1)当 $m^2=0$,即 $m=0$ 时,方程为一元一次方程 $x+1=0$,有实数根 $x=-1$。

(2) 当 $m^2 \neq 0$,即 $m \neq 0$ 时,方程为一元二次方程,由有实根的条件,得

$$\Delta=(2m+1)^2-4m^2=4m+1\geqslant 0$$

则有

$$m\geqslant -\frac{1}{4},\quad 且\ m\neq 0$$

综上所述，得 $m\geqslant -\dfrac{1}{4}$。

**评析**：字母系数的取值范围问题是否要讨论，需看清题目的条件，一般设问方式有两种：①前置式，即二次方程；②后置式，即两实数根。这都表明是二次方程，不需要讨论，但切不可忽视二次项系数不为零的要求。

**【例 4.12】** 若实数 $a$、$b$ 满足 $a^2-8a+5=0$，$b^2-8b+5=0$，求 $\dfrac{b-1}{a-1}+\dfrac{a-1}{b-1}$ 的值。

分析：首先根据实数 $a$、$b$ 是否相等分类讨论。此类中，$a=b$ 的情况很容易被忽略。

**解**：当 $a=b$ 时，

$$\frac{b-1}{a-1}+\frac{a-1}{b-1}=2$$

当 $a\neq b$ 时，由方程的定义知，$a$、$b$ 是方程 $x^2-8x+5=0$ 的两个根，所以

$$a+b=8,\quad ab=5$$

所以

$$\frac{b-1}{a-1}+\frac{a-1}{b-1}=\frac{(a+b)^2-2(a+b)-2ab+2}{ab-(a+b)+1}=-20$$

综上所述，当 $a=b$ 时，$\dfrac{b-1}{a-1}+\dfrac{a-1}{b-1}=2$；当 $a\neq b$ 时，$\dfrac{b-1}{a-1}+\dfrac{a-1}{b-1}=-20$。

**评注**：从上述例题归纳出用分类讨论的数学思想方法解题的一般步骤是：

① 明确讨论的对象。

② 合理分类。所谓合理分类，应该符合三个原则：分类应按同一标准进行；分类应当没有遗漏；分类应是没有重复的。

③ 逐类讨论，分级进行。

④ 归纳并做出结论。

**【例 4.13】** 当 $m$ 为何值时，函数 $y=(m+3)x^{2m+1}+4x-5(x\neq 0)$ 是一次函数。

**解**：(1) 当 $2m+1=1$ 且 $m+3\neq 0$，即 $m=0$ 时，函数 $y=7x-5$，此时是一次函数。

(2) 当 $2m+1=0$，即 $m=-\dfrac{1}{2}$ 时，函数 $y=4x-\dfrac{5}{2}$，此时是一次函数。

(3) 当 $m+3=0$，即 $m=-3$ 时，函数 $y=4x-5$，此时是一次函数。

**评注**：解题时，如果使用的概念是有范围限制的或分类定义的，需要分类讨论。本题已知函数是一次函数，$(m+3)x^{2m+1}$ 可能是一次项、常数项或零，所以需要分类讨论。

## 练习 4.3

1. 一个等腰三角形的一个外角为 110°，则该三角形的三个角应该为________。

2. 已知实数 $x$、$y$ 满足 $|x-4|+\sqrt{y-8}=0$，则以 $x$、$y$ 的值为两个边长的等腰三角形的周长是________。

A. 20 或 16　　　　B. 20　　　　C. 16　　　　D. 以上答案均不对

3. 等腰三角形一腰上的中线把周长分成 15 和 11 两部分，则其底边长等于________。

4. 要把一张面值为 10 元的人民币换成零钱，现有足够的面值为 2 元、1 元的人民币，有________种换法。

5. 已知等腰三角形一腰上的中线将其周长分为 9 和 12 两部分，则腰长为，底边长为________。

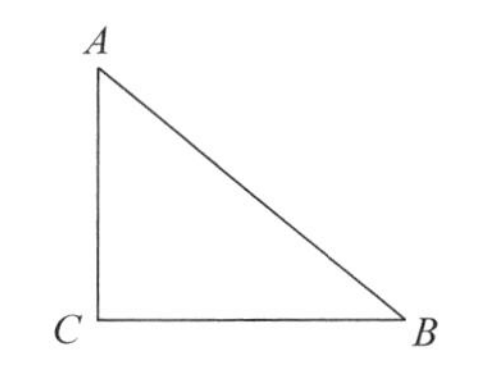

图 4-5　等腰直角三角形布料

6. 在服装厂里有大量形状为等腰直角三角形的边角布料（如图 4-5 所示）。现找出其中的一种，测得 $\angle C=90°$，$AC=BC=4$。今要从这种三角形中剪出一种扇形，做成不同形状的玩具，使扇形的边缘半径恰好都在 $\triangle ABC$ 的边上，且扇形的弧与 $\triangle ABC$ 的其他边相切。请设计出所有可能符合题意的方案示意图，并求出扇形的半径（只要求画出图形，并直接写出扇形半径）。

## 第四节　数形结合

数与形是数学中两个最古老、最基本的元素，是数学大厦深处的两块基石，所有的数学问题都是围绕数和形的提炼、演变、发展而展开的：每一个几何图形中都蕴藏一定的数量关系，数量关系又常常可以通过图形的直观性做出形象的描述。因此，在解决数学问题时，常常根据数学问题的条件和结论之间的内在联系，将数的问题利用形来观察，提示其几何意义；形的问题也常借助数去思考，分析其代数含义。如此将数量关系和空间形式巧妙地结合起来，并充分利用这种结合寻找解题思路，得到解决问题的方法。简言之，把数学问题中的数量关系和空间形式结合起来考察、处理数学问题的方法，称为数形结合的思想方法。

数形结合是一个数学思想方法，包含以形助数和以数辅形两个方面，其应用大致分为两种情形：借助形的生动和直观性来阐明数之间的联系，即以形作为手段，数为目的，比如应用函数的图像来直观地说明函数的性质；借助于数的精确性和规范严密性来阐明形的某些属性，即以数作为手段，形作为目的，如应用曲线的方程来精确地阐明曲线的几何性质。

数形结合的思想实质是将抽象的数学语言与直观的图像结合起来，关键是代数问题与图形之间的相互转化。它可以使代数问题几何化，几何问题代数化。

在运用数形结合思想分析和解决问题时，要注意以下 3 点：

① 要彻底明白一些概念和运算的几何意义以及曲线的代数特征。对于数学题目中的条件和结论，既分析其几何意义，又分析其代数意义。

② 恰当设参、合理用参，建立关系，由数思形，以形想数，做好数形转化。

③ 正确确定参数的取值范围。

运用数形结合思想解题的 3 种类型及思维方法分述如下：

① 由形化数：借助所给的图形，仔细观察、研究，提取图形中蕴含的数量关系，反映几何图形内在的属性。

② 由数化形：根据题设条件正确绘制相应的图形，使图形充分反映其相应的数量关系，取数与式的本质特征。

③ 数形转换：根据数与形既对立、又统一的特征，观察图形的形状，分析数与式的结构，引起联想，适时将它们相互转换，化抽象为直观，并提示隐含的数量关系。

**【例 4.14】** 某校高二年级参加市级数学竞赛，已知共有 40 个学生参加第二试（第二试共 3 道题），参赛情况如下：

① 40 个学生每人都至少解出一道题。

② 在没有解出第一道题的学生中，解出第二道题的人数是解出第三道题人数的 2 倍。

③ 仅解出第一道题的人数比余下的学生中解出第一道题的人数多 1 个。

④ 仅解出一道题的学生中有一半没有解出第一道题。

试问：(1) 仅解出第二道题的学生有几个？

(2) 解出第一道题的学生有几个？

**分析**：本题数量关系错综复杂，似乎与集合无关，但若把"解出第一道题"、"解出第二道题"和"解出第三道题"的学生分别看做一个集合，可利用韦恩图直观求解。

**解**：设集合 **A**＝{解出第一道题的学生数}，集合 **B**＝{解出第二道题的学生数}，集合 **C**＝{解出第三道题的学生数}，如图 4-6 所示，可得

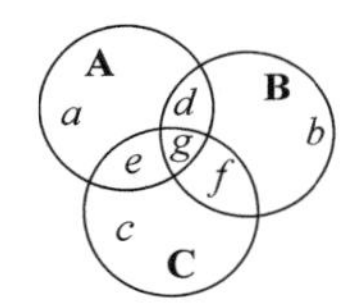


图 4-6　韦恩图

$$\begin{cases} a+b+c+d+e+f+g=40 \\ b+f=2(c+f) \\ a=d+e+g+1 \\ a=b+c \end{cases}$$

解之，得 $a=11, b=10, c=1, d+e+g=10$。

所以，仅解出第二道题的学生有 10 个，解出第一道题的学生有 21 个。

**评注**：在集合运算中常常借助于数轴、韦恩图来处理集合的交、并、补等运算，使问题简化，使运算快捷、明了。

**【例 4.15】** 对于 $x\in\mathbf{R}$，$y$ 取 $4-x, x+1, \frac{1}{2}(5-x)$ 三个值的最小值。求 $y$ 与 $x$ 的函数关系及最大值。

**分析**：在分析此题时，要引导学生利用数形结合思想，在同一坐标系中，先分别画出 $y=4-x, y=x+1, y=\frac{1}{2}(5-x)$ 的图像，如图 4-7 所示。易得 $A(1,2)$ 和 $B(3,1)$。分段观察函数的最低点，故 $y$ 与 $x$ 的函数关系式是：

$$y=\begin{cases} x+1, & x\leqslant 1 \\ \frac{1}{2}(5-x), & 1<1\leqslant 3 \\ 4-x, & x>3 \end{cases}$$

它的图像是图形中的实线部分。结合图像很快可以求得：当 $x=1$ 时，$y$ 的最大值是 2。

**评注**：利用图形的直观性来讨论函数的值域（或最值），求解变量的取值范围；运用

数形结合思想考察化归转化能力、逻辑思维能力，是函数教学中的一项重要内容。

**【例 4.16】** 已知关于 $x$ 的方程 $\sqrt{(x^2-4x+3)^2}=px$ 有 4 个不同的实根，求实数 $p$ 的取值范围。

**分析**：设 $y=\sqrt{(x^2-4x+3)^2}=|x^2-4x+3|$，$y$ 与 $y=px$ 这两个函数在同一个坐标系内，画出这两个函数的图像，如图 4-8 所示。可知：

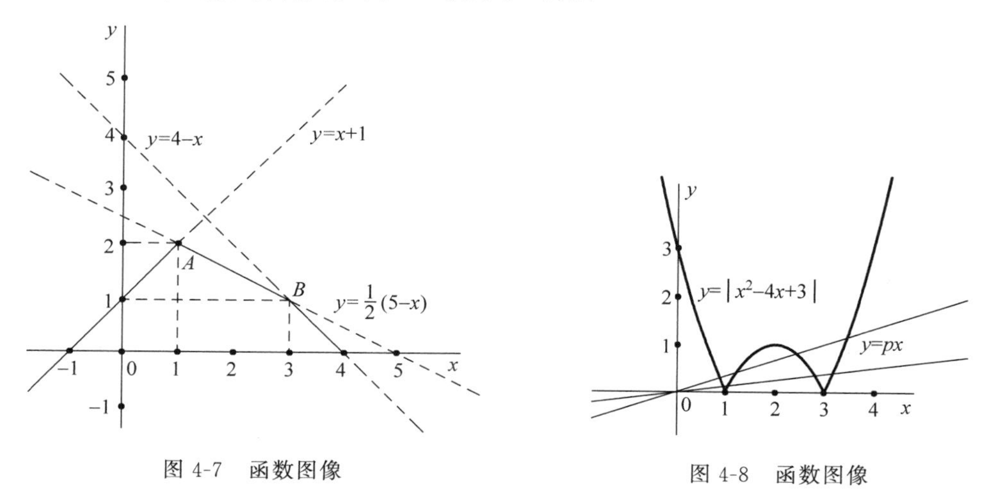


图 4-7 函数图像

图 4-8 函数图像

(1) 直线 $y=px$ 与 $y=-(x^2-4x+3)$，$x\in[1,3]$ 相切时，原方程有 3 个根。

(2) $y=px$ 与 $x$ 轴重合时，原方程有两个解，故满足条件的直线 $y=px$ 应介于这两者之间。由 $\begin{cases} y=-(x^2-4x+3) \\ y=px \end{cases}$ 得 $x^2+(p-4)x+3=0$，再由 $\Delta=0$，得 $p=4\pm2\sqrt{3}$。当 $p=4+2\sqrt{3}$ 时，$x=-\sqrt{3}\notin[1,3]$ 舍去，所以实数 $p$ 的取值范围是 $0<p<4-2\sqrt{3}$。

**评注**：处理方程问题时，把方程的根的问题看做两个函数图像的交点问题；处理不等式时，从题目的条件与结论出发，联系相关函数，着重分析其几何意义，从图形上找出解题的思路。

## 练习 4.4

1. 在 $\triangle ABC$ 中，若 $\angle C=90^\circ$，$AC=1$，$AB=5$，则 $\sin B=$________。

2. 若一次函数 $y=(2m-1)x+3-2m$ 的图像经过一、二、四象限，则 $m$ 的取值范围是________。

3. 数轴上点 $A$、$B$ 的位置如图 4-9 所示。若点 $B$ 关于点 $A$ 的对称点为 $C$，则点 $C$ 表示的数为________。

4. 一个等腰梯形两组对边中点连线段的平方和为 8，则此等腰梯形的对角线长为________。

5. 如图 4-10 所示，在矩形 $ABCD$ 中，点 $E$ 在 $AB$ 边上。沿 $CE$ 折叠矩形 $ABCD$，使点 $B$ 落在 $AD$ 边上的点 $F$ 处。若 $AB=4$，$BC=5$，则 $\tan\angle AFE$ 的值为________。

A. $\frac{4}{3}$　　B. $\frac{3}{5}$　　C. $\frac{3}{4}$　　D. $\frac{4}{5}$

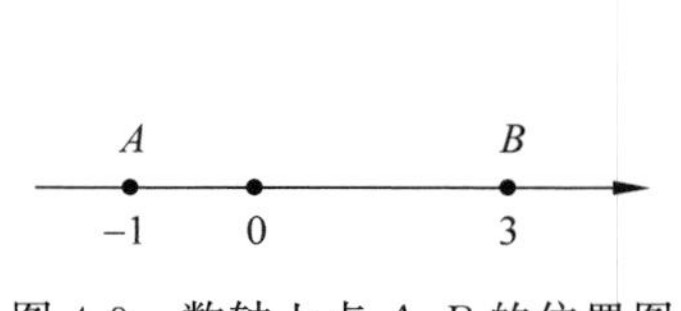


图 4-9　数轴上点 $A$、$B$ 的位置图

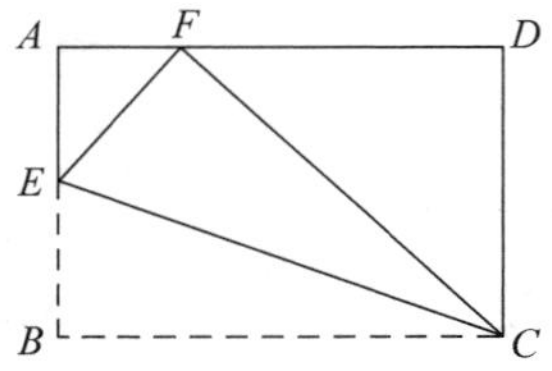

图 4-10　矩形 $ABCD$

6. 如图 4-11 所示，反比列函数 $y=\dfrac{a}{x}$ 与正比列函数 $y=bx$ 在同一坐标系内的大致图像是________。

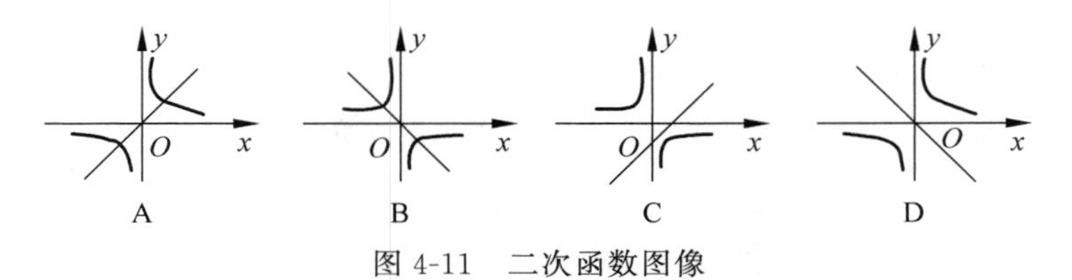


图 4-11　二次函数图像

7. 已知一元二次方程 $ax^2+bx+c=0(a\neq0)$ 的两个实根 $x_1$、$x_2$ 满足 $x_1+x_2=4$ 和 $x_1\cdot x_2=3$，那么，二次函救 $y=ax^2+bx+c=0(a>0)$ 的图像有可能是________。

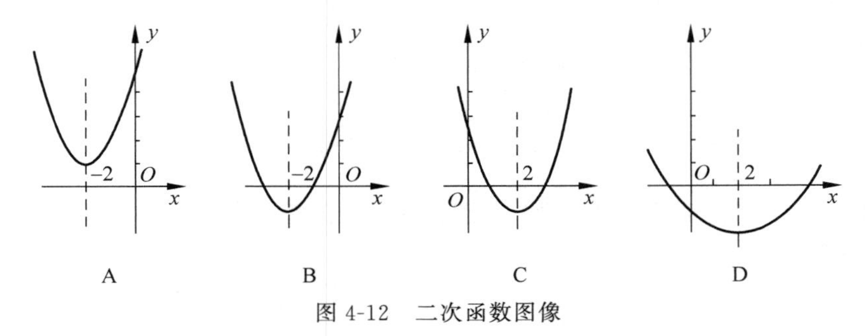


图 4-12　二次函数图像

8. 某中学为了了解学生的体育锻炼情况，随机抽查了部分学生一周参加体育锻炼的时间，得到如图 4-13 所示条形统计图。根据图形解答下列问题：

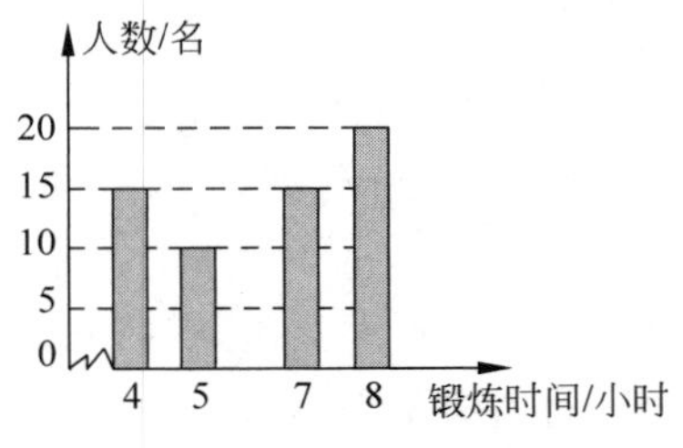


图 4-13　学生参加体育锻炼统计图

(1) 这次抽查了________名学生。

(2) 所抽查的学生一周平均参加体育锻炼多少小时？

(3) 已知该校有 1200 名学生，估计该校有多少名学生一周参加体育锻炼的时间超过 6 小时？

## 习　题　四

**一、选择题**

1. 函数 $y=-x^2+3x+4$ 的零点是________。

A. $-1$　　B. 4　　C. $1,-4$　　D. $-1,4$

2. 函数 $f(x)=\ln x-\dfrac{2}{x}$ 的零点所在的大致区间是________。

A. $(1,2)$　　B. $(2,\mathrm{e})$　　C. $(\mathrm{e},3)$　　D. $(\mathrm{e},+\infty)$

3. 方程 $\log_3 x+x=3$ 的解所在的区间是________。

A. $(0,1)$　　B. $(1,2)$　　C. $(2,3)$　　D. $(3,+\infty)$

4. 设 $a>1,b<-1$,则函数 $y=a^x+b$ 的图像不经过________。

A. 第一象限　　B. 第二象限　　C. 第三象限　　D. 第四象限

**二、填空题**

1. 函数 $f(x)=2^x-x^2$ 在区间$[-1,0]$内是否有零点？答：________。

2. 已知 $x=1$ 是方程 $2x^3-3x+1=0$ 的一个根,那么函数 $f(x)=2x^3-3x+1$ 的另外两个零点是________。

3. 方程 $2x^2+2^x-3=0$ 的实数根有________个。

4. 若$\log_a \dfrac{2}{3}<1$,则 $a$ 的取值范围为________。

5. 已知 $f(x)=\begin{cases}2^x, & x>0\\ x+1, & x\leqslant 0\end{cases}$,若 $f(a)+f(1)=0$,则实数 $a=$________。

6. 正三棱柱的侧面展开图是边长分别为 6 和 4 的矩形,则它的体积为________。

**三、解答题**

1. 求证函数 $f(x)=2^x+x^2-2$ 在$(-2,0)$和$(0,1)$内各至少有一个零点。

2. 已知二次函数 $f(x)=ax^2+bx+c$。

(1) 若 $f(-1)=0$,判断函数 $f(x)$零点的个数。

(2) 若 $f(1)\neq f(3)$,证明方程 $f(x)=\dfrac{1}{2}[f(1)+f(3)]$必有一个实根属于$(1,3)$。

3. 解关于 $x$ 的不等式：$ax^2-(a+1)x+1<0$。

4. 已知关于 $x$ 的函数 $y=(m-4)x^2-(2m-1)x+m$ 的图像与 $x$ 轴总有交点,求 $m$ 的取值范围。

5. 已知数列$\{a_n\}$的前 $n$ 项和 $S_n=2n^2+3$,求数列$\{a_n\}$的通项 $a_n$。

6. 不等式 $x^2+|2x-4|\geqslant p$ 对所有 $x$ 都成立,求实数 $p$ 的最大值。

## 数学家的故事(4)

### 欧拉——双目失明的数学英雄

莱昂哈德·保罗·欧拉(Leonhard Paul Euler,1707—1783),瑞士数学家和物理学家,近代数学先驱之一。他一生的大部分时间在俄罗斯帝国和普鲁士度过。

欧拉是科学史上最多产的一位杰出的数学家，他从19岁开始发表论文，直到76岁，一生共写下886本书籍和论文。其中，在世时发表700多篇论文。彼得堡科学院为了整理他的著作，整整用了47年。在双目失明后的17年间，他也没有停止对数学的研究，口述了好几本书和400余篇论文。

欧拉对物理、力学、天文学、弹道学、航海学、建筑学、音乐都有研究！有许多公式、定理、解法、函数、方程、常数等是以欧拉的名字命名的。欧拉写的数学教材在当时一直被当做标准教程。19世纪伟大的数学家高斯曾说过："研究欧拉的著作永远是了解数学的好方法。"欧拉还是数学符号发明者，他创设的许多数学符号，例如π，i，e，sin，cos，tg，$\sum$，$f(x)$等，至今沿用。

1707年出生在瑞士的巴塞尔城，小时候他就特别喜欢数学，不满10岁就开始自学《代数学》。这本书连他的几位老师都没读过，小欧拉却读得津津有味，遇到不懂的地方，就用笔作个记号，然后向别人请教。他13岁就进巴塞尔大学读书，这在当时是个奇迹，曾轰动了数学界。小欧拉是这所大学，也是整个瑞士大学校园里年龄最小的学生。他在大学里得到当时最有名的数学家微积分权威约翰·伯努利(Johann Bernoulli，1667—1748)的精心指导，并逐渐与其建立了深厚的友谊。约翰·伯努利后来曾这样称赞青出于蓝而胜于蓝的学生："我介绍高等分析时，它还是个孩子，而你将它带大成人。"两年后的夏天，欧拉获得巴塞尔大学的学士学位；次年，欧拉获得巴塞尔大学的哲学硕士学位。1725年，欧拉开始了他的数学生涯。

欧拉的父亲保罗·欧拉(Paul Euler)也是一位数学家。父亲原本希望小欧拉学神学，同时教他一点数学。由于小欧拉的才能和异常勤奋的精神受到约翰·伯努利的赏识和特殊指导，他在19岁时就写了一篇关于船桅的论文，并获得巴黎科学院的奖金。之后，他的父亲不再反对他攻读数学。

1725年约翰·伯努利的儿子丹尼尔·伯努利赴俄国，向沙皇喀德林一世推荐了欧拉。于是，在1727年5月17日，欧拉来到了彼得堡。1733年，年仅26岁的欧拉担任彼得堡科学院数学教授。1735年，欧拉解决了一个天文学的难题(计算彗星轨道)。这个问题经几位著名数学家几个月的努力才得到解决，而欧拉用自己发明的方法，三天便完成了。然而过度的工作使他得了眼病，并且不幸右眼失明了，这时他才28岁。1741年欧拉应普鲁士彼德烈大帝的邀请，到柏林担任科学院物理数学所所长，直到1766年。后来在沙皇喀德林二世的诚恳邀请下重回彼得堡。不料没有多久，他的左眼视力衰退，最后完全失明。不幸的事情接踵而来，1771年彼得堡的大火灾殃及欧拉住宅，带病而失明的64岁的欧拉被围困在大火中，虽然他被别人从火海中救了出来，但他的书房和大量研究成果全部化为灰烬。

沉重的打击没有使欧拉倒下，他发誓要把损失夺回来。在他完全失明之前，还能朦胧地看见东西，他抓紧这最后的时刻，在一块大黑板上疾书他发现的公式，然后口述其内容，由他的学生，特别是大儿子A·欧拉(数学家和物理学家)笔录。欧拉完全失明以后，仍然以惊人的毅力与黑暗搏斗，凭着记忆和心算进行研究，直到逝世，竟达17年之久。

1783年9月18日，在不久前才刚计算完气球上升定律的欧拉，在兴奋中突然停止了呼吸，享年76岁。欧拉生活、工作过的三个国家：瑞士、俄国、德国，都把欧拉作为自己的数学家，为有他而感到骄傲。

欧拉的记忆力和心算能力是罕见的，他能够复述年青时代笔记的内容，其心算并不限于简单的运算，高等数学一样可以用心算完成。有一个例子足以说明他的本领：欧拉的两个学生把一个复杂的收敛级数的17项加起来，算到第50位数字，两人相差一个单位，欧拉为了确定究竟谁对，用心算进行全部运算，最后把错误找了出来。欧拉在失明的17年中，还解决了使牛顿头痛的月离问题和很多复杂的分析问题。

欧拉的风格是很高的。拉格朗日是稍后于欧拉的大数学家，从19岁起和欧拉通信，讨论等周问题的一般解法，这导致变分法的诞生。等周问题是欧拉多年来苦心考虑的问题，拉格朗日的解法，博得欧拉的热烈赞扬。1759年10月2日，欧拉在回信中盛赞拉格朗日的成就，并谦虚地压下自己在这方面较不成熟的作品暂不发表，使年轻的拉格朗日的工作得以发表和流传，并赢得巨大的声誉。在他晚年的时候，欧洲所有的数学家都把他当做老师，著名数学家拉普拉斯(Laplace)曾说过："欧拉是我们的导师。"欧拉充沛的精力保持到最后一刻，1783年9月18日下午，欧拉为了庆祝他计算气球上升定律的成功，请朋友们吃饭，那时天王星刚发现不久，欧拉写出了计算天王星轨道的要领，还和他的孙子逗笑。喝完茶后，他突然疾病发作，烟斗从手中落下，口里喃喃地说："我死了。"欧拉终于"停止了生命和计算"。

欧拉渊博的知识、无穷无尽的创作精力和空前丰富的著作，都是令人惊叹不已的！他从19岁开始发表论文，直到76岁，半个多世纪写下了浩如烟海的书籍和论文。可以说，欧拉是科学史上最多产的一位杰出的数学家。据统计，他在不倦的一生中共写下886本书籍和论文，其中分析、代数、数论占40%，几何占18%，物理和力学占28%，天文学占11%，弹道学、航海学、建筑学等占3%。彼得堡科学院为了整理他的著作，足足忙碌了47年。到今天，几乎每一个数学领域都可以看到欧拉的名字，从初等几何的欧拉线、多面体的欧拉定理、立体解析几何的欧拉变换公式、四次方程的欧拉解法，到数论中的欧拉函数、微分方程的欧拉方程、级数论的欧拉常数、变分学的欧拉方程、复变函数的欧拉公式等，数也数不清。他对数学分析的贡献更是独具匠心，《无穷小分析引论》一书便是他划时代的代表作，当时的数学家们称他为"分析学的化身"。

恒等式 $e^{i\pi}+1=0$ 叫做欧拉公式，它是数学里最令人着迷的一个公式，也称为数学公式中最美的公式。它将数学里最重要的几个数字联系到一起：两个超越数：自然对数的底e，圆周率π；两个单位：虚数单位i和自然数的单位1；以及被称为人类伟大发现之一的0。数学家们评价它是"上帝创造的公式"。

欧拉著作惊人多产不是偶然的，他可以在任何不良的环境中工作。他常常抱着孩子在膝上完成论文，也不顾孩子在旁边喧哗。他顽强的毅力和孜孜不倦的治学精神，使他在双目失明以后，也没有停止对数学的研究。

欧拉的一生，是为数学发展而奋斗的一生。他那杰出的智慧，顽强的毅力，孜孜不倦的奋斗精神和高尚的科学道德，永远是值得我们学习的。欧拉在数学、物理、天文、建筑乃至音乐、哲学方面都取得了辉煌的成就。在数学的各个领域，常常见到以"欧拉"命名的公式、定理和重要常数。课本上常见的如 $\pi$(1736 年)、i(1777 年)、e(1748 年)、sin 和 cos(1748 年)、tg(1753 年)、$\Delta x$(1755 年)、$\sum$ (1755 年)、$f(x)$(1734 年)等，都是他创立并推广的。哥德巴赫猜想也是在他与哥德巴赫的通信中提出来的。欧拉还首先完成了月球绕地球运动的精确理论，创立了分析力学、刚体力学等力学学科，深化了望远镜、显微镜的设计计算理论。

欧拉是第六系列瑞士 10 法郎的钞票以及德国、俄罗斯邮票的主角。在 2002 年，小行星 2002 被命名为“欧拉”。

欧拉一生能取得伟大的成就，原因在于他有惊人的记忆力；他工作起来聚精会神，从不受嘈杂和喧闹的干扰；他在研究中镇静自若，孜孜不倦。

读读欧拉，他永远是我们可敬的老师。

# 第五章　数学推理

**内容提要**：许多数学问题、数学猜想，包括著名难题的解决，往往是在对数、式或图形的直接观察、归纳、类比、猜想中获得方法，然后进行逻辑验证；同时，随着问题的解决，使数学方法得到提炼或数学研究范围得到扩展，使数学发展前进一步。数学历来强调逻辑思维，既学证明，又学猜想。推理能力的提高是开发创造性素质的需要，是全面提升优秀文化素质的需要，是全面开发大脑潜力的需要。本章主要介绍几种常见的推理：演绎推理、归纳推理和类比推理，以及综合法和分析法。

华罗庚教授曾经举过一个例子：从一个袋子里摸出来的第一个是红玻璃球，第二个是红玻璃球，甚至第三个、第四个、第五个都是红玻璃球的时候，我们立刻会出现一种猜想："是不是这个袋里的东西都是红玻璃球？"但是，当有一个摸出来的是白玻璃球的时候，这个猜想失败了。这时，我们会有另一个猜想："是不是袋里都是玻璃球？"但是，当有一次摸出来的是一个木球的时候，这个猜想又失败了。这时，我们会有第三个猜想："是不是袋里的东西都是球？"这个猜想对不对，还必须继续加以检验。

在这个过程中，一方面通过推理得出结论；另一方面，要对所得的结论进行验证和证明。

推理就是根据一个或几个已知的命题得出另一个新命题的思维过程。本章介绍演绎推理、归纳推理、类比推理以及分析与综合。

## 第一节　演绎推理

**案例一**：小明是一名高二年级的学生，17岁，迷恋网络，沉迷于虚拟的世界当中。由于每月的零花钱不够用，他便向亲戚要钱。但这仍然满足不了需求，于是他产生了歹念，强行向路人抢取钱财。小明说："我是未成年人，而且就抢了50元，这应该不会很严重吧？"

如果你是法官，你会如何判决？小明到底是不是犯罪呢？

**案例二**：所有的金属都能导电，因为铜是金属，所以铜能够导电。

**案例三**：全等的三角形面积相等。如果三角形 $ABC$ 与三角形 $A_1B_1C_1$ 全等，那么三角形 $ABC$ 与三角形 $A_1B_1C_1$ 面积相等。

案例一、二、三的这些推理方法，叫做演绎推理。

所谓演绎推理，就是从一般性的原理出发，推出某个特殊情况下的结论的推理，即从一般性的前提出发，通过推导，即演绎，得出具体陈述或个别结论的过程。关于演绎推理，还有以下几种定义：

① 演绎推理是从一般到特殊的推理。

② 它是前提蕴含结论的推理。

③ 它是前提和结论之间具有必然联系的推理。

④ 演绎推理就是前提与结论之间具有充分条件或充分必要条件联系的必然性推理。

演绎推理的逻辑形式对于理性的重要意义在于，它对人的思维保持严密性、一贯性有着不可替代的校正作用。这是因为演绎推理保证推理有效的根据并不在于它的内容，而在于它的形式。演绎推理最典型、最重要的应用，通常存在于逻辑和数学证明中。

演绎推理是严格的逻辑推理，一般表现为大前提、小前提、结论的三段论模式，一般结构为：

**M……P(M 是 P)**　　大前提——已知的一般原理

**S……M (S 是 M)**　　小前提——所研究的特殊对象

**S……P (S 是 P)**　　结论——根据一般原理，对特殊对象做出的判断

用集合的观点来理解(三段论推理的依据)：若集合 **M** 的所有元素都具有性质 **P**，**S** 是 **M** 的一个子集，那么 **S** 中的所有元素也都具有性质 **P**。如图 5-1 所示。

例如，案例二中，

所有的金属(**M**)都能够导电(**P**)　　**M……P**

铜(**S**)是金属(**M**)　　**S……M**

铜(**S**)能够导电(**P**)　　**S……P**

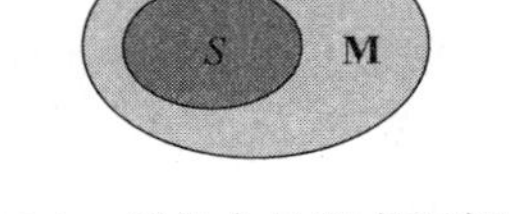

图 5-1　用集合的观点理解推理

即从两个反映客观世界对象的联系和关系的判断中得出新的判断的推理形式。例如，自然界一切物质都是可分的，基本粒子是自然界的物质，因此，基本粒子是可分的。演绎推理的基本要求：一是大、小前提的判断必须是真实的；二是推理过程必须符合正确的逻辑形式和规则。演绎推理的正确与否首先取决于大前提的正确与否，如果大前提错了，结论自然不会正确。

演绎推理有以下几个特点：

① 演绎推理的前提是一般性原理，演绎所得的结论是蕴含于前提之中的个别、特殊事实，结论完全蕴含于前提之中，因此演绎推理是由一般到特殊的推理。

② 在演绎推理中，前提与结论之间存在必然的联系，只要前提和推理形式是正确的，结论必定正确。因此，演绎推理是数学中严格的证明工具。

③ 演绎推理是一种收敛性的思维方法，它较少创造性，却具有条理清晰、令人信服的论证作用，有助于科学论证和系统化。

演绎推理有三段论、假言推理、选言推理、关系推理等形式。

## 一、三段论

三段论是由两个含有一个共同项的性质判断作前提，得出一个新的性质判断为结论的演绎推理。三段论是演绎推理的一般模式，包含三个部分：大前提——已知的一般原理，小前提——所研究的特殊情况，结论——根据一般原理，对特殊情况做出判断。

例如，知识分子都是应该受到尊重的，人民教师都是知识分子，所以，人民教师都是应该受到尊重的。

其中，结论中的主项叫做小项，用“**S**”表示，如上例中的“人民教师”；结论中的谓项叫做大项，用“**P**”表示，如上例中的“应该受到尊重”；两个前提中共有的项叫做中项，用“**M**”表示，如上例中的“知识分子”。在三段论中，含有大项的前提叫大前提，如上例中的“知识分子都是应该受到尊重的”；含有小项的前提叫小前提，如上例中的“人民教师是知识分子”。三段论推理是根据两个前提所表明的中项 **M** 与大项 **P** 和小项 **S** 之间的关系，通过

中项 **M** 的媒介作用，推导出确定小项 **S** 与大项 **P** 之间关系的结论。

如案例一中，

① 大前提：刑法规定，抢劫罪是以非法占有为目的，使用暴力、胁迫或其他方法，强行劫取公私财物的行为。其刑事责任年龄起点为 14 周岁，对财物的数额没有要求。

② 小前提：小明超过 14 周岁，强行向路人抢取钱财 50 元。

③ 结论：小明犯了抢劫罪。

## 二、假言推理

假言推理是以假言判断为前提的推理。假言推理分为充分条件假言推理和必要条件假言推理两种。

充分条件假言推理的基本原则是：小前提肯定大前提的前件，结论就肯定大前提的后件；小前提否定大前提的后件，结论就否定大前提的前件。如下面的两个例子：

① 如果一个数的末位是 0，那么这个数能被 5 整除；这个数的末位是 0，所以这个数能被 5 整除。

② 如果一个图形是正方形，那么它的四边相等；这个图形四边不相等，所以它不是正方形。

两个例子中的大前提都是一个假言判断，所以这种推理尽管与三段论有相似的地方，但它不是三段论。

必要条件假言推理的基本原则是：小前提肯定大前提的后件，结论就要肯定大前提的前件；小前提否定大前提的前件，结论就要否定大前提的后件。如下面的两个例子：

① 只有肥料足，菜才长得好；这块地的菜长得好，所以，这块地肥料足。

② 育种时，只有达到一定的温度，种子才能发芽；这次育种没有达到一定的温度，所以种子没有发芽。

## 三、选言推理

选言推理是以选言判断为前提的推理。选言推理分为相容的选言推理和不相容的选言推理两种。

相容的选言推理的基本原则是：大前提是一个相容的选言判断，小前提否定了其中一个（或一部分）选言支，结论就要肯定剩下的一个选言支。

例如，这个三段论的错误，或者是前提不正确，或者是推理不符合规则；这个三段论的前提是正确的，所以这个三段论的错误是推理不符合规则。

不相容的选言推理的基本原则是：大前提是个不相容的选言判断，小前提肯定其中的一个选言支，结论则否定其他选言支；小前提否定除其中一个以外的选言支，结论则肯定剩下的那个选言支。例如下面的两个例子：

① 一个词，或者是褒义的，或者是贬义的，或者是中性的。“结果”是个中性词，所以“结果”不是褒义词，也不是贬义词。

② 一个三角形，或者是锐角三角形，或者是钝角三角形，或者是直角三角形。这个三角形不是锐角三角形和直角三角形，所以它是个钝角三角形。

### 四、关系推理

关系推理是前提中至少有一个是关系命题的推理。

下面简单举例说明几种常用的关系推理：

① 对称性关系推理。例如，1 米=100 厘米，所以 100 厘米=1 米。

② 反对称性关系推理。例如，$a$ 大于 $b$，所以 $b$ 不大于 $a$。

③ 传递性关系推理。例如，$a>b$，$b>c$，所以 $a>c$。

## 练习 5.1

1. 用三段论的形式写出下列演绎推理。

(1) 三角形内角和 180°，等边三角形内角和是 180°。

(2) $0.33\dot{2}$ 是有理数。

2. “因为指数函数 $y=a^x$ 是增函数(大前提)，而 $y=\left(\frac{1}{3}\right)^x$ 是指数函数(小前提)，所以 $y=\left(\frac{1}{3}\right)^x$ 是增函数(结论)”。上述推理错误的是________。

A. 大前提错误导致结论错　　　　B. 小前提错误导致结论错

C. 推理形式错导致结论错　　　　D. 大前提和小前提都错导致结论错

3. “函数 $y=x^2+x+1$ 的图像是一条抛物线。”试将其恢复成完整的三段论。

4. 因为所有边长都相等的凸多边形是正多边形，而菱形是所有边长都相等的凸多边形，所以菱形是正多边形。

(1) 上面的推理形式正确吗?

(2) 推理的结论正确吗? 为什么?

# 第二节　归纳推理

**案例一：**蛇是用肺呼吸的，鳄鱼是用肺呼吸的，海龟是用肺呼吸的，蜥蜴是用肺呼吸的。蛇、鳄鱼、海龟、蜥蜴都是爬行动物。

所以，所有的爬行动物都是用肺呼吸的。

**案例二：**三角形的内角和是 180°，凸四边形的内角和是 360°，凸五边形的内角和是 540°。

所以，凸 $n$ 边形的内角和是 $(n-2)\times180°$。

案例一和案例二有一个共同的特点，就是从个别事实中推演出一般性的结论，这种推理称为归纳推理。

归纳推理是以个别性知识为前提而推理一般性结论的推理。前提是一些关于个别事物或现象的判断，结论是关于该事物或现象的普遍性判断。

归纳推理的结构表示如下：

$S_1$具有 $P$，

$S_2$具有 $P$，

…

$S_n$具有 $P$，($S_1$，$S_2$，…，$S_n$是 $A$ 类事物的对象)

所以 $A$ 类事物具有 $P$

归纳推理有以下几个特点：

① 归纳是依据特殊现象推断一般现象，因而，由归纳所得的结论超越了前提所包容的范围。

② 归纳是依据若干已知的、没有穷尽的现象推断尚属未知的现象，因而结论具有猜测性。

③ 归纳的前提是特殊的情况，因而归纳立足于观察、经验和实验的基础之上。

④ 归纳推理的结论不一定成立，需要验证。

**【例 5.1】** 在一个平面内，直角三角形内角和是 180°，锐角三角形内角和是 180°，钝角三角形内角和是 180°，直角三角形、锐角三角形和钝角三角形是全部的三角形，所以，平面内的一切三角形内角和都是 180°。

这个例子从直角三角形、锐角三角形和钝角三角形内角和分别都是 180°这些个别性知识，推出了“一切三角形内角和都是 180°”这样的一般性结论，属于归纳推理。

**【例 5.2】** 数一数图 5-2 中的凸多面体的面数 $F$、顶点数 $V$ 和棱数 $E$，然后用归纳法推理得出它们之间的关系。猜想 $F+V-E=2$(欧拉公式)。

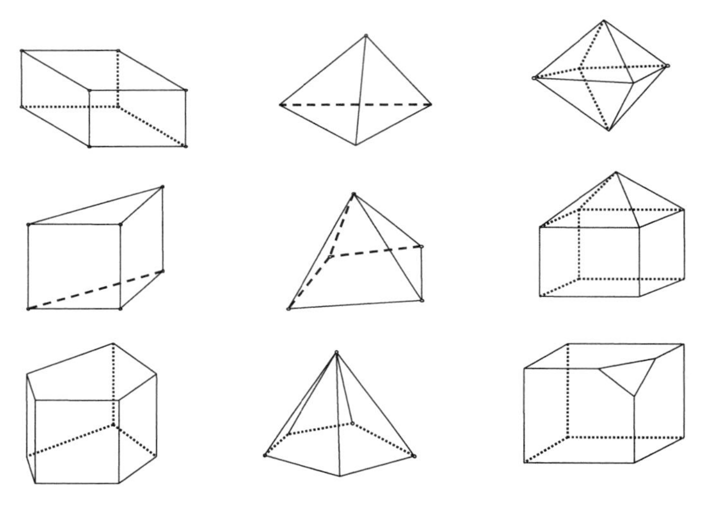

图 5-2 凸多面体

各凸多面体的面数、顶点数和棱数如表 5-1 所示。

**表 5-1 凸多面体的面数、顶点数和棱数**

| 凸多面体 | 面数($F$) | 顶点数($V$) | 棱数($E$) |
|---|---|---|---|
| 三棱锥 | 4 | 4 | 6 |
| 四棱锥 | 5 | 5 | 8 |
| 三棱柱 | 5 | 6 | 9 |
| 五棱锥 | 6 | 6 | 10 |
| 立方体 | 6 | 8 | 12 |
| 正八面体 | 8 | 6 | 12 |
| 五棱柱 | 7 | 10 | 15 |
| 截角正方体 | 7 | 10 | 15 |

**【例 5.3】** 哥德巴赫猜想(Goldbach Conjecture)是世界近代三大数学难题之一。哥德巴赫是德国的一位中学教师,也是一位著名的数学家。他生于 1690 年,1725 年当选为俄国彼得堡科学院院士。1742 年,哥德巴赫在教学中发现,每个不小于 6 的偶数都是两个素数(只能被 1 和它本身整除的数)之和,如 6=3+3,12=5+7 等。

1742 年 6 月 7 日,哥德巴赫写信给当时的大数学家欧拉(Euler),提出了以下的猜想:

(1) 任何一个大于或等于 6 的偶数,都可以表示成两个奇质数之和。

(2) 任何一个大于或等于 9 的奇数,都可以表示成三个奇质数之和。

即偶数=奇质数+奇质数,$2n=p_1+p_2$。

歌德巴赫猜想的提出过程如下所示:

| | |
|---|---|
| 6=3+3 | 1000=29+971 |
| 8=3+5 | 1002=139+863 |
| 10=5+5 | … |
| 12=5+7 | |
| 14=7+7 | |
| 16=5+11 | |
| 18 =7+11 | |
| … | |

欧拉在 1742 年 6 月 30 日给哥德巴赫的回信中说,他相信这个猜想是正确的,但他不能证明。叙述如此简单的问题,连欧拉这样首屈一指的数学家都不能证明,这个猜想便引起了许多数学家的注意。从提出这个猜想至今,许多数学家不断努力,想攻克它,但都没有成功。当然,曾经有人做了些具体的验证工作,例如:6=3+3,8=3+5,10=5+5=3+7,12=5+7,14=7+7=3+11,16=5+11,18=5+13,……。有人对 33×108 以内且大于 6 的偶数一一进行验算,哥德巴赫猜想都成立。但严格的数学证明尚待数学家的努力。

从此,这道著名的数学难题引起了世界上成千上万数学家的注意。200 年过去了,没有人能够证明它。哥德巴赫猜想由此成为数学皇冠上一颗可望不可及的“明珠”。到了 20 世纪 20 年代,才有人开始向它靠近。1920 年,挪威数学家布爵用一种古老的筛选法,得出了一个结论:每一个比 36 大的偶数都可以表示为(9+9)。这种缩小包围圈的办法很管用,科学家们于是从(9+9)开始,逐步减少每个数里所含质数因子的个数,直到最后使每个数里都是一个质数为止,这样就可以证明哥德巴赫猜想。

目前最佳的结果是中国数学家陈景润于 1966 年证明的,称为陈氏定理:“任何充分大的偶数都是一个质数与一个自然数之和,而后者仅仅是两个质数的乘积。”通常简称这个结果为大偶数,表示为“1+2”的形式,即 $2n=p_1+p_2p_3$。

归纳推理的一般步骤为:

① 对有限的资料进行观察、分析、归纳、整理。

② 提出带有规律性的结论,即猜想。

③ 检验猜想。

**【例 5.4】** 法国数学家费马于 1640 年提出猜想——费马猜想:

$2^{2^0}+1=3$

$2^{2^1}+1=5$

$2^{2^2}+1=17$

$2^{2^3}+1=257$

$2^{2^4}+1=65537$

……

即形如 $F(n)=2^{2^n}+1$ 的数都是质数。

后来，人们就把形如 $2^{2^n}+1$ 的数叫做费马数。1732 年，欧拉算出 $F(5)=641\times 6700417$，也就是说，$F(5)$不是质数。

以后，人们陆续找到了不少反例，如 $n=6$ 时，$F(6)=274177\times 67280421310721$ 不是质数。

归纳推理应当注意以下问题：

① 被考察的事物对象数量要尽可能多，范围要尽可能大。如果考察的对象很少，范围不大，漏掉相反情况的可能性越大，结论的可靠性越低，可能会犯“轻率概括”或“以偏概全”的逻辑错误。

② 注意考察有无反面事例。

③ 如果能够确定被考察的对象与某属性存在因果联系，则结论的可靠性程度就高。

## 练习 5.2

1. 图 5-3 所示是元宵花灯展中一款五角星灯连续旋转闪烁所成的三个图形。照此规律闪烁，下一个呈现出来的图形是________。

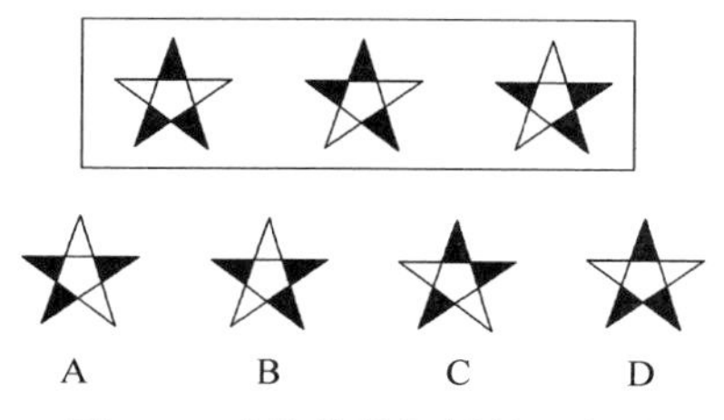


图 5-3 连续旋转闪烁的五角形

2. 下列推理是归纳推理的是________。

A. $A$、$B$ 为定点，动点 $P$ 满足 $|PA|+|PB|=2a>|AB|$，则 $P$ 点的轨迹为椭圆

B. 由 $a_1=1, a_n=3n-1$，求出 $S_1$、$S_2$、$S_3$，猜想出数列的前 $n$ 项和 $S_n$ 的表达式

C. 由圆 $x^2+y^2=r^2$ 的面积为 $\pi r^2$，猜想出椭圆 $\frac{x^2}{a}+\frac{y^2}{b}=1$ 的面积为 $S=\pi ab$

D. 科学家利用鱼的沉浮原理制造潜艇

3. 如图 5-4 所示，把 1，3，6，10，15，21，…这些数叫做三角形数，因为这些数目的点可以排成一个正三角形。那么，第七个三角形数是________。

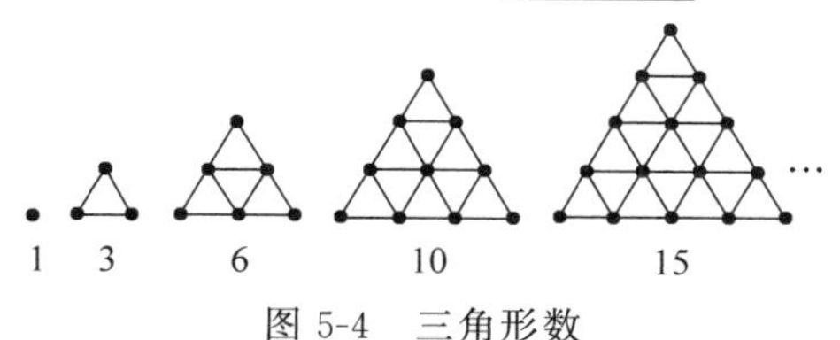


图 5-4 三角形数

A. 27　　B. 28　　C. 29　　D. 30

4. 观察下列等式

$$1=1$$

$$2+3+4=9$$

$$3+4+5+6+7=25$$

$$4+5+6+7+8+9+10=49$$

……

照此规律，第五个等式应为________。

## 第三节　类比推理

**案例一**：春秋时代，鲁国的公输班(后人称鲁班，被认为是木匠业的祖师)一次去林中砍树时，被一株齿形的茅草割破了手。

鲁班想道："茅草是齿形的，茅草能割破手。我需要一种能割断木头的工具，它也可以是齿形的。"于是，鲁班发明了锯子。

**案例二**：火星上是否有生命？科学家们把火星与地球做类比，发现如表5-2中所示的现象。由此，科学家猜想：火星上也有生命存在。

**表5-2　地球与火星类比**

| 地球 | 火星 |
| --- | --- |
| 行星，围绕太阳运行，绕轴自转 | 行星，围绕太阳运行，绕轴自转 |
| 有大气层 | 有大气层 |
| 一年中有四季的变更 | 一年中有四季的变更 |
| 温度适合生物生存 | 大部分时间的温度适合地球上某些已知生物生存 |
| 有生命存在 | 猜想：可能有生命生存 |

以上两个案例都叫做类比推理。

由两个(两类)对象之间在某些方面的相似或相同，推演出它们在其他方面也相似或相同，像这样的推理称为类比推理(简称类比法)。

类比推理的结构表示如下：

A 有属性 a、b、c、d

B 有属性 a、b、c

所以，B 有属性 d

类比推理有以下特点：

① 类比是从人们已经掌握的事物的属性，推测正在研究的事物的属性，是以旧有的认识为基础，类比出新的结果。

② 类比的结果是猜测性的，不一定可靠，但它有发现的功能，有启发思路、提供线索、举一反三、触类旁通的作用。

③ 类比推理的结论不一定成立,需要验证。

**【例 5.5】** 试根据等式的性质猜想不等式的性质。

| 等式的性质: | 猜想不等式的性质: |
|---|---|
| ① $a=b \quad a+c=b+c$ | ① $a>b \quad a+c>b+c$ |
| ② $a=b \quad ac=bc$ | ② $a>b \quad ac>bc$ |
| ③ $a=b \quad a^2=b^2$ | ③ $a>b \quad a^2>b^2$ |

这样猜想出的结论是否一定正确?

**【例 5.6】** 试将平面上的圆与空间的球进行类比,如图 5-5 所示。

① 类比对象:圆和球。

② 圆的定义:平面内到一个定点的距离等于定长的点的集合。

③ 球的定义:空间中到一个定点的距离等于定长的点的集合。

④ 类比元素:圆心 ←——→ 球心
弦 ←——→ 截面圆
直径 ←——→ 大圆
周长 ←——→ 表面积
面积 ←——→ 体积
圆 ←——→ 球

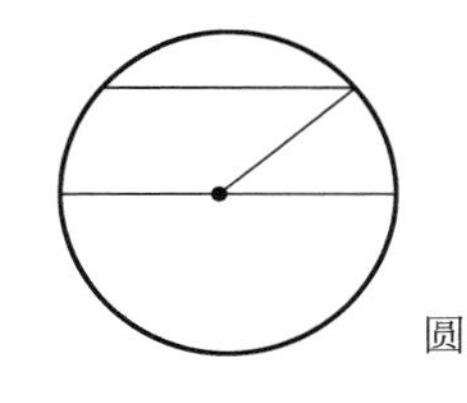


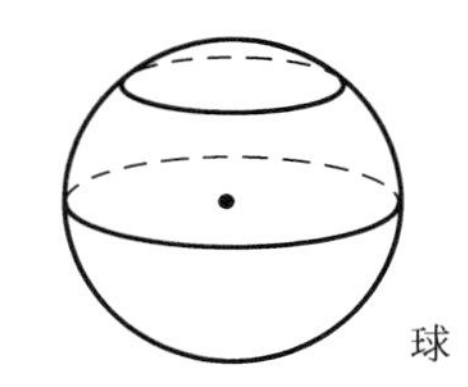


图 5-5　圆和球

根据圆的性质,猜测球的性质如表 5-3 所示。

**表 5-3　猜测球的性质**

| 圆 的 性 质 | 球 的 性 质 |
|---|---|
| 圆心与弦(不是直径)的中点的连线垂直于弦 | 球心与截面圆(不是大圆)的圆心的连线垂直于截面圆 |
| 与圆心距离相等的两弦相等;与圆心距离不等的两弦不等,距圆心较近的弦较长 | 与球心距离相等的两个截面圆相等;与球心距离不等的两个截面圆不等,距球心较近的截面圆较大 |
| 圆的切线垂直于过切点的半径;经过圆心且垂直于切线的直线必经过切点 | 球的切面垂直于过切点的半径;经过球心且垂直于切面的直线必经过切点 |
| 经过切点且垂直于切线的直线必经过圆心 | 经过切点且垂直于切面的直线必经过球心 |

类比推理的一般步骤如下所示:

① 寻找合适的类比对象(有时已给出)。

② 找出两类对象之间可以确切表述的相似特征。

③ 用一类对象的已知特征去推测另一类对象的未知特征,从而得出一个猜想。

④ 验证这个猜想。

**【例 5.7】** 类比平面内直角三角形的勾股定理，试写出空间中四面体的性质猜想。

分析：考虑到直角三角形的两条边垂直，所以选取有 3 个面两两垂直的四面体，作为直角三角形的类比对象，如图 5-6 所示。

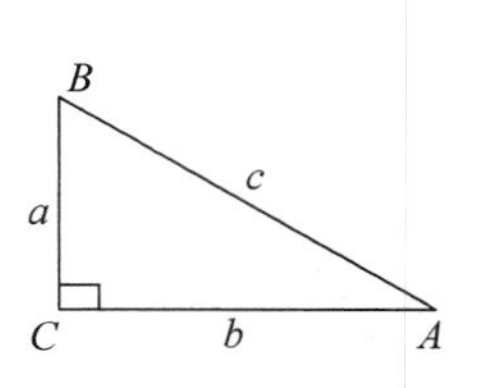


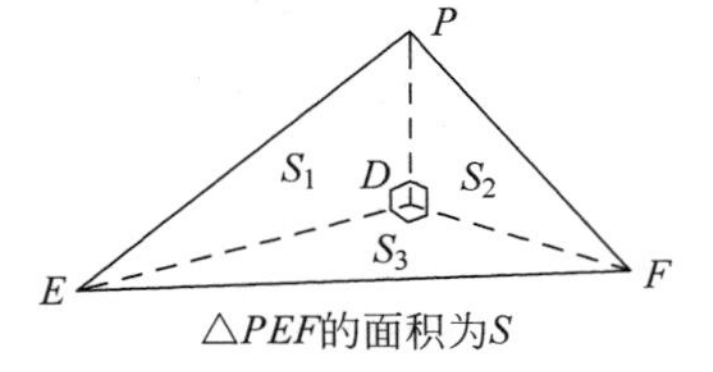


图 5-6　直角三角形与四面体

Rt$\triangle ABC$↔四面体 $P$-$DEF$

Rt$\triangle ABC$ 的两条边交成 1 个直角↔四面体 $P$-$DEF$ 的 3 个面在一个顶点处构成 3 个直二面角。

直角边边长 $a$，$b$↔面$\triangle PDE$、$\triangle PDF$ 和$\triangle DEF$ 的面积 $S_1$、$S_2$和 $S_3$

斜边边长 $c$↔面 $\Delta PEF$ 的面积 $S$

勾股定理 $\boxed{a^2+b^2=c^2}$ ↔？ $\boxed{S^2=S_1^2+S_2^2+S_3^2}$

直角三角形与四面体的类比如表 5-4 所示。

**表 5-4　直有三角形与四面体的类比**

| 直角三角形 | 3 个面两两垂直的四面体 |
|---|---|
| $\angle C=90°$<br>2 条直角边 $a$、$b$ 和 1 条斜边 $c$ | $\angle PDF=\angle PDE=\angle EDF=90°$<br>3 个两两垂直的面 $S_1$、$S_2$、$S_3$和 1 个“斜面” $S$ |

下面证明猜想是否成立：$\boxed{S^2=S_1^2+S_2^2+S_3^2}$，其中$\triangle PEF$ 的面积为 $S$。

证明：设 $DE=a$，$DP=b$，$DF=c$。过 $D$ 点作 $DM\perp EF$，垂足为 $M$。连接 $PM$，则 $PM\perp EF$，如图 5-7 所示。

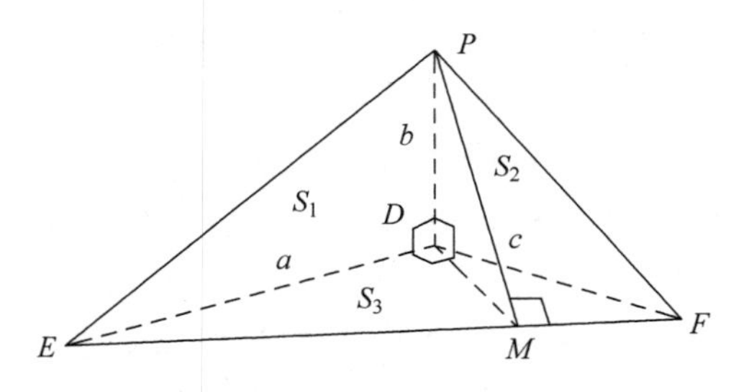


图 5-7　作 $DM\perp EF$ 并连接 $PM$

由题意知 $EF=\sqrt{a^2+c^2}$，

$$\therefore S_3=\frac{1}{2}ac=\frac{1}{2}EF\cdot DM=\frac{1}{2}\sqrt{a^2+c^2}\cdot DM$$

$$\therefore DM=\frac{ac}{\sqrt{a^2+c^2}},PM=\sqrt{DM^2+PD^2}=\sqrt{\left(\frac{ac}{\sqrt{a^2+c^2}}\right)^2+b^2}$$

$$
\begin{aligned}
S^2 &= \left(\frac{1}{2}EF \cdot PM\right)^2 \\
&= \frac{1}{4}(a^2+c^2) \cdot \left[\left(\frac{ac}{\sqrt{a^2+c^2}}\right)^2 + b^2\right] \\
&= \frac{1}{4}(a^2+c^2) \cdot \left(\frac{a^2c^2}{a^2+c^2} + b^2\right) \\
&= \frac{1}{4}a^2c^2 + \frac{1}{4}a^2b^2 + \frac{1}{4}b^2c^2 \\
&= S_1^2 + S_2^2 + S_3^2
\end{aligned}
$$

$\therefore S^2 = S_1^2 + S_2^2 + S_3^2$

几何中常见的类比对象如下所示：

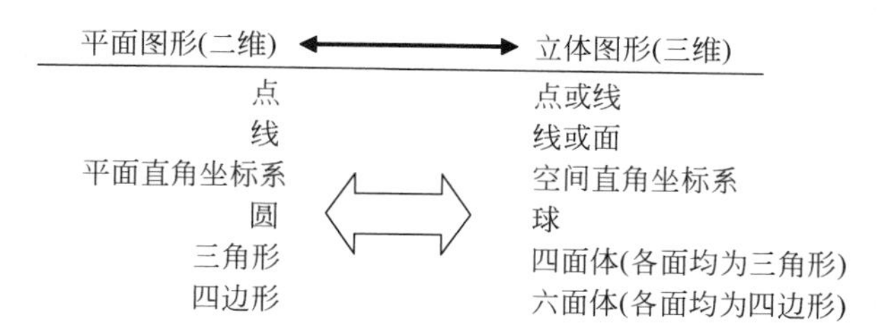


归纳推理和类比推理统称合情推理，即“合乎情理”的推理。

归纳推理和类比推理比较如下：

① 归纳推理是由部分到整体、特殊到一般的推理；以观察分析为基础，推测新的结论；具有发现的功能；结论不一定成立。

② 类比推理是由特殊到特殊的推理；以旧的知识为基础，推测新的结果；具有发现的功能；结论不一定成立。

## 练习 5.3

1. 下面几种推理中，是类比推理的是________。

A. 因为三角形的内角和是 $180°\times(3-2)$，四边形的内角和是 $180°\times(4-2)$，…，所以 $n$ 边形的内角和是 $180°\times(n-2)$

B. 由平面三角形的性质，推测空间四边形的性质

C. 某校二年级有 20 个班，1 班有 51 位团员，2 班有 53 位团员，3 班有 52 位团员，由此推测各班都超过 50 位团员

D. 4 能被 2 整除，6 能被 2 整除，8 能被 2 整除，所以偶数能被 2 整除

2. 已知 $\{b_n\}$ 为等比数列，$b_5=2$，则 $b_1b_2b_3\cdots b_8b_9=2^9$。若 $\{a_n\}$ 为等差数列，$a_5=2$，则 $\{a_n\}$ 类似的结论为________。

A. $a_1a_2a_3\cdots a_9=2^9$

B. $a_1+a_2+\cdots+a_9=2^9$

C. $a_1a_2a_3\cdots a_9=2\times 9$

D. $a_1+a_2+\cdots+a_9=2\times 9$

3. 在平面上，若两个正三角形的边长的比为 1∶2，则它们的面积比为 1∶4。类似

地，在空间中，若两个正四面体的棱长的比为 1∶2，则它们的体积比为________。

4. 下列各题中运用的类比推理是否正确？为什么？

(1) 18 世纪中叶，奥地利医生奥恩布鲁格有一次给一位患者看病，检查不出有什么疾病，但不久之后，患者死了。解剖尸体才发现胸腔已化脓，积满脓水。他想：若今后再遇上这种病人，怎么办呢？忽然他想起父亲在经营酒业时，经常用手指关节敲叩木制酒桶，凭着叩声的不同，就能估计桶内还有多少酒。奥恩布鲁格由此联想到：把人的胸腔类比做酒桶，是否可以根据手敲叩患者胸部发出的不同音响而做出诊断呢？于是，他开始观察病例和进行病理解剖，探索胸部疾病和叩击声音变化之间的关系，创立了叩诊的方法。

(2) 神学家比西安·亚雷在说明地球是太阳系的中心时，做了这样的论证：太阳是被创造出来照亮地球的，就像人们总是移动火把去照亮房子，而不是移动房子去被火把照亮一样。因此，只能是太阳绕着地球旋转，而不是地球绕太阳而行。

5. 小光和小明是一对孪生兄弟，刚上小学一年级。一次，他们的爸爸带他们去密云水库游玩，看到了野鸭子。小光说："野鸭子吃小鱼。"小明说："野鸭子吃小虾。"哥俩说着说着就争论起来，非要爸爸给评评理。爸爸知道他们俩说得都不错，但没有直接回答他们的问题，而是用例子来进行比喻。说完后，哥俩都服气了。

以下哪项最可能是爸爸讲给儿子们听的话？

A. 一个人的爱好是会变化的。爸爸小时候很爱吃糖，你奶奶管也管不住。到现在，你让我吃，我都不吃。

B. 什么事儿都有两面性。咱们家养了猫，耗子就没了。但是，如果猫身上长了跳蚤，也是很讨厌的。

C. 动物有时也通人性。有时主人喂它某种饲料，它吃得很好；若是陌生人喂，它怎么也不吃。

D. 你们兄弟俩的爱好几乎一样，只是对饮料的爱好不同。一个喜欢可乐，一个喜欢雪碧。你妈妈就不在乎，可乐、雪碧都行。

# 第四节　分析与综合

## 一、综合法

利用已知条件和某些数学定义、公理、定理等，经过一系列推理论证，最后推导出所要证明的结论成立。这种证明方法叫做综合法。

用 $P$ 表示已知条件、已有的定义、公理、定理等，$Q$ 表示所要证明的结论，则综合法用框图表示为：

$$\boxed{P\Rightarrow Q_1} \rightarrow \boxed{Q_1\Rightarrow Q_2} \rightarrow \boxed{Q_2\Rightarrow Q_3} \rightarrow \cdots \rightarrow \boxed{Q_n\Rightarrow Q}$$

综合法是数学证明中最常用的方法。它是一种由因索果的证明方法；是从已知到未知，从题设条件到结论的逻辑推理方法。

**【例 5.8】** 设 $a$、$b$、$c$ 为任意三角形三边的长，$I=a+b+c$，$S=ab+bc+ca$。求证：$3S\leqslant I^2<4S$。

分析：$\because I^2=a^2+b^2+c^2+2S$，故要证明 $3S\leqslant I^2<4S$，只需证明 $S\leqslant a^2+b^2+c^2<2S$。

综合：对于任意 $a$、$b$、$c$，有 $2bc\leqslant b^2+c^2$，$2ac\leqslant a^2+c^2$，$2ab\leqslant a^2+b^2$，故 $S\leqslant a^2+b^2+c^2$。

综合：在三角形中，由 $a\leqslant b+c$，得 $a^2<ab+ac$。同理，$b^2<bc+ba$，$c^2<ca+cb$。三式相加，得 $a^2+b^2+c^2<2S$。综合上述三式，得知结论成立。

**【例 5.9】** 已知 $a$、$b$、$c$ 是不全相等的正数。求证：$a(b^2+c^2)+b(c^2+a^2)+c(a^2+b^2)>6abc$。

证明：因为 $a$、$b$、$c$ 是不全相等的正数，所以

$$a(b^2+c^2)\geqslant 2abc \quad ①$$

同理，

$$b(c^2+a^2)\geqslant 2abc \quad ②$$

同理，

$$c(a^2+b^2)\geqslant 2abc \quad ③$$

$\because$ $a$、$b$、$c$ 不全相等，

$\therefore$ ①、②、③式不能全取“＝”

$\therefore$ ①、②、③式相加，得

$$a(b^2+c^2)+b(c^2+a^2)+c(a^2+b^2)>6abc$$

注意：综合法的推理过程是演绎推理。因为综合法的每一步推理都是严密的逻辑推理，所以得到的每一个结论都是正确的，不同于合情推理中的“猜想”。

## 二、分析法

从要证明的结论出发，逐步寻求使它成立的充分条件，直至最后把要证明的结论归结为判定一个明显成立的条件（已知条件、定理、定义、公理等）为止，这种证明方法叫做分析法。

用 $P$ 表示已知条件、已有的定义、公理、定理等，$Q$ 表示所要证明的结论，则分析法用框图表示为：

$\boxed{Q\Leftarrow P_1}$ ➡ $\boxed{P_1\Leftarrow P_2}$ ➡ $\boxed{P_2\Leftarrow P_3}$ ➡ … ➡ 得到一个明显成立的条件

分析法是指从需证的问题出发，分析出使这个问题成立的充分条件，使问题转化为判定哪些条件是否具备，其特点可以描述为“执果索因”，即从未知看需知，逐步靠拢已知。分析法的书写形式一般为“因为…，为了证明…，只需证明…，即…，因此，只需证明…，因为…成立，所以…，结论成立”。

分析法的证明步骤用符号表示是：

$$P_0\text{（已知）}\Leftarrow\cdots\Leftarrow P_{n-2}\Leftarrow P_{n-1}\Leftarrow P_n\text{（结论）}$$

分析法属逻辑方法范畴，它的严谨体现在分析过程步步可逆。

**【例 5.10】** 已知 $0<\alpha<\pi$，证明：$2\sin 2\alpha\leqslant\cot\dfrac{\alpha}{2}$，并讨论 $\alpha$ 为何值时等式成立。

分析：$2\sin 2\alpha\leqslant\cot\dfrac{\alpha}{2}\Leftarrow 4\sin\alpha\cos\alpha\leqslant\dfrac{1+\cos\alpha}{\sin\alpha}\Leftarrow\begin{cases}\sin\alpha>0\\4\sin^2\alpha\cos\alpha\leqslant 1+\cos\alpha\end{cases}$

$$\Leftarrow(1+\cos\alpha)[4(1-\cos\alpha)\cos\alpha-1]\leqslant 0$$

$$\Leftarrow(1+\cos\alpha)\left[-4\left(\cos\alpha-\frac{1}{2}\right)^2\right]\leqslant 0$$

$$\Leftarrow 0<\alpha<\pi$$

等式成立的充要条件是 $\cos\alpha-\frac{1}{2}=0$，即 $\alpha=\frac{\pi}{3}$。

## 练习 5.4

1. 已知 $a>0,b>0$，求证：$a(b^2+c^2)+b(c^2+a^2)\geqslant 4abc$。

2. 证明基本不等式：$\frac{a+b}{2}\geqslant\sqrt{ab}\,(a>0,b>0)$。

3. 求证：$\sqrt{3}+\sqrt{7}<2\sqrt{5}$。

4. 已知 $a$、$b$ 是正数，且 $a+b=1$。求证：$\frac{1}{a}+\frac{1}{b}\geqslant 4$。

5. 已知 $a$、$b$、$c$ 是不全相等的正数，且 $0<x<1$，求证：

$$\log_x\frac{a+b}{2}+\log_x\frac{b+c}{2}+\log_x\frac{a+c}{2}<\log_x a+\log_x b+\log_x c$$

## 习　题　五

**一、选择题**

1. 下面几种推理过程是演绎推理的是________。

A. 两条直线平行，同旁内角互补。如果$\angle A$与$\angle B$是两条平行直线的同旁内角，则$\angle A+\angle B=180°$

B. 某校高三(1)班有 55 人，(2)班有 54 人，(3)班有 52 人，由此得高三所有各班人数超过 50 人

C. 由平面三角形的性质，推测空间四面体的性质

D. 在数列$\{a_n\}$中，$a_1=1$，$a_n=\frac{1}{2}\left(a_{n-1}+\frac{1}{a_{n-1}}\right)(n\geqslant 2)$，由此归纳出$\{a_n\}$的通项公式

2. 三段论："①只有船准时起航，才能准时到达目的港；②这艘船是准时到达目的港的；③这艘船是准时起航的"中的小前提是________。

A. ①　　B. ②　　C. ①②　　D. ③

3. "因对数函数 $y=\log_a x$ 是增函数(大前提)，而 $y=\log_{\frac{1}{3}}x$ 是对数函数(小前提)，所以 $y=\log_{\frac{1}{3}}x$ 是增函数(结论)。"上面推理错误的是________。

A. 大前提错导致结论错

B. 小前提错导致结论错

C. 推理形式错导致结论错

D. 大前提和小前提都错导致结论错

4. "所有 9 的倍数($M$)都是 3 的倍数($P$)，某奇数($S$)是 9 的倍数($M$)，故某奇数($S$)是 3 的倍数($P$)。"上述推理是________。

A. 小前提错　　B. 结论错　　C. 正确的　　D. 大前提错

5. 关于归纳推理，下列说法正确的是________。

A. 归纳推理是一般到一般的推理

B. 归纳推理是一般到个别的推理

C. 归纳推理的结论一定是正确的

D. 归纳推理的结论是或然性的

6. 下列推理是归纳推理的是________。

A. $A$、$B$ 为定点，动点 $P$ 满足 $|PA|+|PB|=2a>|AB|$，得 $P$ 的轨迹为椭圆

B. 由 $a_1=1, a_n=3n-1$，求出 $S_1$、$S_2$、$S_3$，猜想出数列的前 $n$ 项和 $S_n$ 的表达式

C. 由圆 $x^2+y^2=r^2$ 的面积 $\pi r^2$，猜出椭圆 $\dfrac{x^2}{a^2}+\dfrac{y^2}{b^2}=1$ 的面积 $S=\pi ab$

D. 科学家利用鱼的沉浮原理制造潜艇

7. 数列 $\{a_n\}$：2，5，11，20，$x$，47，…中的 $x$ 等于________。

A. 28　　B. 32　　C. 33　　D. 27

8. 在数列 $\{a_n\}$ 中，$a_1=0, a_{n+1}=2a_n+2$，则猜想 $a_n$ 是________。

A. $2^{n-2}-\dfrac{1}{2}$　　B. $2^{n-2}$　　C. $2^{n-1}+1$　　D. $2^{n+1}-4$

9. $n$ 个连续自然数按规律排列如下所示：

```
0   3→4   7→8   11…
↓   ↑ ↓   ↑ ↓   ↑
1→2   5→6   9→10
```

根据规律，从 2010 到 2012，箭头的方向依次为________。

A. ↓→　　B. →↑　　C. ↑→　　D. →↓

10. 据给出的数塔猜测 $123456\times9+7$ 等于________。

$$1\times9+2=11$$
$$12\times9+3=111$$
$$123\times9+4=1111$$
$$1234\times9+5=11111$$
$$12345\times9+6=111111$$
$$\cdots$$

A. 1111110　　B. 1111111　　C. 1111112　　D. 1111113

11. 把 1，3，6，10，15，21，…叫做三角形数，是因为这些数目的点可以排成一个正三角形（如图 5-8 所示），则第七个三角形数是__________。

A. 27　　B. 28　　C. 29　　D. 30

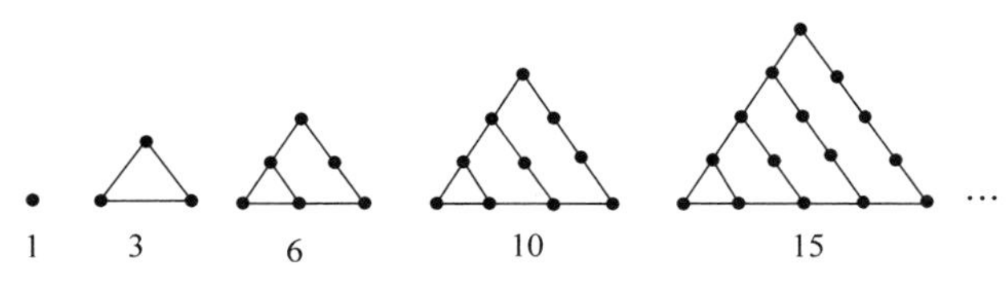


图 5-8　三角形数

**二、填空题**

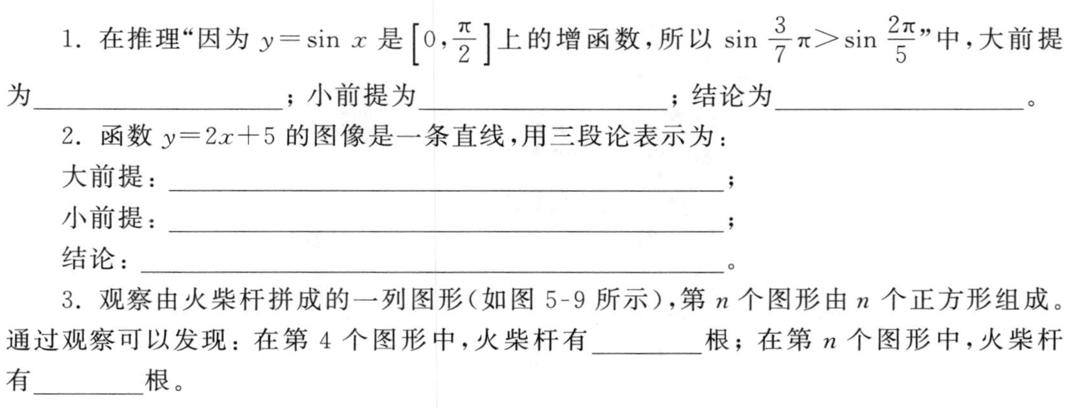

1. 在推理“因为 $y=\sin x$ 是 $\left[0,\frac{\pi}{2}\right]$ 上的增函数，所以 $\sin\frac{3}{7}\pi>\sin\frac{2\pi}{5}$”中，大前提为________________；小前提为________________；结论为________________。

2. 函数 $y=2x+5$ 的图像是一条直线，用三段论表示为：

大前提：________________________________；

小前提：________________________________；

结论：________________________________。

3. 观察由火柴杆拼成的一列图形（如图 5-9 所示），第 $n$ 个图形由 $n$ 个正方形组成。通过观察可以发现：在第 4 个图形中，火柴杆有________根；在第 $n$ 个图形中，火柴杆有________根。

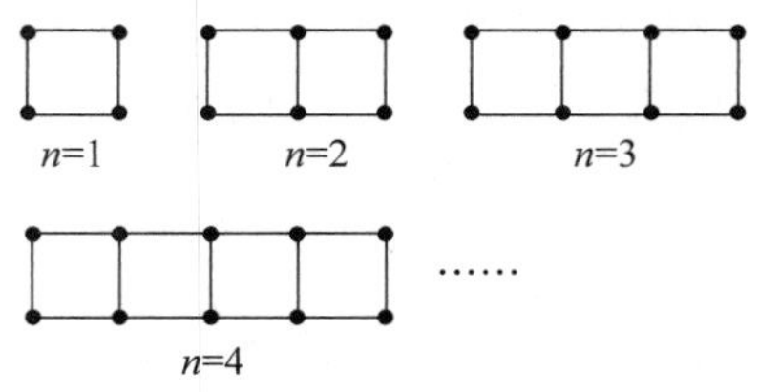


图 5-9　火柴杆拼图

4. 观察图 5-10 中所示各正方形图案，每条边上有 $n(n\geqslant 2)$ 个圆圈，每个图案中圆圈的总数是 $S$。按此规律，推出 $S$ 与 $n$ 的关系式为________。

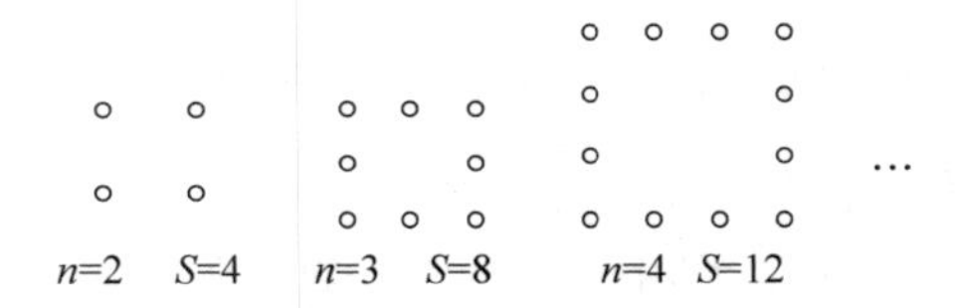


图 5-10　正方形图案

5. 在德国不莱梅举行的第 48 届世乒赛期间，某商场橱窗里用同样的乒乓球堆成若干堆正三棱锥形的展品。其中，第一堆只有一层，就 1 个乒乓球；第 2、3、4、…堆最底层（第一层）分别按图 5-11 所示方式固定摆放。从第一层开始，每层的小球自然垒放在下一层之上。第 $n$ 堆第 $n$ 层就放一个乒乓球，以 $f(n)$ 表示第 $n$ 堆的乒乓球总数，则 $f(3)=$________，$f(n)=$________。

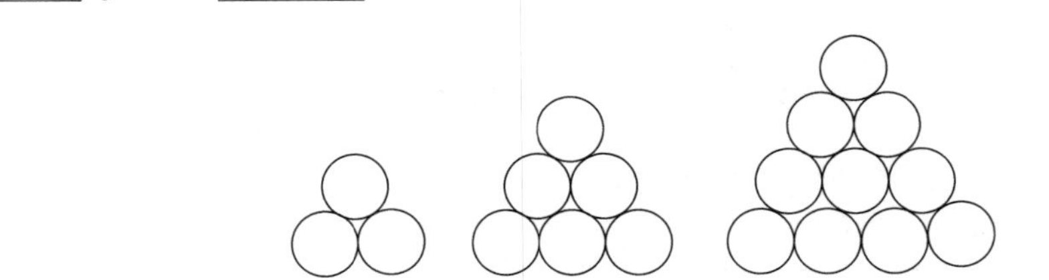

图 5-11　堆正三棱锥形乒乓球展品

6. 图 5-12(a)、(b)、(c)、(d)分别包含 1 个、5 个、13 个、25 个第 29 届北京奥运会吉祥物“福娃迎迎”。按同样的方式构造图形，设第 $n$ 个图形包含 $f(n)$ 个“福娃迎迎”，则

$f(5)=$________，$f(n)-f(n-1)=$________（答案用数字或 $n$ 的解析式表示）。

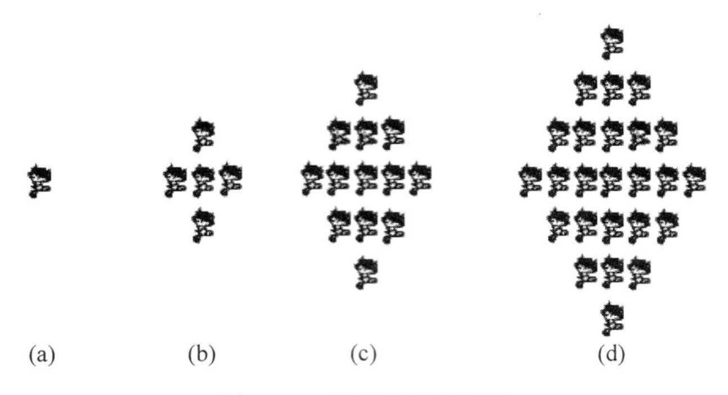


图 5-12 不同结构的图形

7. 在平面上，若两个正三角形的边长的比为 1∶2，则它们的面积比为 1∶4；类似地，在空间内，若两个正四面体的棱长的比为 1∶2，则它们的体积比为________。

8. 当 $a>0,b>0$ 时，①$(a+b)\left(\frac{1}{a}+\frac{1}{b}\right)\geqslant 4$；②$a^2+b^2+2\geqslant 2a+2b$；③$\sqrt{|a-b|}\geqslant\sqrt{a}-\sqrt{b}$；④$\frac{2ab}{a+b}\geqslant\sqrt{ab}$。以上 4 个不等式恒成立的是________（填序号）。

**三、解答题**

1. 用三段论证明：直角三角形两锐角之和为 90°。

2. 在△$ABC$ 中，不等式 $\frac{1}{A}+\frac{1}{B}+\frac{1}{C}\geqslant\frac{9}{\pi}$ 成立；在四边形 $ABCD$ 中，不等式 $\frac{1}{A}+\frac{1}{B}+\frac{1}{C}+\frac{1}{D}\geqslant\frac{16}{2\pi}$ 成立；在五边形 $ABCDE$ 中，不等式 $\frac{1}{A}+\frac{1}{B}+\frac{1}{C}+\frac{1}{D}+\frac{1}{E}\geqslant\frac{25}{3\pi}$ 成立。猜想：在 $n$ 边形 $A_1A_2\cdots A_n$ 中，有怎样的不等式成立？

3. 图 5-13(a)、(b)、(c)、(d) 为四个平面图。数一数，每个平面图各有多少个顶点？多少条边？它们围成了多少个区域？将结果填入表 5-5 中。

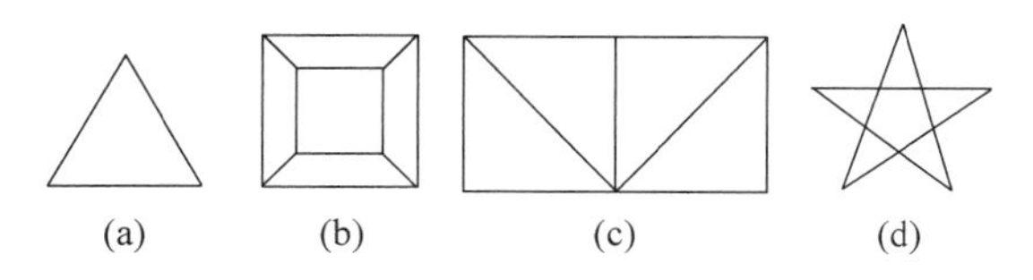


图 5-13 四个平面图

**表 5-5 统计表**

| 平面区域 | 顶点数 | 边数 | 区域数 |
| --- | --- | --- | --- |
| (a) | | | |
| (b) | | | |
| (c) | | | |
| (d) | | | |

(1) 观察表 5-5，推断一个平面图形的顶点数、边数、区域数之间有什么关系？

(2) 现已知某个平面图有 999 个顶点，且围成了 999 个区域，试根据以上关系确定这个平面图有多少条边。

4. 已知 $a,b,c\in(0,1)$。求证：$(1-a)b$、$(1-b)c$、$(1-c)a$ 不能同时大于$\frac{1}{4}$。

5. 若下列方程：$x^2=4ax-4a+3=0$，$x^2+(a-1)x+a^2=0$，$x^2+2ax-2a=0$ 至少有一个方程有实根。试求实数 $a$ 的取值范围。

## 数学家的故事(5)

### 祖冲之——中国古代伟大的数学家

祖冲之(公元429—500)是我国杰出的数学家、天文学家、文学家、地质学家、地理学家和科学家。

祖冲之的原籍是范阳郡遒县(今河北易县)。在西晋末年，祖家由于故乡遭到战争的破坏，迁到江南居住。祖冲之的祖父祖昌曾在宋朝朝廷里担任过大匠卿，负责主持建筑工程，掌握了一些科学技术知识；同时，祖家历代对于天文历法都很有研究。因此，祖冲之从小就有接触科学技术的机会。

祖冲之对于自然科学和文学、哲学都有广泛的兴趣，特别是对天文、数学和机械制造，更有强烈的爱好并深入研究。早在青年时期，他就有了博学多才的名声，并且被朝廷派到当时的一个学术研究机构华林学省去做研究工作。后来他担任过地方官职。公元461年，他任南徐州(今江苏镇江)刺史府里的从事。464年，朝廷调他到娄县(今江苏昆山县东北)做县令。

在这一段时期，虽然祖冲之的生活很不安定，但是仍然继续坚持学术研究，并且取得了很大的成就。他研究学术的态度非常严谨。他十分重视古人研究的成果，但绝不迷信古人。用他自己的话来说，就是绝不"虚推(盲目崇拜)古人"，而要"搜炼古今(从大量的古今著作中吸取精华)"。一方面，他对于古代科学家刘歆、张衡、阚泽、刘徽、刘洪、赵匪(欠)等人的著述都做了深入的研究，充分吸取其中一切有用的东西；另一方面，他敢于大胆怀疑前人在科学研究方面的结论，并通过实际观察和研究，加以修正、补充，取得了许多极有价值的科学成果。在天文历法方面，他所编制的《大明历》是当时最精密的历法。在数学方面，他推算出准确到6位小数的圆周率，取得了当时世界上最优秀的成绩。

宋朝末年，祖冲之回到建康(今南京)，担任谒者仆射的官职。从这时起，直到齐朝初年，他花了较大的精力来研究机械制造，重造指南车，发明千里船、水碓磨等，做出了出色的贡献。

当祖冲之晚年的时候，齐朝统治集团发生内乱，政治腐败黑暗，人民生活非常痛苦。北朝的魏国乘机发大兵向南进攻。从公元494年到500年间，江南一带陷入战火。对于这种内忧外患、重重逼迫的政治局面，祖冲之非常关心。大约在公元494年到498年之间，他担任长水校尉的官职。当时他写了一篇《安边论》，建议政府开垦荒地，发展农业，增强国力，安定民生，巩固国防。齐明帝看到了这篇文章，打算派祖冲之巡行四方，兴办一些有利于国计民生的事业。但是由于连年战争，他的建议始终没有能够实现。过不多久，这位卓越的大科学家活到72岁，在公元500年去世了。

在数学方面,祖冲之推算出圆周率π的不足近似值(朒数)3.1415926和过剩近似值(盈数)3.1415927,指出π的真值在盈、朒两限之间,即3.1415926<π<3.1415927,并用以校算新莽嘉量斛的容积。这个圆周率值是当时世界上最先进的数学成就。直到15世纪阿拉伯数学家阿尔·卡西和16世纪法国数学家韦达(1540—1603)才得到更精确的结果。祖冲之还确定了两个分数形式的圆周率值,约率π=22/7(≈3.14),密率π=355/113(≈3.1415929)。其中,密率是在分母小于1000的条件下圆周率的最佳近似分数。密率为祖冲之首创,直到16世纪才被德国数学家奥托(1550～1605)和荷兰工程师安托尼兹(1543～1620)重新得到。在西方数学史上,这个圆周率值常被称为安托尼兹率。祖冲之和其子祖暅,在刘徽工作的基础上圆满解决了球体积计算问题。他们得到下列结果:"牟合方盖"(底径相等的两个圆柱直交的公共部分)的体积等。

推算过程中,他们提出了"幂势既同,则积不容异(二立体等高处截面积恒相等,则二立体体积相等)"原理。这个原理,直到17世纪才被意大利数学家卡瓦列利(1598—1647)重新提出,被称为卡瓦列利原理,中国现在一般称为祖暅公理。据《隋书·律历志》记载,祖冲之对于二次方程和三次方程也有研究。他所著《缀术》一书,是著名的《算经十书》之一,曾被唐代国子监和朝鲜、日本用做算学课本,可惜已失传。

在天文历法方面,祖冲之在长期观测、精确计算和对历史文献深入研究的基础上,创制了《大明历》。他最早把岁差引进历法,提高历法精确性,这是中国历法史上的重大进步。他还采用了391年有144个闰月的新闰周,突破了沿袭很久的19年7闰的传统方法。《大明历》中使用的数据,大多依据长期实测的结果,相当精确。按照祖冲之的计算。一个回归年的日数为365.24281481平太阳日,一个交点月的日数为27.21223平太阳日。关于木星(当时称岁星)每84年超辰一次的结论,相当于求出木星公转周期为11.858年。这些都非常接近现测数值。他所推算的五大行星会合周期,也是当时最好的结果。他还发明用圭表测量冬至前后若干天的正午太阳影长,以定冬至时刻的方法。这个方法也被后世长期采用。宋孝武帝大明六年(462年),祖冲之上书刘宋朝廷,请求颁行《大明历》,但遭到皇帝宠臣戴法兴的反对。戴法兴指责引进岁差和改革闰周等违背了儒家经典,是"诬天背经"。祖冲之据理力争,针锋相对地写了一篇辩驳的奏章。他表示"愿闻显据,以核理实",并引用历史文献和天象观测的大量事实,逐条批驳了戴法兴的论点。他明确指出天体运行"有形可检,有数可推",是有规律的,科学在不断进步,人们不能"信古而疑今",充分体现了一位科学家坚持真理,革旧创新的可贵精神。但是,在祖冲之生前,《大明历》未能颁行。后经祖暅三次上书朝廷,推荐《大明历》,终于在梁武帝天监九年(510年)被采用颁行,前后行用80年,对后世历家产生了重要的影响。

祖冲之是一位博学多才的科学家和发明家,对于机械原理也很有研究。他曾设计制造水碓磨(利用水力加工粮食的工具)、铜制机件传动的指南车、一天能走百里的"千里船"和"木牛流马"等水陆运输工具;还设计制造过漏壶(古代计时器)和巧妙的欹器,并精通音律。他的著述很多,《隋书·经籍志》著录有《长水校尉祖冲之集》五十一卷,散见于各种史籍记载的有《缀术》、《九章算术注》、《大明历》、《驳戴法兴奏章》、《安边论》、《述异记》、《易老庄义》、《论语孝经释》等。其中大部分已失传,现在仅能见到《上大明历表》、《大明历》、《驳戴法兴奏章》、《开立圆术》等有限的几篇。其子祖暅、孙祖皓也都是南朝有名的天文学家和数学家。

为了纪念和表彰祖冲之在科学上的卓越贡献，人们建议把密率 355/113 称为“祖率”。紫金山天文台把该台发现的一颗小行星命名为“祖冲之”，在月球背面也已有了以“祖冲之”命名的环形山。

# 第六章　常见基本统计量

**内容提要**：平时经常在各种媒体出现的经济统计量，如增长水平、增长速度、发展水平和发展速度等，多是反映社会经济发展状况的指标，用于反映一个国家、一个地区、一个区域或者一个行业的经济发展水平，是制定国家、地区或行业长期和短期发展规划的重要依据，也能反映出当前经济社会发展的基本状况。本章主要介绍常见的基本统计量，包括平均指标、水平指标和速度指标。掌握这些指标，有利于从各种媒体公布的指标中，了解经济社会的发展速度与水平。

## 第一节　平均指标

### 一、平均指标的概念

先介绍两个概念：总体和标志值。总体，是我们要调查或统计某一现象全部数据的集合；样本是从总体 $X$ 中按一定的规则抽出的个体的全部，用 $X_1, X_2, \cdots, X_n$ 表示。样本中所含个体的个数称为样本容量(也称为样本数)，用 $n$ 表示。就好比要研究一个班的同学的平均身高，这个班所有同学的身高就是总体 $A$，每个同学的身高就是 1 个个体。按一定的规律抽出 20 个同学的身高研究，这 20 个同学的身高就是样本，20 就是样本容量，即 $n=20$。

标志值是统计术语。在统计中，用来衡量总体中各单位标志值在总体中作用大小的数值叫做权数。例如，某月工资是 800 元的有 50 人，工资是 600 元的有 30 人，工资是 400 元的有 20 人，800、600 和 400 就是标志值，50、30、20 叫做权数。

下面介绍平均指标。

平均指标又称统计平均数，用于反映社会经济现象总体中某一数量标志在一定时间、地点条件下所达到的一般水平的综合指标。它可以是同一时间的同类社会经济现象的一般水平，称为静态平均数；也可以是不同时间的同类社会经济现象的一般水平，称为动态平均数。

例如，某银行营业所有 8 名出纳员，每人每天点钞数分别为 350、370、385、400、415、430、450、480 把。要说明这 8 名出纳员工作的一般水平，不能以其中一人的点钞水平来代表，而应计算

$$\text{平均点钞把数} = \frac{350+370+385+400+415+430+450+480}{8} = 410(\text{把})$$

这 410(把)就是统计平均数。

平均指标有以下特点：

① 把总体各单位标志值的差异抽象化了，是个抽象值。

② 平均指标是个代表值，代表总体各单位标志值的一般水平。

平均指标的意义和作用如下所述：

① 平均指标可以反映现象总体的综合特征。

② 平均指标可以反映分配数列中各变量值分布的集中趋势。

③ 平均指标经常用来进行同类现象在不同空间、不同时间条件下的对比分析，反映现象在不同地区之间的差异，揭示现象在不同时间之间的发展趋势。

## 二、平均指标的种类

平均指标按计算和确定的方法不同，分为算术平均数、调和平均数、几何平均数、众数和中位数。前三种平均数是根据总体各单位的标志值计算得到的平均值，称做数值平均数。众数和中位数是根据标志值在分配数列中的位置确定的，称为位置平均数。

### （一）数值平均数

#### 1. 算术平均数

算术平均数也称均值，是最常用的平均指标。它的基本公式形式是总体标志总量除以总体单位总量。在实际工作中，由于资料不同，算术平均数有两种计算形式，即简单算术平均数和加权算术平均数。

① 简单算术平均数适用于未分组的统计资料，如果已知各单位标志值和总体单位数，可采用简单算术平均数方法计算。

② 加权算术平均数适用于分组的统计资料，如果已知各组的变量值和变量值出现的次数，可采用加权算术平均数计算。

加权算术平均数的大小受两个因素的影响：其一是受变量值大小的影响，其二是各组次数占总次数比重的影响。在计算平均数时，由于出现次数多的标志值对平均数的形成影响大些，出现次数少的标志值对平均数的形成影响小些，因此把次数称为权数。在分组数列的条件下，当各组标志值出现的次数或各组次数所占比重均相等时，权数就失去了权衡轻重的作用，这时，用加权算术平均数计算的结果与用简单算术平均数计算的结果相同。

基本公式为

$$\text{算术平均数} = \frac{\text{总体标志总量}}{\text{总体单位总量}}$$

例如，平均工资＝工资总额/职工人数

　　单位面积产量＝产量/种植面积

(1) 简单算术平均数

$$\bar{x} = \frac{x_1 + x_2 + x_3 + \cdots + x_n}{n} = \frac{\sum_{i=1}^{n} x_i}{n}$$

式中，$\bar{x}$ 为简单算术平均数，$x_i$ 为标志值，$n$ 为标志值的个数，$\sum$ 是连加符号。

**【例 6.1】** 某工厂某生产班组有 11 名工人，各人日产量为 15、17、19、20、22、22、23、23、25、26、30 件，求平均日产量。

**解**：平均日产量$=\frac{15+17+19+20+22+22+23+23+25+26+30}{11}=22$(件)

特点：大小受标志值影响，平均值代表一般水平。

**【例 6.2】** 某售货小组 5 个人，某天的销售额分别为 520 元、600 元、480 元、750 元、440 元，则平均每人日销售额为

$$\bar{x}=\frac{\sum_{i=1}^{n}x_i}{n}=\frac{520+600+480+750+440}{5}=558(\text{元})$$

由于算术平均数受极端数值的影响较大，在统计分析中，为了正确地反映社会经济现象的一般水平，有时需要剔除个别极端数值（如评委打分，去掉一个最高分，去掉一个最低分）。

（2）加权算术平均数

$$\bar{x}=\frac{x_1f_1+x_2f_2+x_3f_3+\cdots+x_nf_n}{f_1+f_2+f_3+\cdots+f_n}=\frac{\sum_{i=1}^{n}x_if_i}{\sum_{i=1}^{n}f_i}$$

式中，$\bar{x}$ 为加权算术平均数，$x_i$ 为变量值，$f_i$ 为次数或称权数。

也可采用以下（频率）公式计算：

$$\bar{x}=\frac{\sum(x_if_i)}{\sum f_i}=\sum\left[x_i\left(\frac{f_i}{\sum f_i}\right)\right]=\sum(x_ip_i)$$

式中，$p_i=\dfrac{f_i}{\sum f_i}$。

**【例 6.3】** 某厂工人生产情况（单项数列）如下所示：

| 工人按日产量零件分组($X$) | 工人人数($f$) | 总产量($Xf$) |
|---|---|---|
| 20 | 1 | 20 |
| 21 | 4 | 84 |
| 22 | 6 | 132 |
| 23 | 8 | 184 |
| 24 | 12 | 288 |
| 25 | 10 | 250 |
| 26 | 7 | 182 |
| 27 | 2 | 54 |
| 合计 | 50 | 1194 |

则平均日产量为

$$\bar{x}=\frac{\sum_{i=1}^{n}x_if_i}{\sum_{i=1}^{n}f_i}$$

$$=\frac{20\times1+21\times4+22\times6+23\times8+24\times12+25\times10+26\times7+27\times2}{1+4+6+8+12+10+7+2}$$

$$=\frac{1194}{50}=23.88$$

【例 6.4】 某厂工人生产情况(按频率计算平均日产量)如下所示：

| 工人按日产量零件分组($X$) | 工人人数 | | $X \cdot f/\sum f$(即 $Xp$) |
|---|---|---|---|
| | 绝对数($f$) | 频率 $f/\sum f(p)$ | |
| 20 | 1 | 0.02 | 0.40 |
| 21 | 4 | 0.08 | 1.68 |
| 22 | 6 | 0.12 | 2.64 |
| 23 | 8 | 0.16 | 3.68 |
| 24 | 12 | 0.24 | 5.76 |
| 25 | 10 | 0.20 | 5.00 |
| 26 | 7 | 0.14 | 3.64 |
| 27 | 2 | 0.04 | 1.08 |
| 合计 | 50 | 1.00 | 23.88 |

则平均日产量为

$$\begin{aligned}\bar{x} &= \sum\left[x_i\left(\frac{f_i}{\sum f_i}\right)\right] = \sum(x_i p_i)\\ &= 20\times0.02+21\times0.08+22\times0.12+23\times0.16+\\ &\quad 24\times0.24+25\times0.20+26\times0.14+27\times0.14\\ &= 23.88\end{aligned}$$

**2. 调和平均数**

调和平均数是总体各单位标志值倒数的算术平均数的倒数，又称为倒数平均数。有简单调和平均数和加权调和平均数之分。

对于简单调和平均数(未分组资料)，

$$\bar{x}_{\mathrm{h}} = \frac{n}{\sum \frac{1}{x}}$$

对于加权调和平均数(分组资料)，

$$\bar{x}_{\mathrm{h}} = \frac{\sum f}{\sum \frac{1}{x} f} = \frac{1}{\sum \frac{1}{x}\left(\frac{f}{\sum f}\right)}$$

【例 6.5】 设 $X=(2,4,6,8)$，则其调和平均数由定义计算如下：

(1) 求各标志值的倒数：$\frac{1}{2},\frac{1}{4},\frac{1}{6},\frac{1}{8}$

(2) 再求算术平均数：$\left(\frac{1}{2}+\frac{1}{4}+\frac{1}{6}+\frac{1}{8}\right)/4$

(3) 然后求倒数：$4/\left(\frac{1}{2}+\frac{1}{4}+\frac{1}{6}+\frac{1}{8}\right)$

【例 6.6】 某种蔬菜价格早上为 0.4 元/斤、中午为 0.25 元/斤、晚上为 0.20 元/斤。

(1) 现早、中、晚各买 1 斤，求平均价格。

(2) 现早、中、晚各买 1 元的菜，求平均价格。

(3) 现早、中、晚各买 5 元、1 元、1 元的菜,求平均价格。

**解:**

(1) 平均价格=总金额/总数量⇒分母资料已知,则

$$\bar{x}=\frac{\sum x}{n}=\frac{0.4+0.25+0.20}{3}=0.28(\text{元}/\text{斤})$$

$$\text{商品价格}=\frac{\text{购买额}}{\text{购买量}}$$

(2) 平均价格=总金额/总数量⇒分子资料已知,则先求早、中、晚购买的斤数。

早:1/0.4=2.5(斤);中:1/0.25=4(斤);晚 1/0.2=5(斤)

$$\bar{x}=\frac{1+1+1}{\frac{1}{0.4}+\frac{1}{0.25}+\frac{1}{0.20}}=\frac{3}{11.5}=0.26(\text{元}/\text{斤})$$

(3) 求加权调和平均数,如下所示:

| 价格 | 金额 |
| --- | --- |
| 早 0.40 | 5 |
| 中 0.25 | 1 |
| 晚 0.20 | 1 |
| 合计 | 7 |

$$\bar{x}_{\mathrm{h}}=\frac{\sum f}{\sum \frac{f}{x}}=\frac{5+1+1}{\frac{5}{0.40}+\frac{1}{0.25}+\frac{1}{0.20}}=\frac{7}{21.5}=0.33(\text{元}/\text{斤})$$

已知分母资料时,用算术平均数计算;已知分子资料时,用调和平均数计算。

**3. 几何平均数**

几何平均数是 $n$ 个变量值乘积的 $n$ 次方根。在统计中,几何平均数常用于计算平均速度和平均比率。几何平均数也有简单平均和加权平均两种形式,公式如下。

简单几何平均数:$G=\sqrt[n]{x_1\cdot x_2\cdot\cdots\cdot x_n}=\sqrt[n]{\prod x}$

加权几何平均数:$G=\sqrt[\sum f]{x_1^{\ f_1}\cdot x_2^{\ f_2}\cdot\cdots\cdot x_n^{\ f_n}}=\sqrt[\sum f]{\prod x^f}$

(注:$\prod$ 是连乘符号)

就用途而言,几何平均方法通常用在总量等于各分量乘积的情形,即适用于特殊数据的一种平均数,比如求某些平均比率、平均发展速度等。

**【例 6.7】** 1994~1998 年我国工业品的产量分别是上年的 107.6%、102.5%、100.6%、102.7%、102.2%,计算这 5 年的平均发展速度。

$$G=\sqrt[n]{x_1\cdot x_2\cdot\cdots\cdot x_n}=\sqrt[5]{1.076\times1.025\times1.006\times1.027\times1.022}$$
$$=1.031=103.1\%$$

**【例 6.8】** 某企业生产某一产品要经过铸造、机加工、电镀三道工序,各工序产品合格率分别为 98%、85%、90%,求三道工序的平均合格率。

$$G=\sqrt[n]{x_1\cdot x_2\cdot\cdots\cdot x_n}=\sqrt[3]{0.98\times0.85\times0.9}=90.8\%$$

【例 6.9】　某投资银行 25 年的年利率分别是：1 年 3%，4 年 5%，8 年 8%，10 年 10%，2 年 4%，求平均年利率。

$$G=\sqrt[\sum f]{x_1^{f_1}\cdot x_2^{f_2}\cdot\cdots\cdot x_n^{f_n}}=\sqrt[25]{1.03\times1.05^4\times1.08^8\times1.1^{10}\times1.04^2}$$
$$=1.086=108.6\%$$

即年平均利率为 108.6%－1=8.6%

### （二）位置平均数

#### 1. 众数

众数是指总体中出现次数最多的标志值。众数也是一种位置平均数，在实际工作中可以代表现象的一般水平。例如，市场上某种商品大多数的成交价格，多数人的服装和鞋帽尺寸等，都是众数。但只有在总体单位数多且有明显的集中趋势时，才可计算众数。

【例 6.10】　10 个人的结婚年龄分别是 24、25、25、25、26、26、27、27、29、30 岁。很显然，25 出现的次数最多，因此这 10 个人的结婚年龄的众数是 25 岁。

【例 6.11】　某生产班组 100 名工人生产情况资料如下所示：

| 工人日产量/件 | 人数/人 |
|---|---|
| 11 | 5 |
| 12 | 8 |
| 13 | 10 |
| 14 | 12 |
| 15 | 31 |
| 16 | 18 |
| 17 | 16 |
| 合计 | 100 |

由于日产量 15 件的工人最多，所以工人日产量的众数是 15 件。

【例 6.12】　品质数列（定类数据）的众数。某城市居民关注广告类型的频数分布如下所示：

| 广告类型 | 人数/人 | 比例 | 频率/% |
|---|---|---|---|
| 商品广告 | 112 | 0.560 | 56.0 |
| 服务广告 | 51 | 0.255 | 25.5 |
| 金融广告 | 9 | 0.045 | 4.5 |
| 房地产广告 | 16 | 0.080 | 8.0 |
| 招生招聘广告 | 10 | 0.050 | 5.0 |
| 其他广告 | 2 | 0.010 | 1.0 |
| 合计 | 200 | 1 | 100 |

这里的变量为“广告类型”，是个定类变量，不同类型的广告就是变量值。我们看到，在所调查的 200 人当中，关注商品广告的人数最多，为 112 人，占总被调查人数的 56%，因此众数为“商品广告”这一类别，即众数＝商品广告。

### 2. 中位数

将总体各单位的标志按大小顺序排列，处于中间位置的标志值就是中位数。由于中位数是位置平均数，不受极端值的影响，在总体标志值差异很大的情况下，中位数具有很强的代表性。

中位数的计算如下所述：首先确定中点位次，然后找出中点位次对应的标志值。

① $n$ 为奇数：居于中间的那个单位标志值；中位数位次$=(n+1)/2$。

**【例 6.13】** 原始数据：24.1，22.6，21.5，23.7，22.6

由小到大排列：21.5，22.6，22.6，23.7，24.1

位置：1，2，3，4，5

中位数位次：$\frac{n+1}{2}=\frac{5+1}{2}=3$

中位数 Me$=22.6$

② $n$ 为偶数：中间两个标志值的平均值，中位数位次$=(n+1)/2$。

**【例 6.14】** 原始数据：10.3 4.9 8.9 11.7 6.3 7.7

由小到大排列：4.9 6.3 7.7 8.9 10.3 11.7

位置：1 2 3 4 5 6

中位数位次：$\frac{n+1}{2}=\frac{6+1}{2}=3.5$

中位数 Me$=\frac{7.7+8.9}{2}=8.30$

## 三、平均指标的比较——众数、中位数与算术平均数

算术平均数、中位数和众数都是反映数据分布集中趋势的平均指标，它们各具特点：算术平均数是根据所有数据计算的，中位数和众数是根据数据分布形状和位置确定的；算术平均数只适用于定量的数据，中位数适用于定量和定序的数据，众数适用于定量、定序和定类的数据，但有可能存在没有众数或多个众数的情况；算术平均数易受到极端值的影响，有极端变量值时，用中位数和众数作为代表值更好。

此外，众数、中位数和算术平均数三者存在一定的数量关系。在钟形分布中，众数是分布最高峰对应的变量值，一般中位数比较适中，算术平均数受极端变量值的影响，可能偏大也可能偏小。

## 四、应用平均指标应注意的问题

① 计算和应用平均指标必须注意现象总体的同质性。只有在同质总体的基础上计算和应用平均指标，才有真实的社会经济意义。如果根据不同性质总体的数据资料计算平均指标，会掩盖事物的本质差别，得到的是虚构的平均数，不能真实反映现象的一般水平。

② 用组平均数补充说明平均数。

③ 计算和运用平均数时，要注意极端数值的影响。

④ 在运用平均数分析时，还应注意用分配数列补充说明平均数。

⑤ 把平均数与典型事例相结合。

## 练习 6.1

1. 某厂有 50 个工人，工人各级工资和工人数资料如下所示，试计算工人的平均技术级别和平均月工资。

| 技术级别 | 月工资/元 | 工人数/人 |
|---|---|---|
| 1 | 546 | 5 |
| 2 | 552 | 15 |
| 3 | 560 | 18 |
| 4 | 570 | 10 |
| 5 | 585 | 2 |
| 合计 | — | 50 |

2. 根据集团公司所属企业的资金利润资料(见下表)，计算平均利润率。

| 利润率/% | 企业数/个 | 资金/万元 |
|---|---|---|
| −5～0 | 2 | 250 |
| 0～5 | 3 | 300 |
| 5～10 | 10 | 1500 |
| 10～15 | 5 | 2500 |
| 合计 | 20 | 4550 |

3. 某企业通过不同渠道筹集到发展资金。试根据下列资料分别用调和平均公式和算术平均公式计算平均利息率。

**某企业所获资金应付利息率及利息额**

| 种数 | 年利息率/% | 利息额/元 |
|---|---|---|
| A | 4 | 20 |
| B | 3 | 12 |
| C | 5 | 30 |

4. 甲、乙两个农贸市场某农产品价格及成交量、成交额的资料如下所示：

| 品种 | 价格/(元/千克) | 甲市场成交额/万元 | 乙市场成交量/$10^4$ 千克 |
|---|---|---|---|
| 甲 | 1.2 | 1.2 | 2 |
| 乙 | 1.4 | 2.8 | 1 |
| 丙 | 1.5 | 1.5 | 1 |
| 合计 | — | 5.5 | 4 |

试问该农产品在哪一个市场的平均价格比较高？

5. 某公司两家工厂的工人按照技术级别分配如下：

| 技术级别 | 工人数/人 | |
|---|---|---|
| | 甲厂 | 乙厂 |
| 1 | 220 | 200 |
| 2 | 540 | 500 |
| 3 | 420 | 430 |
| 4 | 450 | 450 |
| 5 | 200 | 220 |
| 6 | 100 | 110 |
| 7 | 50 | 60 |
| 8 | 20 | 30 |
| 合计 | 2000 | 2000 |

试确定这两家工厂和全公司工人技术级别的众数和中位数。

## 第二节　水平指标与速度指标

水平指标与速度指标都是动态指标，通常都与时间数列有关。

### 一、时间数列概述

时间数列也称为动态数列或时间序列，是指将表明社会现象在不同时间发展变化的某种指标数值，按时间先后顺序排列而形成的数列。

例如，将广东省1994～1999年国内生产总值、第三产业产值、国内生产总值中第三产业比重、职工人数依年份排列形成的数列就是时间数列，见表6-1。

**表6-1　广东省1994～1999年有关社会经济指标表**

| 年份 | 国内生产总值/亿元 | 第三产业的产值/亿元 | 国内生产总值中第三产业比重/% | 职工人数/万人 |
|---|---|---|---|---|
| 1994 | 4516.63 | 1579.98 | 34.98 | 879.84 |
| 1995 | 5733.97 | 1988.24 | 34.67 | 911.9 |
| 1996 | 6519.14 | 2318.06 | 35.56 | 904.04 |
| 1997 | 7315.51 | 2680.87 | 36.65 | 897.32 |
| 1998 | 7919.12 | 2922.23 | 36.9 | 884.8 |
| 1999 | 8464.31 | 3178.69 | 37.55 | 857.07 |

时间数列由两个基本要素构成：一是资料所属的时间，二是在一定时间条件下的统计指标数值。

在时间数列中，通常用$t$来表示时间序号；时间数列中的变量值通常用$a_t$或$y_t$来表示，或称为时间数列的发展水平。

时间数列按其所排列的指标值的性质不同，分为绝对数时间数列、相对数时间数列和平均数时间数列。

### （一）绝对数时间数列

绝对数时间数列是指由一系列同类的总量指标数值构成的时间数列。它反映事物在不同时间上的规模、水平等总量特征。

由于绝对数有时期数与时点数之分，所以，绝对数时间数列相应地有时期数列和时点数列。

#### 1. 时期数列

时期数列是指由反映某种社会现象在一段时期内发展过程累计量的总量指标所构成的绝对数时间数列。

例如，表 6-1 所示的国内生产总值时间数列即为一个时期数列。

在时期数列中，时间单位的长度称为时期，两个相邻时期间的距离称为时期间隔。

时期数列的特点如下：

① 时期数列中的各项指标值反映现象在一段时期内发展过程的总量。

② 各项指标随着现象的发展过程连续登记，因而各项指标值可以相加，相加后的指标值反映现象在更长时期内发展过程的总量。

③ 每项指标值的大小与其所包括的时间长短有直接关系。时期长，指标值大；时期短，指标值小。因此，其时期间隔一般应该相等。

#### 2. 时点数列

时点数列是指由反映某种现象在一定时点（瞬间）上发展状况的总量指标所构成的绝对数时间数列。

例如，表 6-1 所示的职工人数时间数列即为一个时点数列。

在时点数列中，每一个时点都指的是一瞬间，因此无时点长度。相邻两个时点间的距离，称为时点间隔。

时点间隔的长短，决定于所研究现象变动的快慢。对一些变动频繁的现象，间隔宜短。例如，企业职工人数、流动资金余额、商品库存量等，可以用月、季为间隔，每月月末或每季季末统计一次。对一些变动较小、比较稳定的现象，间隔可适当长一些。例如，学校数、企业数、耕地面积等，可以年为间隔，每年年末统计一次。

时点数列的特点如下：

① 时点数列中的各项指标值反映现象在一定时点上的发展状况。

② 各项指标值只能按时点指标所表示的瞬间不连续登记，相加无实际经济意义，因而不能直接相加。

③ 各项指标值的大小，与其时点间隔的长短没有直接关系。

### （二）相对数时间数列

相对数时间数列是指由一系列同类的相对指标数构成的时间数列。它反映社会经济现象数量对比关系的发展过程，包括以下几项内容：

① 由两个时期数列对比所形成的相对数时间数列。

② 由两个时点数列对比所形成的相对数时间数列。

③ 由一个时期数列和一个时点数列对比所形成的相对数时间数列。

相对数时间数列反映事物数量关系的发展变化动态。由于各期相对数的对比基期不同，故其各项水平数值不能直接相加。

（三）平均数时间数列

平均数时间数列是指由一系列同类的平均数指标数值所构成的时间数列。它反映社会经济现象一般水平的发展变化过程。这类动态数列可以揭示研究对象一般水平的发展趋势和发展规律。

平均数时间数列中的各项水平数值也不能直接相加。

## 二、水平指标

水平指标一般指发展水平和平均发展水平。

（一）发展水平

发展水平又称发展量，反映客观现象发展变化在各个不同时间上所达到的状态、规模或水平。发展水平既可以表现为总量指标，也可以表现为相对指标或平均指标。发展水平实际上就是动态数列中各项具体的指标数值。发展水平一般用 $a_i$ 表示。

时间数列按从左到右的顺序，处在第一个位置上的发展水平，叫做最初发展水平，一般用 $a_0$ 表示；处在最后位置上的发展水平，称为最末水平，一般用 $a_n$ 表示。除 $a_0$ 和 $a_n$ 外的各项水平，称为中间水平，用 $a_1, a_2, a_3, \cdots, a_{n-1}$ 表示，因此时间数列可以用符号表示为 $a_0, a_1, a_2, a_3, \cdots, a_{n-1}, a_n$。

在进行动态对比时，作为对比基础的观察值称为基期水平，作为被比较对象的观察值称为报告期水平或计算期水平。若对比 $a_i$ 与 $a_{i-1}$ 两个时期的水平，那么 $a_i$ 为报告期水平，$a_{i-1}$ 为基期水平。如果将整个观察期内的各观察值与某个特定时期作比较时，所分析的时间数列：$a_0, a_1, a_2, \cdots, a_n$，则 $a_0$ 称为基期水平，$a_n$ 称为报告期水平。基期和报告期的选择有时也根据要求发生改变。基期水平对应的时间为基期，报告期水平对应的时间称为报告期或计算期。

发展水平是计算其他动态分析指标，进行动态分析的基础。在文字说明上，常用“增加到”或“增加了”，“降低到”或“降低了”来表示。

（二）平均发展水平

平均发展水平是对不同时期的发展水平求平均数，故又称为序时平均数或动态平均数。

平均发展水平除了概括地反映现象的一般发展水平这一基本功能外，还可以消除现象在短时间内波动的影响。同时，可用来解决同一现象在不同发展时期的比较问题。

序时平均数与一般平均数既有区别，又有共同之处。其区别是：序时平均数平均的是现象总体在不同时期上的数量表现，是从动态上说明其在某一时期发展的一般水平；而一般平均数所平均的是研究对象在同一时间上的数量表现，是从静态上将总体各单位的数量差异抽象化，用以反映总体在具体历史条件下的一般水平。二者的共同点是：它们都是将各个变量值的差异抽象化。

（三）平均发展水平的计算方法

平均发展水平，即序时平均数的计算，由于不同数列性质的不同而有所区别。

**1. 总量指标时间数列计算平均发展水平**

由于总量指标时间数列分为时期数列和时点数列，从而形成以下几种计算方法。

(1) 时期数列平均发展水平

时期数列计算平均发展水平的方法是简单算术平均法，其计算公式为

$$\bar{a} = \frac{a_1 + a_2 + a_3 + \cdots + a_n}{n} = \frac{\sum_{i=1}^{n} a_i}{n}$$

式中，$a_i$ 为各时期指标值，$n$ 为持续天数。

**【例 6.15】** 根据表 6-1 所示的国内生产总值数列，计算各年度的平均国内生产总值。

**解：**

$$\bar{a} = \frac{4516.63 + 5733.97 + 6519.14 + 7315.51 + 7919.12 + 8464.31}{6} = 6744.78(\text{亿元})$$

(2) 时点数列平均发展水平

① 连续每天资料不同的平均发展水平，其计算公式为

$$\bar{a} = \frac{a_1 + a_2 + a_3 + \cdots + a_n}{n} = \frac{\sum_{i=1}^{n} a_i}{n}$$

**【例 6.16】** 某股票连续 5 个交易日价格资料如下所示，求平均价格。

| 日期 | 6 月 1 日 | 6 月 2 日 | 6 月 3 日 | 6 月 4 日 | 6 月 5 日 |
|---|---|---|---|---|---|
| 收盘价 | 16.2 元 | 16.7 元 | 17.5 元 | 18.2 元 | 17.8 元 |

平均价格$\bar{a} = \frac{a_1 + a_2 + a_3 + \cdots + a_n}{n} = \frac{\sum_{i=1}^{n} a_i}{n} = \frac{16.2 + 16.7 + 17.5 + 18.2 + 17.8}{5} =$ 17.28(元)

② 连续天内资料不变，即连续时点间隔不相等时，采用加权算术平均法，其计算公式为

$$\bar{a} = \frac{a_1 f_1 + a_2 f_2 + a_3 f_3 + \cdots + a_n f_n}{f_1 + f_2 + f_3 + \cdots + f_n} = \frac{\sum_{i=1}^{n} a_i}{\sum_{i=1}^{n} f_i}$$

式中，$f_i$ 为持续天数。

**【例 6.17】** 某企业 5 月份每日实有人数资料如下所示，求 5 月份的平均人数。

| 日期 | 1～9 日 | 10～15 日 | 16～22 日 | 23～31 日 |
|---|---|---|---|---|
| 实有人数 | 780 | 784 | 786 | 783 |

5 月平均人数为

$$\bar{a} = \frac{a_1 f_1 + a_2 f_2 + a_3 f_3 + \cdots + a_n f_n}{f_1 + f_2 + f_3 + \cdots + f_n} = \frac{\sum_{i=1}^{n} a_i}{\sum_{i=1}^{n} f_i}$$

$$= \frac{780 \times 9 + 784 \times 6 + 786 \times 7 + 783 \times 9}{9 + 6 + 7 + 9} = 783(\text{人})$$

**【例 6.18】** 某种商品零售价格自 6 月 11 日起从 70 元调整为 50 元，直至月底再无变化，试计算该商品 6 月份平均零售价格。

**解**：

$$\bar{a}=\frac{a_1f_1+a_2f_2+a_3f_3+\cdots+a_nf_n}{f_1+f_2+f_3+\cdots+f_n}=\frac{70\times10+50\times20}{10+20}=56.67(\text{元})$$

※③不连续时点数列(间断时点数列)平均发展水平

在实际工作中,大量的时点现象都是间隔一段时间登记一次,只是间隔有相等和不等之分。因此,平均发展水平的计算方法也分为两种。

第一种:时点数列间隔相等(等间隔)。采用首末折半法计算,即计算时假定指标值在两个相邻时点之间的变动是均匀的。先将相邻两个时点的指标数值相加后除以2,得到这两个时点之间的序时平均数;然后,根据这些平均数,采用简单算术平均法,求得整个研究时间的序时平均数。计算公式为

$$\bar{a}=\frac{\frac{a_1+a_2}{2}+\frac{a_2+a_3}{2}+\frac{a_3+a_4}{2}+\cdots+\frac{a_{n-1}+a_n}{2}}{n-1}$$

$$=\frac{\frac{a_1}{2}+a_2+a_3+\cdots+a_{n-1}+\frac{a_n}{2}}{n-1}$$

**【例6.19】** 已知1991年年底～1996年年底我国人口总数如下所示,求1992～1996年平均人口数。

| 年份 | 1991 | 1992 | 1993 | 1994 | 1995 | 1996 |
|---|---|---|---|---|---|---|
| 年底人数/亿人 | 11.58 | 11.71 | 11.85 | 11.99 | 12.11 | 12.24 |

1992～1996年我国平均人口总数(间断时点数列:间隔相等)为

$$\bar{a}=\frac{\frac{a_1}{2}+a_2+a_3+\cdots+a_{n-1}+\frac{a_n}{2}}{n-1}$$

$$=\frac{\frac{11.58}{2}+11.71+11.85+11.99+12.11+\frac{12.24}{2}}{6-1}=11.91(\text{亿人})$$

第二种:时点数列间隔不相等(不等间隔)。采用时间间隔长度加权平均。计算公式为

$$\bar{a}=\frac{\frac{a_1+a_2}{2}f_1+\frac{a_2+a_3}{2}f_2+\frac{a_3+a_4}{2}f_3+\cdots+\frac{a_{n-1}+a_n}{2}f_{n-1}}{f_1+f_2+f_3+\cdots+f_{n-1}}$$

**【例6.20】** 1985～1997年我国第三产业从业人数(年底数)如下所示,求我国1986～1997年第三产业平均从业人数。

| 年份 | 1985 | 1988 | 1990 | 1993 | 1995 | 1997 |
|---|---|---|---|---|---|---|
| 年底人数/万人 | 8350 | 9949 | 11828 | 14071 | 16851 | 18375 |
| 间隔年数 | 3 | 2 | 3 | 2 | 2 | |

我国1986～1997年第三产业平均从业人数为

$$\bar{a}=\frac{\frac{a_1+a_2}{2}f_1+\frac{a_2+a_3}{2}f_2+\frac{a_3+a_4}{2}f_3+\cdots+\frac{a_{n-1}+a_n}{2}f_{n-1}}{f_1+f_2+f_3+\cdots+f_{n-1}}$$

$$=\frac{\frac{8350+9949}{2}\times 3+\frac{9949+11828}{2}\times 2+\frac{11828+14071}{2}\times 3+\frac{14071+16851}{2}\times 2+\frac{16851+18375}{2}\times 2}{3+2+3+2+2}$$

$=12851.81$（万人）

**2. 相对指标或平均指标时间数列计算平均发展水平**

相对指标或平均指标时间数列是由互相联系的两个总量指标的时间数列加以计算而派生出来的，因此其计算平均发展水平的方法也是由总量指标计算平均发展水平的方法派生出来的。总量指标有时期指标和时点指标之分，故只能按数列的性质，先根据资料分别计算出所对比的两个数列的平均发展水平，然后将两个平均发展水平进行对比，得到相对指标或平均指标时间数列的平均发展水平。计算公式为：若时间数列为 $y_i=\frac{a_i}{b_i}$，则 $\bar{y}=\frac{\bar{a}}{\bar{b}}$。

**【例 6.21】** 根据表 6-1 所示的资料，试求 1994～1999 年间广东省国内生产总值中第三产业的平均比重。

**解**：设第三产业的产值为 $a$，国内生产总值为 $b$，国内生产总值中第三产业的比重为 $y$，则

$$\bar{a}=\frac{\sum a}{n}=\frac{1579.98+1988.24+2318.06+7315.51+7919.12+8464.31}{6}=2444.68$$

$$\bar{b}=\frac{\sum b}{n}=\frac{4516.63+5733.97+6519.14+7315.51+7919.12+8464.31}{6}=6744.78$$

根据公式，得国内生产总值中第三产业的平均比重为

$$\bar{y}=\frac{\bar{a}}{\bar{b}}=\frac{2444.68}{6744.78}=36.25\%$$

若遇到 $a$ 与 $b$ 有时期指标和时点指标之分，其平均数求法与前面的计算方法相同。

## 三、增长量与平均增长量的概念和计算方法

### （一）增长量

增长量是以绝对数形式表示的动态分析指标，又称增长水平。它是两个不同时期发展水平相减的差额，用于反映现象在这段时期内发展水平提高或降低的绝对量。计算公式为：

增长量＝报告期水平－基期水平

由于对比的基期不同，增长量分为逐期增长量和累计增长量。

### （二）逐期增长量与累计增长量

**1. 逐期增长量**

逐期增长量是报告期水平与前一期水平之差，说明本期与上期相比增长或降低的绝对量。其计算公式为：逐期增长量＝报告期水平－前一期水平＝ $a_i-a_{i-1}$，用符号表示为 $a_1-a_0, a_2-a_1, \cdots, a_n-a_{n-1}$。

**2. 累计增长量**

累计增长量是报告期水平与某一固定时期水平(通常是最初水平)之差,说明本期比某一固定时期增长或降低的绝对量,反映某一段较长时期内的增长量。其计算公式为:累计增长量=报告期水平-固定期水平=$a_i-a_0$,用符号表示为$a_1-a_0$,$a_2-a_0$,…,$a_n-a_0$。

**3. 逐期增长量与累计增长量的关系**

① 逐期增长量之和等于相应时期的累计增长量,用符号表示为

$$(a_1-a_0)+(a_2-a_1)+\cdots+(a_n-a_{n-1})=a_n-a_0$$

② 相邻两期累计增长量之差也等于相应的逐期增长量,用符号表示为

$$(a_i-a_0)-(a_{i-1}-a_0)=a_i-a_{i-1}$$

**(三)平均增长量**

平均增长量是各个逐期增长量的序时平均数,用于说明所研究现象在一定时期内平均每期增长的绝对数量,其计算公式为

平均增长量= 逐期增长量之和 / 逐期增长量个数 = 累计增长量 /(时间数列项数 - 1)

$$=\frac{(a_1-a_0)+(a_2-a_1)+(a_3-a_2)+\cdots+(a_n-a_{n-1})}{n}=\frac{a_n-a_0}{n}$$

式中,$n$为逐期增长量个数,即资料项数减1。

**【例6.22】** 1995~2000年广东省海关进出口总额资料如表6-2所示,试计算其增长量。

**表6-2 1995~2000年广东省海关进出口总额(单位:亿美元)**

| 年份 | 1995 | 1996 | 1997 | 1998 | 1999 | 2000 |
|---|---|---|---|---|---|---|
| 进出口总额 | 1039.72 | 1099.60 | 1301.20 | 1297.98 | 1403.54 | 1701.08 |

**解**:列出下表

| 年份 | 1995<br>$a_0$ | 1996<br>$a_1$ | 1997<br>$a_2$ | 1998<br>$a_3$ | 1999<br>$a_4$ | 2000<br>$a_5$ |
|---|---|---|---|---|---|---|
| 产量 | 1039.72 | 1099.60 | 1301.20 | 1297.98 | 1403.54 | 1701.08 |
| 累计增长量<br>$a_i-a_0$ | — | 59.88 | 261.48 | 258.26 | 363.82 | 661.36 |
| 逐期增长量<br>$a_i-a_{i-1}$ | — | 59.88 | 201.60 | −3.22 | 105.56 | 297.54 |

按表中资料计算1995~2000年广东省海关进出口总额的逐期增长量之和,有

逐期增长量之和 $=59.88+201.60+(-3.22)+105.56+297.54=661.36$(亿美元)

根据表中资料,求得1995~2000年广东省海关进出口总额的平均增长量,即

$$平均增长量=\frac{59.88+201.60+(-3.22)+105.56+297.54}{5}=132.27(亿美元)$$

## 四、速度指标

速度指标包括发展速度和增长速度。

### 1. 发展速度

发展速度是计算期发展水平与基期发展水平之比，表示计算期水平已达到或相当于基期水平之多少。它反映了某种社会经济现象在一定时期内发展的方向和速度，通常用倍数或百分数表示。

根据对比的基期不同，发展速度分为定基发展速度与环比发展速度。

定基发展速度是时间数列中计算期发展水平与固定基期发展水平之比，说明某种社会经济现象在较长时期内总的发展方向和速度，故亦称为总发展速度。

环比发展速度是时间数列中计算期发展水平与前期发展水平之比，说明某种社会经济现象在逐期发展方向和速度。

计算公式为：

$$\text{定基发展速度}=\frac{\text{报告期水平}}{\text{固定基期水平}},\text{即}\frac{a_1}{a_0},\frac{a_2}{a_0},\frac{a_3}{a_0},\cdots,\frac{a_n}{a_0}$$

$$\text{环比发展速度}=\frac{\text{报告期水平}}{\text{前一期水平}},\text{即}\frac{a_1}{a_0},\frac{a_2}{a_1},\frac{a_3}{a_2},\cdots,\frac{a_n}{a_{n-1}}$$

**【例 6.23】** 我国社会消费品零售总额的定基发展速度和环比发展速度如表 6-3 所示。

**表 6-3　我国社会消费品零售总额**

| 年份 | 发展水平 | 增长量 | | 发展速度 | | 增长速度 | |
|---|---|---|---|---|---|---|---|
| | | 累计 | 逐期 | 定基 | 环比 | 定基 | 环比 |
| (甲) | (1) | (2) | (3) | (4) | (5) | (6) | (7) |
| 1995 | 20620$a_0$ | — | — | 100.0 | — | — | — |
| 1996 | 24774$a_1$ | 4154 | 4154 | 120.1 | 120.1 | 20.1 | 20.1 |
| 1997 | 27299$a_2$ | 6679 | 2525 | 132.4 | 110.2 | 32.4 | 10.2 |
| 1998 | 29153$a_3$ | 8533 | 1854 | 141.4 | 106.8 | 41.4 | 6.8 |
| 1999 | 31135$a_4$ | 10515 | 1982 | 151.0 | 106.8 | 51.0 | 6.8 |
| 2000 | 34153$a_5$ | 13533 | 3018 | 165.6 | 109.7 | 65.6 | 9.7 |

相邻若干个环比发展速度的连乘积等于相应的定基发展速度，即

$$\frac{a_{i+1}}{a_i}\cdot\frac{a_{i+2}}{a_{i+1}}=\frac{a_{i+2}}{a_i}$$

相邻的两个定基发展速度之商等于相应的环比发展速度，即

$$\frac{\frac{a_{i+1}}{a_0}}{\frac{a_i}{a_0}}=\frac{a_{i+1}}{a_i}$$

### 2. 增长速度

增长速度是指计算期增长量对基期发展水平之比，说明社会经济现象在一定时期内增减的快慢速度，通常用百分数或倍数表示。由于采用的基期不同，分为定基增长速度和环比增长速度两种。

计算公式为：

$$\text{增长速度}=\frac{\text{增长量}}{\text{基期水平}}=\frac{\text{报告期水平}-\text{基期水平}}{\text{基期水平}}=\text{发展速度}-1$$

$$环比增长速度=\frac{逐期增长量}{前一期水平}=\frac{a_i-a_{i-1}}{a_{i-1}}=\frac{a_i}{a_{i-1}}-1$$

$$定基增长速度=\frac{累计增长量}{固定基期水平}=\frac{a_i-a_0}{a_0}=\frac{a_i}{a_0}-1$$

例子见表 6-3 中所示环比增长速度和定基增长速度。

环比增长速度＝环比发展速度－1

定基增长速度＝定基发展速度－1

增长速度＝发展速度－1

当计算期水平高于基期水平时，发展速度大于 1 或 100%，增长速度为正值，表示现象增长的程度，亦称增长率。

当计算期水平低于基期水平时，发展速度小于 1 或 100%，增长速度为负值，表示现象降低的程度，亦称降低率。

**3. 平均发展速度与平均增长速度**

平均发展速度是环比发展速度的平均数，说明某种社会经济现象在一段较长时期内逐期发展变化的平均速度。

平均增长速度是平均发展速度的派生指标，说明某种社会经济现象在一段较长时期内逐期平均增减变化的程度。

两者之间的关系为

$$平均增长速度=平均发展速度-1$$

平均发展速度的计算方法分几何平均法和方程式法，即

$$\bar{x}=\sqrt[n]{x_1x_2x_3\cdots x_n}=\sqrt[n]{\prod x}=\sqrt[n]{\frac{a_1}{a_0}\times\frac{a_2}{a_1}\times\frac{a_3}{a_2}\times\cdots\times\frac{a_n}{a_{n-1}}}=\sqrt[n]{\frac{a_n}{a_0}}=\sqrt[n]{R}$$

其中，$R$ 为总速度，$x$ 为环比速度。

**【例 6.24】** 已知我国社会消费品零售总额 1995～2000 年各年的环比发展速度分别为 120.1%、110.2%、106.8%、106.8%、109.7%，则其年平均发展速度为

$$\begin{aligned}\bar{x}&=\sqrt[n]{\prod x}=\sqrt[5]{120.1\%\times110.2\%\times106.8\%\times106.8\%\times109.7\%}\\&=\sqrt[5]{165.6}\%=110.6\%\end{aligned}$$

**【例 6.25】** 已知我国社会消费品零售总额 1995 年为 20620 亿元，2000 年为 34153 亿元，则其年平均发展速度为

$$\bar{x}=\sqrt[5]{\frac{a_n}{a_0}}=\sqrt[5]{\frac{34153}{20620}}=\sqrt[5]{1.656}=110.6\%$$

**【例 6.26】** 已知我国社会消费品零售总额 1995～2000 年的总发展速度为 1.656，则其平均发展速度为

$$\bar{x}=\sqrt[n]{R}=\sqrt[5]{1.656}=110.6\%$$

**【例 6.27】** 1982 年年末我国人口是 10.15 亿人，人口净增长率 14.49‰。如果按此速度增长，2000 年年末将有多少亿人？

$$a_{2000}=a_{1982}\,\bar{x}^{18}=10.15\times1.01449^{18}=13.15(亿人)$$

**【例 6.28】** 某地区 1980 年国内生产总值为 450 亿元，若每年保持 8% 的增长速度，

问经过20年能够翻几番？

**解**：由公式，得

$$R=\bar{x}^n=1.08^{20}=4.661, 2^N=R, N=\frac{\lg^{4.661}}{\lg^2}=2.22$$

因为平均增长速度与平均发展速度的关系（平均增长速度＝平均发展速度－1），平均增长速度在这里不再举例。

计算和使用速度指标时应注意以下问题：

① 时间数列中的指标值为0或负数时，不适宜计算速度。

如假定某企业连续5年的利润额分别为8、6、1、0、－2、1万元，对这一数列无法计算速度。故在这一情况下，适宜用绝对数进行分析。

② 速度指标与发展水平指标要结合运用。

速度指标是相对数，其数值的大小取决于报告期和基期两个发展水平。

## 练习6.2

1. 我国1990年出口商品总额为620.91亿美元，1996年出口商品总额为1510.66亿美元，1990～1996年出口商品总额的平均发展速度为________。

A. 115.97％　　B. 40.55％　　C. 15.97％　　D. 243.30％

2. 平均增长速度与平均发展速度的数量关系是________。

A. 平均增长速度＝1/平均发展速度

B. 平均增长速度＝平均发展速度－1

C. 平均增长速度＝平均发展速度＋1

D. 平均增长速度＝1－平均发展速度

3. 全社会固定资产投资情况如下所示：

| 指标名称 | 2000年 | 2001年 | 2002年 | 2003年 |
|---|---|---|---|---|
| 投资额/亿元 | 32917.7 | 37213.5 | 43499.9 | 55566.6 |

以2000年作为基期，求历年投资的发展速度。

4. 某地国内生产总值2005年比2000年增长53.5％，2004年比2000年增长40.2％，则2005年比2004年增长________。

A. 9.5％　　B. 13.3％　　C. 3.08％　　D. 无法确定

5. 某企业第一季度三个月份的实际产量分别为500件、612件和832件，分别超计划0％、2％和4％，则该厂第一季度平均超额完成计划的百分数为________。

A. 102％　　B. 2％　　C. 2.3％　　D. 102.3％

6. 某网站四月份、五月份、六月份、七月份平均员工人数分别为84人、72人、84人、96人，则第二季度该网站的月平均员工人数为________。

A. 84人　　B. 80人　　C. 82人　　D. 83人

7. 已知某地1996～2000年年均增长速度为10％，2001～2005年年均增长速度为8％，则这10年间的平均增长速度为________。

A. $\sqrt[10]{0.1\times 0.08}$　　B. $\sqrt[10]{1.1\times 1.08}-1$

C. $\sqrt[10]{(0.1)^5\times(0.08)^5}$　　D. $\sqrt[10]{(1.1)^5\times(1.08)^5}-1$

8. 我国历年汽车产量如下表所示(单位：万辆)：

| 年　份 | 1996 | 1997 | 1998 | 1999 | 2000 | 2001 | 2002 | 2003 | 2004 |
|---|---|---|---|---|---|---|---|---|---|
| 汽车产量 | 147.5 | 158.3 | 163.0 | 183.2 | 207.0 | 234.2 | 325.1 | 444.4 | 507.4 |

试针对汽车产量,计算

① 逐期增长量、累计增长量,环比发展速度、定基发展速度,环比增长速度、定基增长速度。

② 平均增长量、平均发展速度和平均增长速度。

## 习　题　六

**一、判断题(把正确的符号"√"或错误的符号"×"填写在题后的括号中)**

1. 平均指数也是编制总指数的一种重要形式,有它的独立应用意义。(　　)

2. 发展水平就是动态数列中的每一项具体指标数值,它只能表现为绝对数。(　　)

3. 若将1990～1995年年末国有企业固定资产净值按时间先后顺序排列,这种动态数列称为时点数列。(　　)

4. 定基发展速度等于相应的各个环比发展速度的连乘积,所以定基增长速度也等于相应的各个环比增长速度积。(　　)

5. 发展速度是以相对数形式表示的速度分析指标,增长量是以绝对数形式表示的速度分析指标。(　　)

6. 定基发展速度和环比发展速度之间的关系是：两个相邻时期的定基发展速度之积等于相应的环比发展速度。(　　)

7. 若逐期增长量每年相等,则其各年的环比发展速度年年下降。(　　)

8. 若环比增长速度每年相等,则其逐期增长量也是年年相等。(　　)

9. 某产品产量在一段时期内发展变化的速度,平均来说是增长的,因此该产品产量的环比增长速度也是年年上升的。(　　)

10. 已知某市工业总产值1981～1985年年增长速度分别为4%、5%、9%、11%和6%,则这5年的平均增长速度为6.97%。(　　)

11. 平均增长速度不是根据各个增长速度直接来求得,而是根据平均发展速度计算的。(　　)

**二、单项选择题**

1. 某企业的职工工资水平比上年提高5%,职工人数增加2%,则企业工资总额增长________。

A. 10%　　B. 7.1%　　C. 7%　　D. 11%

2. 根据时期数列计算序时平均数应采用________。

A. 几何平均法　　B. 加权算术平均法

C. 简单算术平均法　　D. 首末折半法

3. 间隔相等的时点数列计算序时平均数应采用________。

A. 几何平均法　　B. 加权算术平均法

C. 简单算术平均法　　D. 首末折半法

4. 定基发展速度和环比发展速度的关系是________。

A. 两个相邻时期的定基发展速度之商等于相应的环比发展速度

B. 两个相邻时期的定基发展速度之差等于相应的环比发展速度

C. 两个相邻时期的定基发展速度之和等于相应的环比发展速度

D. 两个相邻时期的定基发展速度之积等于相应的环比发展速度

5. 下列数列中,哪一个属于动态数列? ________

A. 学生按学习成绩分组形成的数列

B. 工业企业按地区分组形成的数列

C. 职工按工资水平高低排列形成的数列

D. 出口额按时间先后顺序排列形成的数列

6. 已知某企业1月、2月、3月、4月的平均职工人数分别为190人、195人、193人和201人,则该企业一季度的平均职工人数的计算方法为________。

A. $\frac{190+195+193+201}{4}$　　B. $\frac{190+195+193}{3}$

C. $\frac{\frac{190}{2}+195+193+\frac{201}{2}}{4-1}$　　D. $\frac{\frac{190}{2}+195+193+\frac{201}{2}}{4}$

7. 说明现象在较长时期内发展的总速度的指标是________。

A. 环比发展速度　　B. 平均发展速度

C. 定基发展速度　　D. 定基增长速度

8. 已知各期环比增长速度为2%、5%、8%和7%,则相应的定基增长速度的计算方法为________。

A. (102%×105%×108%×107%)−100%

B. 102%×105%×108%×107%

C. 2%×5%×8%×7%

D. (2%×5%×8%×7%)−100%

9. 平均发展速度是________。

A. 定基发展速度的算术平均数　　B. 环比发展速度的算术平均数

C. 环比发展速度的几何平均数　　D. 增长速度加上100%

10. 以1960年为基期,1993年为报告期,计算某现象的平均发展速度应开________。

A. 33次方　　B. 32次方　　C. 31次方　　D. 30次方

11. 某企业生产某种产品,其产量年年增加5万吨,则该产品产量的环比增长速度________。

A. 年年下降　　B. 年年增长

C. 年年保持不变　　D. 无法做结论

12. 若各年环比增长速度保持不变,则各年增长量________。

A. 逐年增加　　B. 逐年减少

C. 保持不变　　D. 无法做结论

**三、填空题**

1. 动态数列按其指标表现形式的不同，分为________、________和平均指标三种动态数列。

2. 平均发展水平又称________，它是从________上说明现象总体在某一时期内发展的一般水平。

3. 发展速度由于采用基期的不同，可分为________和________发展速度。

4. 增长量是报告期水平与基期水平之差。由于基期的不同，增长量可分为________增长量和________增长量，这二者的关系用公式表示为________。

5. 增长速度的计算方法有两种：①________；②________。

6. 平均发展速度是对各期________速度求平均的结果。它也是一种________。

7. 已知某产品产量1993年与1992年相比增长了5%，1994年与1992年相比增长了12%，则1994年与1993年相比增长了________。

**四、简答题**

什么是环比发展速度？什么是定基发展速度？二者有何关系？

**五、计算题**

1. 某工业集团公司工人工资情况如下所示：

| 按月工资(元)分组 | 企业个数 | 各组工人所占比重/% |
|---|---|---|
| 400～500 | 3 | 20 |
| 500～600 | 6 | 25 |
| 600～700 | 4 | 30 |
| 700～800 | 4 | 15 |
| 800以上 | 5 | 10 |
| 合计 | 22 | 100 |

计算该集团工人的平均工资。

2. 某厂三个车间一季度生产情况如下所述：第一车间实际产量为190件，完成计划95%；第二车间实际产量250件，完成计划100%；第三车间实际产量609件，完成计划105%。三个车间产品产量的平均计划完成程度为

$$\frac{(95\% + 100\% + 105\%)}{3} = 100\%$$

另外，一车间产品单位成本为18元/件，二车间产品单位成本12元/件，三车间产品单位成本15元/件，则三个车间平均单位成本为

$$\frac{18 + 12 + 15}{3} = 15(\text{元} / \text{件})$$

以上平均指标的计算是否正确？如不正确，请说明理由并改正。

3. 我国人口自然增长情况如下所示：

| 年　　份 | 1986 | 1987 | 1988 | 1989 | 1990 |
|---|---|---|---|---|---|
| 比上年增加人口/万人 | 1656 | 1793 | 1726 | 1678 | 1629 |

试计算我国在“七五”时期年平均增加人口数量。

4. 某商店1990年各月末商品库存额资料如下所示：

| 月份 | 1 | 2 | 3 | 4 | 5 | 6 | 8 | 11 | 12 |
|---|---|---|---|---|---|---|---|---|---|
| 库存额/万元 | 60 | 55 | 48 | 43 | 40 | 50 | 45 | 60 | 68 |

又知1月1日商品库存额为63万元。试计算上半年、下半年和全年的平均商品库存额。

5. 某工厂的工业总产值1988年比1987年增长7%，1989年比1988年增长10.5%，1990年比1989年增长7.8%，1991年比1990年增长14.6%。要求以1987年为基期，计算1988～1991年该厂工业总产值增长速度和平均增长速度。

6. 某地区1990年底人口数为3000万人。假定以后每年以9‰的增长率增长；又假定该地区1990年粮食产量为220亿斤，要求到1995年平均每人粮食达到850斤。试计算1995年的粮食产量应该达到多少斤？粮食产量每年平均增长速度如何？

7. 假定某产品产量2013年比2004年增加了235%，求2004～2013年期间的平均发展速度。

## 数学家的故事(6)

### 李善兰——微积分在中国最早的传播人

李善兰(1811—1882)，字壬叔，号秋纫，浙江海宁人，出生于一个书香门第，少年时代便喜欢数学。李善兰是中国清朝数学家、天文学家、力学家和植物学家。他创立了二次平方根的幂级数展开式，各种三角函数、反三角函数和对数函数的幂级数展开式。这是李善兰，也是19世纪，中国数学界最重大的成就。

李善兰于清嘉庆十五年(1810年)1月2日生于浙江海宁县硖石镇，出身于书香世家，自幼就读于私塾，受到了良好的家庭教育。他资禀颖异，勤奋好学，于所读之诗书，过目即能成诵。9岁时，李善兰发现父亲的书架上有一本中国古代数学名著——《九章算术》，感到十分新奇有趣，从此迷上了数学。

14岁时，李善兰靠自学读懂了欧几里得《几何原本》前六卷，这是明末徐光启(1562—1633)、利玛窦(M. Ricci，1522—1610)合译的古希腊数学名著。李善兰在《九章算术》的基础上，吸取《几何原本》的新思想，使其数学造诣日趋精深。

几年后，作为州县的生员，李善兰到省府杭州参加乡试。因为他“于辞章训诂之学，虽皆涉猎，然好之总不及算学，故于算学用心极深”(李善兰《则古昔斋算学》自序)，结果八股文章做得不好，落第。

但他毫不介意，利用在杭州的机会，留意搜寻各种数学书籍，买回了李冶的《测圆海镜》和戴震的《勾股割圆记》仔细研读，使自己的数学水平有了更大提高。李善兰在故里与蒋仁荣、崔德华等亲朋好友组织“鸳湖吟社”，常游“东山别墅”，分韵唱和，当时曾利用相似勾股形对应边成比例的原理测算过东山的高度。

余楙在《白岳诗话》中说他“夜尝露坐山顶，以测象纬躔次”。至今李善兰的家乡还流传着他在新婚之夜探头于阁楼窗外观测星宿的故事。1840 年，鸦片战争爆发，帝国主义列强入侵中国的现实，激发了李善兰科学救国的思想。

1845 年前后，李善兰在嘉兴陆费家设馆授徒，得以与江浙一带的学者顾观光、张文虎、汪曰桢等人相识，他们经常在一起讨论数学问题。此间，李善兰有关于“尖锥术”的著作《方圆阐幽》、《弧矢启秘》、《对数探源》等问世，其后又撰写了《四元解》、《麟德术解》等。

1852～1866 年，李善兰受聘于墨海书馆任编译；同治二年(1863 年)，他被招至曾国藩幕中；同治五年(1866 年)，曾国藩出资三百金为李善兰刻《几何原本》后九卷。1868 年，李善兰因郭嵩涛推荐，到北京任同文馆天文算学馆总教习。天文算学馆相当于现在的大学数学系，李善兰可以称得上我国数学史上第一位数学教授。他在天文学馆执教十余年，先后授徒百余人，一直工作到病逝。同治十三年(1874 年)，李善兰升户部主事，光绪二年(1876 年)升员外郎，光绪八年(1882 年)升郎中。

1882 年去世前几个月，李善兰“犹手著《级数勾股》二卷，老而勤学如此”(崔敬昌《李壬叔征君传》)。继梅文鼎之后，李善兰成为清代数学史上的又一位杰出代表。李善兰的数学成就主要有尖锥术、垛积术、素数论三个方面。自 20 世纪 30 年代以来，李善兰受到国际数学界的普遍关注和赞赏。

尖锥术理论主要见于《方圆阐幽》、《弧矢启秘》、《对数探源》三种著作，成书年代约为 1845 年。当时解析几何与微积分学尚未传入中国。李善兰创立的“尖锥”概念，是一种处理代数问题的几何模型，他对“尖锥曲线”的描述实质上相当于给出了直线、抛物线、立方抛物线等方程。

他创造的“尖锥求积术”相当于幂函数的定积分公式和逐项积分法则。他用“分离元数法”独立地得出了二项平方根的幂级数展开式，结合“尖锥求积术”，得到了 $\pi$ 的无穷级数表达式，各种三角函数和反三角函数的展开式，以及对数函数的展开式。

在使用微积分方法处理数学问题方面，李善兰取得了创造性的成就。垛积术理论主要见于《垛积比类》，写于 1859～1867 年间，这是有关高阶等差级数的著作。李善兰从研究中国传统的垛积问题入手，获得了一些相当于现代组合数学中的成果。例如，“三角垛有积求高开方廉隅表”和“乘方垛各廉表”实质上就是组合数学中著名的第一种斯特林数和欧拉数。他还创造了驰名中外的“李善兰恒等式”。可以认为，《垛积比类》是早期组合论的杰作。素数论主要见于《考数根法》，发表于 1872 年，这是中国素数论方面最早的著作。在判别一个自然数是否为素数时，李善兰证明了著名的费马素数定理，并指出它的逆定理不真。

李善兰对经典力学在中国的传播做出了卓越的贡献。他将英国人 W. 胡威立的《初等力学教程》(1833 年第 2 版)笔译(经艾约瑟口述)为中文，1859 年由上海墨海书馆以《重学》的书名出版，共 20 卷。这是第一本系统介绍力学的中译本。

十多年间，李善兰与西人合作翻译出版了 80 多卷西方科学著作，比较系统地介绍了西方的数学、物理学、天文学和植物学，为中国近代科学的形成和发展做出了卓著的贡献。

李善兰以一个成名的数学家，在科学翻译方面辛勤耕耘几十年。虽然在翻译理论建设方面没有留下多少言论，但是作为开创性的科学翻译家，他在翻译方法和厘定近代科学名词的译名方面做出了杰出的贡献。

首先,他采用翻译与研究结合的方法,以深厚的科学功底,走出了一条译研并举的科学译介道路。

他不懂外语,翻译中由西士口授,他笔录。他既是译者,也是读者。翻译《续几何原本》时,首先由伟烈亚力讲解习题,他按照所讲思路进行解算。翻译初期,伟烈亚力的汉语尚不能完全达意,所以他反复讲解,李善兰反复揣摩。通过这样的反复研讨,李善兰对内容达到融会贯通。如果习题无法解答,要么是伟氏理解有误,要么是原书刊印有讹。遇到这样的情况,李善兰"因精于数学,与几何之术,心领神悟,能言其故",通过反复推敲,对错误进行修正。所以,李善兰的译作在某些方面要超越原作,在内容上要比原作更完备、更准确,因为他把自己的研究成果也纳入译文之中。《清史稿·畴人传》写到:"(李善兰)因与伟烈亚力同译后九卷,西士精通几何者鲜,其第十卷犹玄奥,未易解,讹夺甚多,善兰笔受时,辄以意匡补。"他不仅是在翻译,还在译介中进行研究,在研究中进行更深层次的引介。他译完《圆锥曲线说》以后,接受了西方圆锥曲线的理论,结合中国传统算学的知识,通过进一步的研究,撰写了《椭圆正术解》、《椭圆新术》、《椭圆拾遗》等书籍。

其次,爱国思想是推动李善兰从事科学翻译和研究工作的原动力。鸦片战争爆发以后,李善兰目睹西方列强对中国的蹂躏,清楚地认识到,欧洲各国之所以强盛,在于其技术的进步,在于"算学明也",是和数学的发达分不开的。他说:"呜呼!今欧罗巴各国日益强盛,为中国边患。推原其故,制器精也,推原制器之精,算学明也。"他幻想有朝一日,"人人习算,制器日精,以威海外各国,令震慑,奉朝供。"(《重学》自序)。他希望通过翻译实现科技强国的梦想。

最后,李善兰在引进西方著作时,创造性地翻译了许多科学术语和名称。

这些科学名词,或借用我国古代已有的名词,或由他创新译出,大多比较恰当,大部分沿用至今。这不仅是对科学发展做出了贡献,这也是对译学事业的重大贡献。他的译著大多讲述的是中国过去没有的知识和近代西方最新的科学研究成果。翻译中,他既没有同类书籍可以参考,也没有现成的专业术语可以借鉴,他必须开创性地工作。他凭着对科学内容的理解,应用汉语的构词方法,反复推敲,创立新词。他认为代数学的特点是"以字代数,或不定数,或未知已定数"。"恒用之已知或太繁,亦以字代。"因此他把 Algebra 译为"代数学"。他在数学翻译中创译了许多名词,如代数学方面的"函数"、"常数"、"变数"、"系数"、"虚数"、"轴"、"平行"、"方"、"根"、"方程式"、"多项式"、"未知数"等三十多个;解析几何中的"原点"、"切线"、"法线"、"摆线"、"螺线"、"圆锥曲线"、"抛物线"、"双曲线"、"渐近线"等二十多个;微积分中的"微分"、"积分"、"无穷"、"极限"、"曲率"等近二十个。这些名词贴切、准确,一直沿用至今。其中不少数学名词还随《代数学》传入日本,成为日语中的数学术语。在翻译《植物学》时,他特别注意名词术语的翻译,除了个别原产于外国的植物外,极少音译。他参照中国传统植物学知识,第一个把 botany 翻译成"植物学",并开创性地将 family 译成"科",把 cell 译成"细胞"。他的《植物学》译本传入日本后,对日本生物学产生了不小影响,"植物学"一词甚至取代了日语中原有的名词"植学"。在天文学方面,他厘定了大量的名词术语,如"行星"、"光行差"、"外行星"、"变星"、"双星"、"星云"等名词。在力学方面,他创译了"分力"、"质点"等。李善兰在科学术语方面的开创性贡献,将作为汉语文化和中国科学知识的组成部分,永存青史。

# 第七章　微积分的基础——函数与极限

**内容提要：**微积分最基础的概念就是函数和极限，掌握函数与极限的概念，对进一步学好数学和微积分起到十分重要的作用。本章主要介绍函数的概念、数列极限和函数极限的概念。函数与极限也是数学非常重要的思想方法。

## 第一节　函数的概念

### 一、函数概念的发展史

#### 1. 早期函数概念——几何观念下的函数

17 世纪，伽俐略(G. Galileo，意大利人，1564—1642)在《两门新科学》一书中全面阐述了函数或称为变量关系的这一概念，用文字和比例的语言表达函数的关系。1673 年前后，笛卡儿(Descartes，法国人，1596—1650)在他的《解析几何》中，已注意到一个变量对另一个变量的依赖关系，但因当时尚未意识到要提炼函数概念，因此直到 17 世纪后期牛顿、莱布尼兹建立微积分时还没有人明确函数的一般意义，大部分函数是被当做曲线来研究的。

1673 年，莱布尼兹首次使用“function”(函数)表示“幂”，后来他用该词表示曲线上点的横坐标、纵坐标、切线长等曲线上点的有关几何量。与此同时，牛顿在微积分的讨论中，使用“流量”来表示变量间的关系。

#### 2. 18 世纪函数概念——代数观念下的函数

1718 年，约翰·伯努利(Bernoulli Johann，瑞士人，1667—1748)在莱布尼兹函数概念的基础上对函数概念进行了定义：“由任一变量和常数的任一形式所构成的量。”他的意思是：凡变量 $x$ 和常量构成的式子都叫做 $x$ 的函数，并强调函数要用公式来表示。

1755 年，欧拉(L. Euler，瑞士人，1707—1783)把函数定义为“如果某些变量以某一种方式依赖于另一些变量，即当后面这些变量变化时，前面这些变量也随着变化，我们把前面的变量称为后面变量的函数。”

18 世纪中叶，欧拉给出了定义：“一个变量的函数是由这个变量和一些数即常数，以任何方式组成的解析表达式。”他把约翰·伯努利给出的函数定义称为解析函数，并进一步把它区分为代数函数和超越函数，还考虑了“随意函数”。不难看出，欧拉给出的函数定义比约翰·伯努利的定义更普遍，更具有广泛意义。

#### 3. 19 世纪函数概念——对应关系下的函数

1821 年，柯西(Cauchy，法国人，1789—1857)从定义变量起给出了定义：“在某些变数间存在着一定的关系，当一经给定其中某一变数的值，其他变数的值可随着而确定时，则将最初的变数叫自变量，其他各变数叫做函数。”在柯西的定义中，首先出现了“自变量”一词，同时指出对函数来说，不一定要有解析表达式。不过他仍然认为函数关系可以用多个解析式来表示，这是一个很大的局限。

1822 年，傅里叶（Fourier，法国人，1768—1830）发现某些函数可以用曲线表示，也可以用一个式子表示，或用多个式子表示，从而结束了函数概念是否以唯一一个式子表示的争论，把对函数的认识推进到一个新层次。

1837 年，狄利克雷（Dirichlet，德国人，1805—1859）突破了这一局限，认为怎样去建立 $x$ 与 $y$ 之间的关系无关紧要。他拓广了函数概念，指出："对于在某区间上的每一个确定的 $x$ 值，$y$ 都有一个或多个确定的值，那么 $y$ 叫做 $x$ 的函数。"这个定义避免了函数定义中对依赖关系的描述，以清晰的方式被所有数学家接受。这就是人们常说的经典函数定义。

等到康托（Cantor，德国人，1845—1918）创立的集合论在数学中占有重要地位之后，维布伦（Veblen，美国人，1880—1960）用"集合"和"对应"的概念给出了近代函数的定义，通过集合概念把函数的对应关系、定义域及值域进一步具体化了，并且打破了"变量是数"的极限，即变量可以是数，也可以是其他对象。

**4. 现代函数概念——集合论下的函数**

1914 年，豪斯道夫（F. Hausdorff）在《集合论纲要》中用不明确的概念"序偶"来定义函数，避开了意义不明确的"变量"、"对应"的概念。库拉托夫斯基（Kuratowski）于 1921 年用"集合"的概念来定义"序偶"，使豪斯道夫的定义更加严谨。

1930 年，新的现代函数定义为"若对集合 **M** 的任意元素 $x$，总有集合 **N** 确定的元素 $y$ 与之对应，则称在集合 **M** 上定义一个函数，记为 $y=f(x)$。元素 $x$ 称为自变元，元素 $y$ 称为因变元。"

术语函数、映射、对应、变换通常都有同一个意思。但函数只表示数与数之间的对应关系；映射还可以表示点与点之间，图形之间等的对应关系。可以说，函数包含于映射。

**5. 中文"函数"名称的由来**

在中国清代数学家李善兰（1811—1882）翻译的《代数学》一书中，首次用中文把"function"翻译为"函数"，此译名沿用至今。为什么这样翻译，书中解释说："凡此变数中函彼变数者，则此为彼之函数。"这里的"函"是包含的意思。

中国古代"函"字与"含"字通用，都有"包含"的意思。李善兰给出的定义是："凡式中含天，为天之函数。"中国古代用天、地、人、物 4 个字来表示 4 个不同的未知数或变量。这个定义的含义是："凡是公式中含有变量 $x$，则该式子叫做 $x$ 的函数。"所以，"函数"是指公式里含有变量的意思。

## 二、函数的概念

**定义 7.1**　设有一个非空实数集 **D**，如果存在一个对应法则 $f$，使得对于每一个 $x\in \mathbf{D}$，都有唯一的实数 $y$ 与之对应，则称对应法则 $f$ 是定义在 **D** 上的一个函数，记作 $y=f(x)$。其中，$x$ 为自变量，$y$ 为因变量。习惯上称 $y$ 是 $x$ 的函数，**D** 称为定义域。

当自变量 $x$ 取定义域 **D** 内的某一定值 $x_0$ 时，按对应法则 $f$ 所得的对应值 $y_0$，称为函数 $y=f(x)$ 在 $x=x_0$ 时的函数值，记作 $f(x_0)$，即 $y_0=f(x_0)$。当自变量 $x$ 取遍 **D** 中的数，所有对应的函数值 $y$ 构成的集合称为函数的值域，记作 **M**，即

$$\mathbf{M}=\{y \mid y=f(x), x\in \mathbf{D}\}$$

**【例 7.1】** 已知 $f(x)=x^2-x-1$，求 $f(0)$、$f(1)$和 $f(-x)$。

**解：**

$$f(0)=0^2-0-1=-1$$
$$f(1)=1^2-1-1=-1$$
$$f(-x)=(-x)^2-(-x)-1=x^2+x-1$$

**【例 7.2】** 求下列函数的定义域。

(1) $y=\dfrac{4}{x^2-1}$　　　　(2) $y=\sqrt{6+x-x^2}+\ln(x+1)$

**解：**(1)$x^2-1\neq0$，$x\neq\pm1$，所以定义域为 $x\in(-\infty,-1)\cup(-1,1)\cup(1,+\infty)$。

(2) $\begin{cases}6+x-x^2\geqslant0\\x+1>0\end{cases}\Rightarrow\begin{cases}-2\leqslant x\leqslant3\\x>-1\end{cases}$，所以定义域为 $x\in(-1,3]$。

由函数定义可知，定义域与对应法则一旦确定，则函数随之唯一确定。因此，把函数的定义域和对应法则称为函数的两个要素。如果两个函数的定义域、对应法则均相同，可以认为这两个函数是同一函数；反之，如果两要素中有一个不同，则这两个函数就不是同一函数。

例如，$f(x)=\sin^2x+\cos^2x$ 与 $\varphi(x)=1$，因为$\sin^2x+\cos^2x=1$，即这两个函数的对应法则相同，而且定义域均为 **R**，所以它们是相同的函数。

又如 $f(x)=\dfrac{x^2-1}{x-1}$与 $\varphi(x)=x+1$，虽然$\dfrac{x^2-1}{x-1}=x+1$，但由于这两个函数的定义域不同，所以这两个函数不是同一函数。

通常函数可以用三种不同的形式来表示：表格法、图形法和解析法（或称公式法）。三种形式各有其优点和不足，在解决实际问题时往往把三种形式结合起来使用。

## 三、函数的性质

### 1. 单调性

设函数 $y=f(x)$在$(a,b)$内有定义。若对$(a,b)$内的任意两点 $x_1$ 和 $x_2$，当 $x_1<x_2$ 时，有 $f(x_1)<f(x_2)$，则称 $y=f(x)$在$(a,b)$内单调增加；若当 $x_1<x_2$ 时，有 $f(x_1)>f(x_2)$，则称 $f(x)$在$(a,b)$内单调减少，区间$(a,b)$称为单调区间。

### 2. 奇偶性

设函数 $y=f(x)$在 **D** 上有定义，若对于任意的 $x\in$ **D**，都有 $f(-x)=f(x)$，则称 $y=f(x)$为偶函数；若有 $f(-x)=-f(x)$，则称 $y=f(x)$为奇函数。

在直角坐标系中，奇函数与偶函数的定义域必定关于原点对称，且偶函数的图像关于 $y$ 轴对称，奇函数的图像关于原点对称。

### 3. 有界性

若存在一个正数 $M$，使得对任意的 $x\in(a,b)$，恒有$|f(x)|\leqslant M$，则称函数 $y=f(x)$在$(a,b)$内有界。

如 $y=\sin x$ 与 $y=\cos x$ 都在$(-\infty,+\infty)$内有界。

**4. 周期性**

设函数 $y=f(x)$ 在 $\mathbf{D}$ 上有定义，若存在一个正实数 $T$，对于任意的 $x\in\mathbf{D}$，恒有 $f(x+T)=f(x)$，则称 $f(x)$ 是以 $T$ 为周期的周期函数。

通常所说的周期函数的周期，是指它们的最小正周期。如 $y=\sin x$ 的周期是 $2\pi$，$y=\tan x$ 的周期是 $\pi$，$y=A\sin(\omega x+\varphi)$ 的周期是 $\frac{2\pi}{\omega}$。函数 $y=c$（$c$ 为常数）是周期函数，但不存在最小正周期，此类函数称为平凡周期函数。

## 四、反函数

**定义 7.2**　设函数 $y=f(x)$，其定义域为 $\mathbf{D}$，值域为 $\mathbf{M}$。如果对于每一个 $y\in\mathbf{M}$，有唯一的 $x\in\mathbf{D}$ 与之对应，并使 $y=f(x)$ 成立，则得到一个以 $y$ 为自变量，$x$ 为因变量的函数，称此函数为 $y=f(x)$ 的反函数，记作

$$x=f^{-1}(y)$$

显然，$x=f^{-1}(y)$ 的定义域为 $\mathbf{M}$，值域为 $\mathbf{D}$。由于习惯上自变量用 $x$ 表示，因变量用 $y$ 表示，所以 $y=f(x)$ 的反函数可表示为

$$y=f^{-1}(x)$$

例如，$y=\sqrt{x}$ 的反函数是 $y=x^2(x>0)$，其定义域就是 $y=\sqrt{x}$ 的值域 $[0,+\infty)$，值域是 $y=\sqrt{x}$ 的定义域 $[0,+\infty)$，如图 7-1(a) 所示。

在同一直角坐标系中，函数 $y=f(x)$ 和其反函数 $y=f^{-1}(x)$ 的图像关于直线 $y=x$ 对称，如图 7-1(b) 所示。

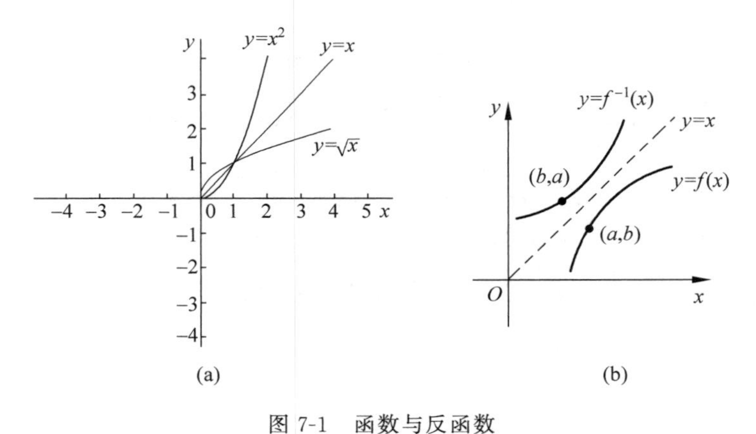


图 7-1　函数与反函数

## 五、初等函数

**1. 基本初等函数**

下列六种函数统称为基本初等函数：

(1) 常数函数 $y=c$（$c$ 为常数），其图形为一条平行或重合于 $x$ 轴的直线。

(2) 幂函数 $y=x^{\alpha}$（$\alpha$ 为实数），其在第一象限内的图形如图 7-2 所示。

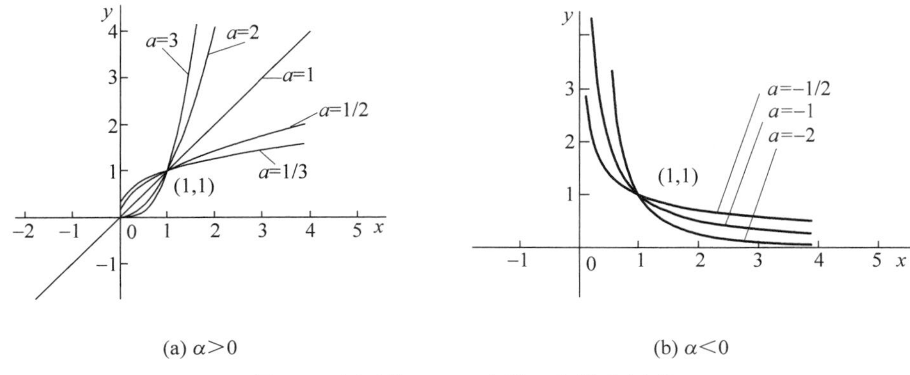


图 7-2 幂函数 $y=x^{\alpha}$ 在第一象限的图形

（3）指数函数 $y=a^{x}(a>0,a\neq1)$，定义域为 $\mathbf{R}$，值域为 $(0,+\infty)$，图形如图 7-3(a)所示。

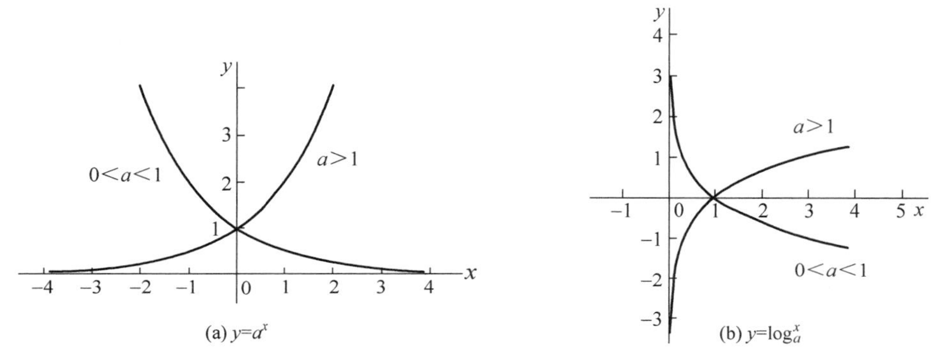


图 7-3 指数函数与对数函数的图形

（4）对数函数 $y=\log_{a}x(a>0,a\neq1)$，定义域为 $(0,+\infty)$，值域为 $\mathbf{R}$，图形如图 7-3(b)所示。

（5）三角函数 $y=\sin x$，$y=\cos x$，$y=\tan x$，$y=\cot x$，$y=\sec x$，$y=\csc x$。其中，正弦函数 $y=\sin x$ 和余弦函数 $y=\cos x$ 的定义域都为 $\mathbf{R}$，值域都为 $[-1,1]$；正切函数 $y=\tan x$ 的定义域为 $\{x\mid x\in\mathbf{R}$，且 $x\neq k\pi+\frac{\pi}{2},k\in\mathbf{Z}\}$，值域为 $\mathbf{R}$。这三个函数的图形如图 7-4 所示。

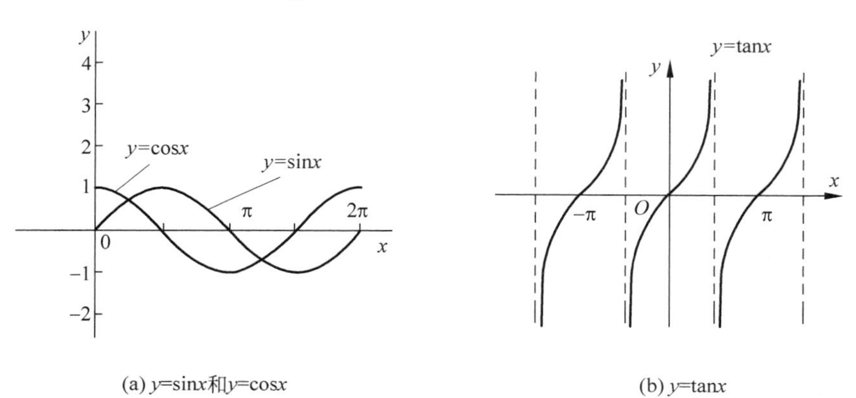


图 7-4 正弦函数、余弦函数和正切函数的图形

(6) 反三角函数 $y=\arcsin x$，$y=\arccos x$，$y=\arctan x$，$y=\text{arccot}\,x$。其中，反正弦函数 $y=\arcsin x$ 与反余弦函数 $y=\arccos x$ 的定义域都为 $[-1,1]$，值域分别为 $\left[-\frac{\pi}{2},\frac{\pi}{2}\right]$ 和 $[0,\pi]$；反正切函数 $y=\arctan x$ 的定义域为 **R**，值域为 $\left(-\frac{\pi}{2},\frac{\pi}{2}\right)$。这三个函数的图形如图 7-5 所示。

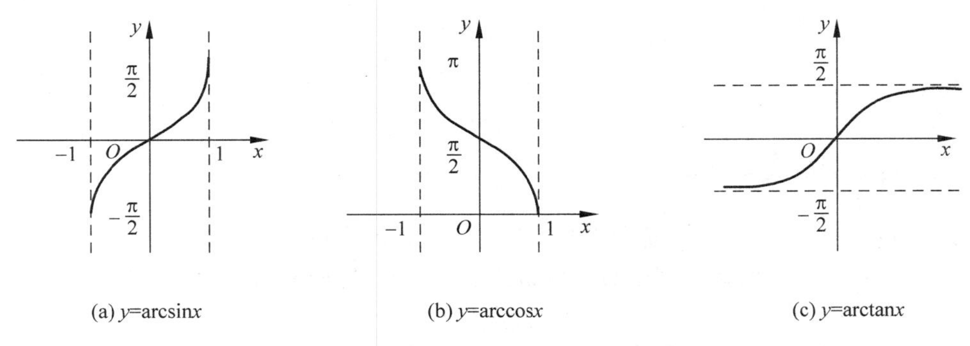


图 7-5　反正弦函数、反余弦函数和反正切函数图形

**2. 复合函数**

**定义 7.3**　设函数 $y=f(u)$ 的定义域为 $\mathbf{D}_f$，函数 $u=\varphi(x)$ 的值域为 $\mathbf{M}_\varphi$，若 $\mathbf{M}_\varphi\cap\mathbf{D}_f\neq\varnothing$，则将 $y=f[\varphi(x)]$ 称为 $y=f(u)$ 与 $u=\varphi(x)$ 复合而成的复合函数，$u$ 称为中间变量，$x$ 为自变量。

如函数 $y=\ln u$，$u=x^2+1$，因为 $u=x^2+1$ 的值域 $[1,+\infty)$ 包含在 $y=\ln u$ 的定义域 $(0,+\infty)$ 内，所以 $y=\ln(x^2+1)$ 是 $y=\ln u$ 与 $u=x^2+1$ 复合而成的复合函数。

注意：①并不是任何两个函数都可以复合，如 $y=\arcsin u$ 与 $u=2+x^2$ 就不能复合。因为 $u=2+x^2$ 的值域为 $[2,+\infty)$，而 $y=\arcsin u$ 的定义域为 $[-1,1]$，所以对于任意的 $x$ 所对应的 $u$，都使 $y=\arcsin u$ 无意义。

② 复合函数还可推广到由三个及以上函数的有限次复合。

**【例 7.3】**　指出下列函数的复合过程。

(1) $y=\sqrt[3]{2x+1}$　　　　(2) $y=\ln\tan\frac{x}{2}$

**解**：(1) $y=\sqrt[3]{2x+1}$ 是由 $y=\sqrt[3]{u}$ 与 $u=2x+1$ 复合而成的。

(2) $y=\ln\tan\frac{x}{2}$ 是由 $y=\ln u$，$u=\tan\nu$，$\nu=\frac{x}{2}$ 复合而成的。

**【例 7.4】**　已知 $f(x)$ 的定义域为 $[-1,1]$，求 $f(\ln x)$ 的定义域。

**解**：由 $-1\leqslant\ln x\leqslant1$，得 $\frac{1}{e}\leqslant x\leqslant e$，所以 $f(\ln x)$ 的定义域为 $\left[\frac{1}{e},e\right]$。

**3. 初等函数**

**定义 7.4**　由基本初等函数经过有限次四则运算和有限次的复合，且可用一个解析式表示的函数，称为初等函数。

有些函数，在其定义域内，当自变量在不同范围内取值时，要用不同的解析式表示，这类函数称为分段函数。分段函数中有些是初等函数，有些是非初等函数。

**【例 7.5】** 已知 $f(x)=\begin{cases}2^x, & x\leqslant 0\\ 1-x, & 0<x\leqslant 1\\ 1, & x>1\end{cases}$，求 $f(-2)$、$f(0)$、$f\left(\dfrac{1}{2}\right)$和 $f(2)$，并作出函数图形。

**解**：$f(-2)=2^x|_{x=-2}=\dfrac{1}{4}$；$f(0)=2^x|_{x=0}=1$；$f\left(\dfrac{1}{2}\right)=(1-x)|_{x=\frac{1}{2}}=\dfrac{1}{2}$；$f(2)=1|_{x=2}=1$

图形如图 7-6 所示。

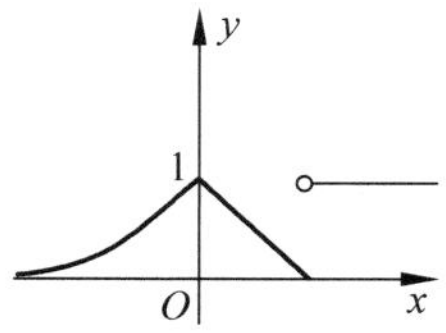

图 7-6 例 7.5 图

## 六、建立函数关系举例

运用函数解决实际问题，通常先要找到这个实际问题中变量与变量之间的依赖关系，然后把变量间的这种依赖关系用数学解析式表达出来（即建立函数关系），最后进行分析、计算。

**【例 7.6】** 如图 7-7 所示，从边长为 $a$ 的正三角形铁皮上剪一个矩形。设矩形的一条边长为 $x$，周长为 $P$，面积为 $A$。试分别将 $P$ 和 $A$ 表示为 $x$ 的函数。

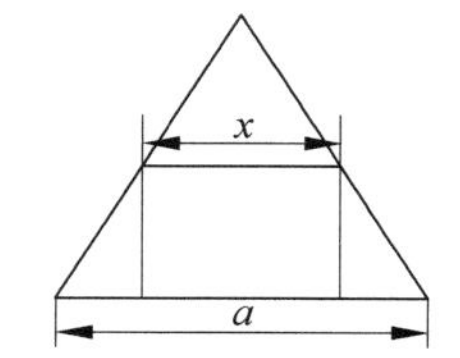

图 7-7 例 7.6 图

**解**：设矩形的另一条边长为$\dfrac{a-x}{2}\cdot\tan 60°=\dfrac{\sqrt{3}(a-x)}{2}$，则

该矩形周长 $P=\sqrt{3}(a-x)+2x=(2-\sqrt{3})x+\sqrt{3}a, x\in(0,a)$

矩形面积 $A=\dfrac{\sqrt{3}(a-x)}{2}\cdot x=\dfrac{\sqrt{3}}{2}ax-\dfrac{\sqrt{3}}{2}x^2, x\in(0,a)$

**【例 7.7】** 电力部门规定，居民每月用电不超过 30kW·h 时，每 kW·h 电按 0.5 元收费；当用电超过 30kW·h 但不超过 60kW·h 时，超过的部分每 kW·h 按 0.6 元收费；当用电超过 60kW·h 时，超过部分按每 kW·h 0.8 元收费。试建立居民月用电费 $G$ 与月用电量 $W$ 之间的函数关系。

**解**：当 $0\leqslant W\leqslant 30$ 时，$G=0.5W$

当 $30<W\leqslant 60$ 时，$G=0.5\times 30+0.6\times(W-30)=0.6W-3$

当 $W>60$ 时，$G=0.5\times 30+0.6\times 30+0.8\times(W-60)=0.8W-15$

所以

$$G=f(W)=\begin{cases}0.5W, & 0\leqslant W\leqslant 30\\ 0.6W-3, & 30<W\leqslant 60\\ 0.8W-15, & W>60\end{cases}$$

## 练习 7.1

1. 求下列函数的定义域。

(1) $y=\dfrac{1}{2x-x^2}$ (2) $y=\sqrt{x^2-3x+2}$

(3) $y=\ln(1-x^2)$ (4) $y=\arcsin 2x$

2. 已知 $f(x)=\begin{cases}x^2+2, & x>0\\ 1, & x=0\\ 3x, & x<0\end{cases}$，求 $f(-1)$、$f(0)$和 $f(1)$的值，并作出函数的图形。

3. 求下列函数的反函数。

(1) $y=3x+1$　(2) $y=1-\ln x$　(3) $y=\dfrac{x-1}{x+1}$

4. 判断下列函数的奇偶性。

(1) $y=x^2\sin x$　(2) $y=\sin x+\cos x$

(3) $y=x^2+2\cos x$　(4) $y=\dfrac{e^{-x}-1}{e^x+1}$

5. 分析下列复合函数的结构，并指出它们的复合过程。

(1) $y=\sqrt{x^2+1}$　(2) $y=e^{\sin x}$

(3) $y=\cos^2(x-1)$　(4) $y=\lg\sin(x+1)$

6. 把一个直径为50cm的圆木截成横截面为长方形的方木。若此长方形截面的一条边长 $x$，截面面积为 $A$，试将 $A$ 表示成 $x$ 的函数，并指出其定义域。

# 第二节　极限的概念

## 一、数列的概念

公元前四世纪，我国春秋战国时期的哲学家庄子(约公元前369—前286)的哲学名著《庄子·天下篇》一书中有一段富有哲理的名句："一尺之棰，日取其半，万世不竭"。它的意思是说：一根一尺的木棍，如果每天截取它的一半，永远也取不完，如图7-8所示。

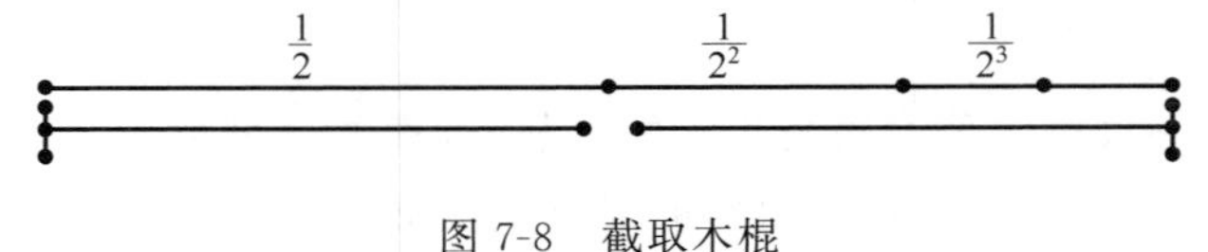


图7-8　截取木棍

我们把逐日取下的棰的长度顺次列出来，便得到一列数，即

$$\frac{1}{2},\frac{1}{2^2},\frac{1}{2^3},\frac{1}{2^4},\cdots,\frac{1}{2^n},\cdots\quad(n\in\mathbf{N})$$

这一列数有无穷多个，因而"一尺之棰"在有限的时间内永远是截不完的。类似于这样一系列长度表示的数就是数列。即以正整数为自变量的函数 $y=f(n)$，当 $n$ 依次取1,2,3,…时得到的一列函数值

$$a_1=f(1),a_2=f(2),a_3=f(3),\cdots,a_n=f(n),\cdots$$

称为无穷数列，简称数列，数列中的各个数称为数列的项，$a_n=f(n)$称为数列的通项。数列常简记为$\{a_n\}$。例如，

① $\dfrac{1}{2},\dfrac{1}{2^2},\dfrac{1}{2^3},\dfrac{1}{2^4},\cdots,\dfrac{1}{2^n},\cdots$，简记为$\left\{\dfrac{1}{2^n}\right\}$。

② $0,\dfrac{3}{2},\dfrac{2}{3},\dfrac{5}{4},\dfrac{4}{5},\cdots,1+\dfrac{(-1)^n}{n},\cdots$，简记为$\left\{1+\dfrac{(-1)^n}{n}\right\}$。

③ $-1,1,-1,1,\cdots,(-1)^n,\cdots$，简记为$\{(-1)^n\}$。

④ $2,4,6,8,\cdots,2n,\cdots$，简记为$\{2n\}$。

⑤ 有时个别数用简记的方法反而不好写出来，列出来会更好，例如$1,1,1,1,\cdots,1,\cdots$

在理论研究或实践探索中，常常要判断对于数列$\{a_n\}$，当$n$趋于无穷大时，通项$a_n$的变化趋势。

## 二、数列的极限

我们看两个数列$\left\{\frac{1}{2^n}\right\}$和$\left\{1+\frac{(-1)^n}{n}\right\}$。

先看数列$\left\{\frac{1}{2^n}\right\}$，这是一个无穷递缩的等比数列，当$n$越来越大时，通项$a_n=\frac{1}{2^n}$越来越接近常数0，并且想让它有多接近，就会有多接近，则称该数列以0为极限。

再看数列$\left\{1+\frac{(-1)^n}{n}\right\}$，当$n$无限增大时，通项$a_n=1+\frac{(-1)^n}{n}$无限接近常数1，则称该数列以1为极限。

上述两个数列具有相同的变化特征，即当$n$无限增大时，它们都无限接近于一个确定的常数。对于具有这样特征的数列，我们给出如下定义。

**定义7.5** 如果当$n$无限增大时，数列$\{a_n\}$的通项$a_n$无限接近于一个确定的常数$A$，则把常数$A$称为数列$\{a_n\}$的极限，记作

$$\lim_{n\to\infty}a_n=A \text{ 或当 } n\to\infty \text{ 时}, \quad a_n\to A$$

其中，$n\to\infty$表示$n$无限增大，lim是极限limit的缩写。此时也称该数列$\{a_n\}$收敛于$A$。

因此，上述第一个数列有极限为0，记作$\lim\limits_{n\to\infty}\frac{1}{2^n}=0$；第二个数列有极限为1，记作$\lim\limits_{n\to\infty}1+\frac{(-1)^n}{n}=1$。

数列$1,1,1,1,\cdots,1,\cdots$各项均为相同的常数，这样的数列称为常数列。显然，数列以1为极限，记作$\lim\limits_{n\to\infty}1=1$。可见，常数列的极限仍是该常数。

如果当$n\to\infty$时，$\{a_n\}$不以任何常数为极限，则称数列$\{a_n\}$发散。例如，数列$\{(-1)^n\}$在$n\to\infty$的过程中，通项$a_n=(-1)^n$反复取$-1$和1两个数值，显然该数列是发散的。又如数列$\{2n\}$，当$n$无限增大时，通项$a_n=2n$也无限增大，不以任何常数为极限，因而是发散的。不过为了叙述方便，对于这种特殊情形，我们称它的极限为$+\infty$，记作

$$\lim_{n\to\infty}2n=+\infty$$

类似地，数列$\{-2^n\}$无限变化的趋势记作$\lim\limits_{n\to\infty}(-2^n)=-\infty$。

数列的收敛或发散的性质统称为数列的敛散性。

**【例7.8】** 观察下列数列的变化趋势，并写出它们的极限。

(1) $a_n=\frac{1}{2^{n-1}}$　　(2) $a_n=\frac{n+1}{n}$

(3) $a_n=\frac{1}{(-3)^n}$　　(4) $a_n=4$

**解**：(1)$a_n=\frac{1}{2^{n-1}}$的项依次为$1,\frac{1}{2},\frac{1}{4},\frac{1}{8},\cdots$，当$n$无限增大时，$a_n$无限接近于0，所以$\lim\limits_{n\to\infty}\frac{1}{2^{n-1}}=0$。

(2) $a_n=\frac{n+1}{n}$的项依次为$2,\frac{3}{2},\frac{4}{3},\frac{5}{4},\cdots$，当$n$无限增大时，$a_n$无限接近于1，所以$\lim\limits_{n\to\infty}\frac{n+1}{n}=1$。

(3) $a_n=\frac{1}{(-3)^n}$的项依次为$-\frac{1}{3},\frac{1}{9},-\frac{1}{27},\frac{1}{81},\cdots$，当$n$无限增大时，$a_n$无限接近于0，所以$\lim\limits_{n\to\infty}\frac{1}{(-3)^n}=0$。

(4) $a_n=4$为常数数列，无论$n$取怎样的正整数，$a_n$始终为4，所以$\lim\limits_{n\to\infty}4=4$。

## 二、函数的极限

对于函数$y=f(x)$的极限，根据自变量的不同变化过程，分为两种情况。

### 1. 自变量的绝对值无限增大时的情况

上述数列极限中，每一项都是以$n$为自变量的函数，$n$是自然数。当$n$无限增大时，它是一个一个地无限增大。当自变量连续时，就是一般函数的极限问题了。

自变量$x$的绝对值无限增大，记作$|x|\to+\infty$。自变量的绝对值无限变大的情况有多种，规定不同的符号表示不同的情形：

① $x\to+\infty$，表示$x>0$时，$|x|$无限变大，即$x$沿$x$轴的正方向并向右无限变远。

② $x\to-\infty$，表示$x<0$时，$|x|$无限变大，即$x$沿$x$轴的负方向并向左无限变远。

③ 当$x\to\infty$时，既表示$x\to+\infty$，也表示$x\to-\infty$，等价于$|x|\to+\infty$。

④ 当自变量$x$的绝对值无限增大时，函数$y=f(x)$可能存在极限，也可能不存在极限。

**定义 7.6**　设函数$y=f(x)$当自变量$x$的绝对值无限增大时，函数$y=f(x)$无限趋近于一个确定的常数$A$，则称常数$A$为当$x\to\infty$时，函数$y=f(x)$的极限，记作

$$\lim_{x\to\infty}f(x)=A(\text{或当 } x\to\infty \text{ 时}, f(x)\to A)。$$

显然，函数$f(x)$在$x\to\infty$时的极限与在$x\to+\infty$，$x\to-\infty$时的极限存在以下关系。

**定理 7.1**　$\lim\limits_{x\to\infty}f(x)=A$的充要条件是$\lim\limits_{x\to+\infty}f(x)=\lim\limits_{x\to-\infty}f(x)=A$。

**【例 7.9】**　讨论下列函数当$x\to\infty$时的极限。

(1) $y=\frac{1}{x}$　　　　(2) $y=2^x$

**解**：(1)由反比例函数的图形及性质可知，当$|x|$无限增大时，即$x\to\infty$，亦即$x\to+\infty$或$x\to-\infty$时，$\frac{1}{x}$无限接近于0，所以$\lim\limits_{x\to\infty}\frac{1}{x}=0$。

(2) 由指数函数的图形及性质可知，$\lim\limits_{x\to+\infty}2^x=+\infty$，$\lim\limits_{x\to-\infty}2^x=0$，所以$\lim\limits_{x\to\infty}2^x$不存在。

### 2. 自变量$x$无限趋近有限数$x_0$的情况

当自变量$x$无限接近于某一定值$x_0$时，记作$x\to x_0$。$x\to x_0$表示自变量$x$从$x_0$的

左、右两旁同时无限趋近于 $x_0$。

**定义 7.7**　设函数 $y=f(x)$在 $x_0$ 的周围有定义。如果当 $x$ 无限趋近于 $x_0$ 时，$f(x)$无限接近于一个确定的常数 $A$，则称常数 $A$ 为当 $x\to x_0$ 时函数 $f(x)$的极限，记作

$$\lim_{x\to x_0}f(x)=A \text{ 或当 } x\to x_0,\quad f(x)\to A$$

如函数 $y=2^x$，从图 7-9 可以看出，当 $x$ 从 1 的左、右两旁无限趋近于 1 时，曲线 $y=2^x$ 上的点 $M$ 与 $M'$都无限接近于点 $N(1,2)$，即函数 $y=2^x$ 的值无限接近于常数 2，所以 $\lim\limits_{x\to 1}2^x=2$。

① 由于现在考察的是当 $x\to x_0$ 时函数 $f(x)$的变化趋势，所以定义只要求在 $x_0$ 周围有定义，并不要求 $f(x)$在点 $x_0$ 处有定义。

② $x\to x_0$ 表示自变量 $x$ 从 $x_0$ 的左、右两旁同时无限趋近于 $x_0$。

**【例 7.10】**　考察当 $x\to -1$ 时，函数 $y=\dfrac{x^2-1}{x+1}$的变化趋势，并求 $x\to -1$ 时的极限。

**解**：从函数 $y=\dfrac{x^2-1}{x+1}=x-1(x\neq -1)$的图形(见图 7-10)可知，当 $x$ 从左、右两旁同时无限趋近于$-1$ 时，函数 $y=\dfrac{x^2-1}{x+1}=x-1(x\neq -1)$的值无限趋近于常数$-2$，所以

$$\lim_{x\to -1}\frac{x^2-1}{x+1}=\lim_{x\to -1}(x-1)=-2$$

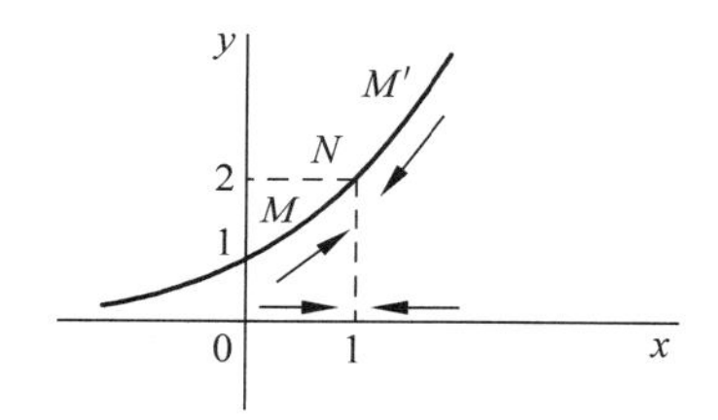

图 7-9　函数 $y=2^x$ 图形

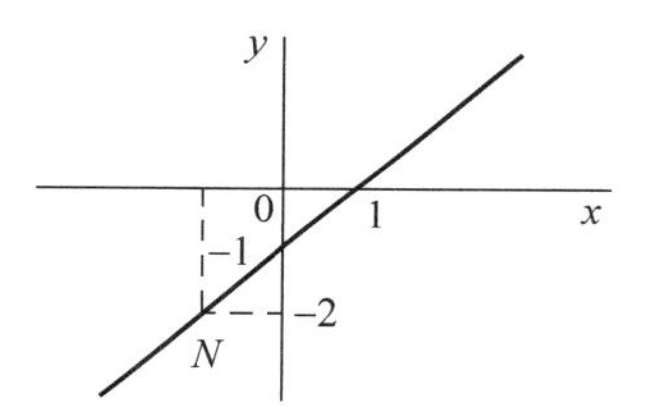

图 7-10　函数 $y=\dfrac{x^2-1}{x+1}$图形

**定义 7.8**　设函数 $y=f(x)$在 $x_0$ 周围有定义。若当自变量 $x$ 从 $x_0$ 的左近旁无限接近于 $x_0$，记作 $x\to x_0^-$ 时，函数 $y=f(x)$无限接近于一个确定的常数 $A$，则称常数 $A$ 为 $x\to x_0$ 时的左极限，记作

$$\lim_{x\to x_0^-}f(x)=A \text{ 或 } f(x_0-0)=A$$

若当自变量 $x$ 从 $x_0$ 的右近旁无限接近于 $x_0$，记作 $x\to x_0^+$ 时，函数 $y=f(x)$无限接近于一个确定的常数 $A$，则称常数 $A$ 为 $x\to x_0$ 时的右极限，记作

$$\lim_{x\to x_0^+}f(x)=A \text{ 或 } f(x_0+0)=A$$

极限与左、右极限之间有以下结论。

**定理 7.2**　$\lim\limits_{x\to x_0}f(x)=A$ 的充要条件是 $\lim\limits_{x\to x_0^-}f(x)=\lim\limits_{x\to x_0^+}f(x)=A$。

**【例 7.11】**　讨论下列函数当 $x\to 0$ 时的极限。

(1) $f(x)=\operatorname{sgn}(x)=\begin{cases}1, & x>0\\ 0, & x=0\\ -1, & x<0\end{cases}$　　(2) $f(x)=\begin{cases}x+1, & x\geqslant 0\\ 1-x, & x<0\end{cases}$

**解**　(1) 因为 $\lim\limits_{x\to0^+}\operatorname{sgn}(x)=\lim\limits_{x\to0^+}1=1$，$\lim\limits_{x\to0^-}\operatorname{sgn}(x)=\lim\limits_{x\to0^-}(-1)=-1$，所以根据定理 7.2，$\lim\limits_{x\to0}\operatorname{sgn}(x)$不存在。$\operatorname{sgn}(x)$称为符号函数，如图 7-11(a)所示。

(2) 因为 $\lim\limits_{x\to0^+}f(x)=\lim\limits_{x\to0^+}(x+1)=1$，$\lim\limits_{x\to0^-}f(x)=\lim\limits_{x\to0^-}(1-x)=1$，所以根据定理 7.2，$\lim\limits_{x\to0}f(x)=1$，如图 7-11(b)所示。

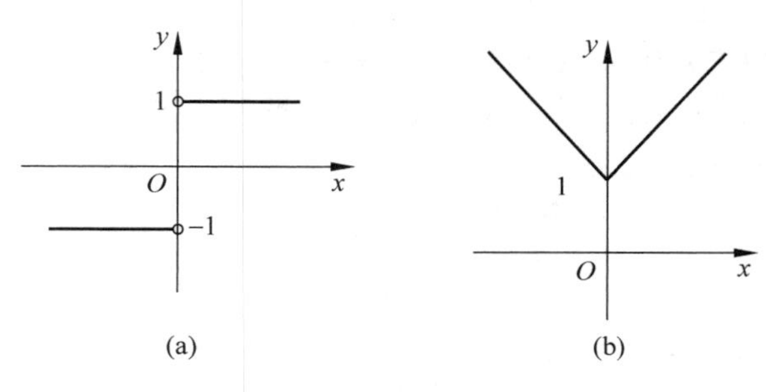


图 7-11　例 7.11 图

## 练习 7.2

1. 观察下列数列的变化趋势，并判断极限是否存在。若存在，指出其极限值。

(1) $x_n=1+n$　　(2) $x_n=2+\dfrac{1}{n}$

(3) $x_n=\dfrac{1}{n^2}$　　(4) $x_n=1+(-1)^n$

2. 考察下列函数当 $x\to2$ 时的变化趋势，并求出其当 $x\to2$ 时的极限。

(1) $y=2x+1$　　(2) $y=\dfrac{x^2-4}{x-2}$

3. 讨论下列函数当 $x\to0$ 时的极限。

(1) $f(x)=\begin{cases}1-x, & x<0\\ 0, & x=0\\ e^x, & x>0\end{cases}$　　(2) $f(x)=\dfrac{|x|}{x}$

# 第三节　极限的运算

## 一、极限的四则运算

**定理 7.3**　设 $\lim\limits_{x\to x_0}f(x)=A$，$\lim\limits_{x\to x_0}g(x)=B$，则

(1) $\lim\limits_{x\to x_0}[f(x)\pm g(x)]=\lim\limits_{x\to x_0}f(x)\pm\lim\limits_{x\to x_0}g(x)=A\pm B$

(2) $\lim\limits_{x\to x_0}C\cdot f(x)=C\cdot\lim\limits_{x\to x_0}f(x)=CA$，($C$ 为常数)

(3) $\lim\limits_{x\to x_0}[f(x)\cdot g(x)]=\lim\limits_{x\to x_0}f(x)\cdot\lim\limits_{x\to x_0}g(x)=A\cdot B$

(4) $\lim\limits_{x\to x_0}\dfrac{f(x)}{g(x)}=\dfrac{\lim\limits_{x\to x_0}f(x)}{\lim\limits_{x\to x_0}g(x)}=\dfrac{A}{B}(B\neq 0)$

说明：

① 上述运算法则对于 $x\to\infty$ 时的情形也是成立的；而且法则(1)与(3)可以推广到有限个具有极限的函数的情形。

② 由于数列可以看做定义在正整数集上并依次取值的函数，所以数列极限可以看做是一种特殊的函数极限。因此，对于数列极限也有类似的四则运算法则。

**【例 7.12】** 求 $\lim\limits_{x\to 1}(x^2+2x+3)$。

**解**：
$$\begin{aligned}\lim_{x\to 1}(x^2+2x-3)&=\lim_{x\to 1}x^2+\lim_{x\to 1}2x-\lim_{x\to 1}3\\&=\lim_{x\to 1}x^2+2\lim_{x\to 1}x-\lim_{x\to 1}3\\&=1+2\times 1-3=0\end{aligned}$$

**【例 7.13】** 求 $\lim\limits_{x\to 2}\dfrac{2x^2-3x+2}{x-1}$。

**解**：
$$\begin{aligned}\lim_{x\to 2}\frac{2x^2-3x+2}{x-1}&=\frac{\lim\limits_{x\to 2}(2x^2-3x+2)}{\lim\limits_{x\to 2}(x-1)}\\&=\frac{2\lim\limits_{x\to 2}x^2-3\lim\limits_{x\to 2}x+\lim\limits_{x\to 2}2}{\lim\limits_{x\to 2}x-\lim\limits_{x\to 2}1}\\&=\frac{2\times 4-3\times 2+2}{2-1}\\&=4\end{aligned}$$

**【例 7.14】** 求 $\lim\limits_{x\to 2}\dfrac{x^2-4}{x-2}$。

**解**：因为当 $x\to 2$ 时，分母的极限为 0，所以不能直接应用法则(4)。但因在 $x\to 2$ 的过程中，$x-2\neq 0$，所以

$$\lim_{x\to 2}\frac{x^2-4}{x-2}=\lim_{x\to 2}\frac{(x+2)(x-2)}{x-2}=\lim_{x\to 2}(x+2)=4$$

**【例 7.15】** 求 $\lim\limits_{x\to 1}\left(\dfrac{1}{1-x}-\dfrac{3}{1-x^3}\right)$。

**解**：因为当 $x\to 1$ 时，$\dfrac{1}{1-x}$ 与 $\dfrac{3}{1-x^3}$ 的极限都不存在，所以不能直接应用法则(1)计算，应先通分，进行适当的变形，然后用相应的法则来计算。

$$\begin{aligned}\lim_{x\to 1}\left(\frac{1}{1-x}-\frac{3}{1-x^3}\right)&=\lim_{x\to 1}\frac{1+x+x^2-3}{1-x^3}=\lim_{x\to 1}\frac{x^2+x-2}{1-x^3}\\&=\lim_{x\to 1}\frac{-(x+2)}{1+x+x^2}=-\frac{\lim\limits_{x\to 1}(x+2)}{\lim\limits_{x\to 1}(1+x+x^2)}\\&=1\end{aligned}$$

**【例 7.16】** 求下列函数的极限。

(1) $\lim\limits_{x\to\infty}\dfrac{3x^2-4x-5}{4x^2+x+2}$

(2) $\lim\limits_{x\to\infty}\dfrac{2x^2+x-3}{3x^3-2x^2-1}$

**解**：(1)因为 $x\to\infty$时，分子、分母的极限都不存在，所以不能直接应用法则(4)。可先用 $x^2$ 同除分子、分母，然后再求极限。

$$\lim_{x\to\infty}\frac{3x^2-4x-5}{4x^2+x+2}=\lim_{x\to\infty}\frac{3-\frac{4}{x}-\frac{5}{x^2}}{4+\frac{1}{x}+\frac{2}{x^2}}=\frac{\lim\limits_{x\to\infty}\left(3-\frac{4}{x}-\frac{5}{x^2}\right)}{\lim\limits_{x\to\infty}\left(4+\frac{1}{x}+\frac{2}{x^2}\right)}=\frac{3-0-0}{4+0+0}=\frac{3}{4}$$

(2) 不能直接应用法则(4)。先用 $x^3$ 同除分子、分母，则有

$$\lim_{x\to\infty}\frac{2x^2+x-3}{3x^3-2x^2-1}=\lim_{x\to\infty}\frac{\frac{2}{x}+\frac{1}{x^2}-\frac{3}{x^3}}{3-\frac{2}{x}-\frac{1}{x^3}}=\frac{\lim\limits_{x\to\infty}\left(\frac{2}{x}+\frac{1}{x^2}-\frac{3}{x^3}\right)}{\lim\limits_{x\to\infty}\left(3-\frac{2}{x}-\frac{1}{x^3}\right)}=\frac{0+0-0}{3-0-0}=0$$

## 二、无穷小与无穷大

### 1. 无穷小

**定义 7.9**　在自变量 $x$ 的某一变化过程中，若函数 $f(x)$的极限为 0，称此函数为在自变量 $x$ 的这一变化中的无穷小量，简称为无穷小。

如函数 $f(x)=(x-1)^2$，因为$\lim\limits_{x\to1}(x-1)^2=0$，所以函数 $f(x)=(x-1)^2$ 是当 $x\to1$ 时的无穷小。

又如函数 $f(x)=\frac{1}{x}$，因为$\lim\limits_{x\to\infty}\frac{1}{x}=0$，所以函数 $f(x)=\frac{1}{x}$是当 $x\to\infty$时的无穷小。

值得注意的是：

① 说一个函数是无穷小，必须指明自变量的变化趋势。如 $f(x)=(x-1)^2$ 是当 $x\to1$ 的无穷小，而当 $x$ 趋向其他数值时，$f(x)=(x-1)^2$ 就不是无穷小。

② 常数中只有“0”可以看成无穷小，其他无论绝对值多么小的常数都不是无穷小。

无穷小具有如下性质：

① 有界函数与无穷小的乘积为无穷小。

② 有限个无穷小的代数和为无穷小。

③ 有限个无穷小的乘积为无穷小。

**【例 7.17】**　求$\lim\limits_{x\to\infty}\frac{\sin x}{x}$。

**解**：因$\lim\limits_{x\to\infty}\frac{1}{x}=0$，$|\sin x|\leqslant1$，即$\frac{1}{x}$是当 $x\to\infty$时的无穷小，$\sin x$ 是有界函数。所以，根据无穷小的性质可知，$\frac{1}{x}\sin x$ 仍为当 $x\to\infty$时的无穷小，即

$$\lim_{x\to\infty}\frac{\sin x}{x}=0$$

### 2. 无穷大

**定义 7.10**　在自变量 $x$ 的某一变化过程中，函数 $f(x)$的绝对值无限增大，而且可以任意地大，则函数 $f(x)$称为在自变量 $x$ 的这一变化过程中的无穷大量，简称为无穷大，记为

$$\lim_{\substack{x \to x_0 \\ (x \to \infty)}} f(x) = \infty$$

这里采用极限记号只是为了方便起见，并不表明极限存在。

例如当 $x \to 0$ 时，$\left|\dfrac{1}{x}\right|$ 无限增大，所以 $\dfrac{1}{x}$ 是当 $x \to 0$ 时的无穷大，记作 $\lim\limits_{x \to 0}\dfrac{1}{x} = \infty$；当 $x \to \infty$ 时，$x^2$ 总取正值而无限增大，所以 $x^2$ 是当 $x \to \infty$ 时的无穷大，记作 $\lim\limits_{x \to \infty} x^2 = +\infty$；当 $x \to 0^+$ 时，$\ln x$ 取负值而绝对值无限增大，所以 $\ln x$ 是当 $x \to 0^+$ 时的无穷大，记作 $\lim\limits_{x \to 0^+} \ln x = -\infty$。

无穷小与无穷大的关系为：在自变量的同一变化过程中，若 $f(x)$ 为无穷大，则 $\dfrac{1}{f(x)}$ 为无穷小；反之，若 $f(x)$ 为不恒等于零的无穷小，则 $\dfrac{1}{f(x)}$ 为无穷大。

**【例 7.18】** 求 $\lim\limits_{x \to \infty}\dfrac{x^2-3x-2}{2x+1}$。

**解**：因为 $\lim\limits_{x \to \infty}\dfrac{2x+1}{x^2-3x-2} = \lim\limits_{x \to \infty}\dfrac{\dfrac{2}{x}+\dfrac{1}{x^2}}{1-\dfrac{3}{x}-\dfrac{2}{x^2}} = \dfrac{\lim\limits_{x \to \infty}\left(\dfrac{2}{x}+\dfrac{1}{x^2}\right)}{\lim\limits_{x \to \infty}\left(1-\dfrac{3}{x}-\dfrac{2}{x^2}\right)} = \dfrac{0+0}{1-0-0} = 0$，所以

$$\lim_{x \to \infty}\frac{x^2-3x-2}{2x+1} = \infty$$

## 练习 7.3

1. 求下列函数的极限。

(1) $\lim\limits_{x \to -1}(4x^3+3x^2-2x+1)$

(2) $\lim\limits_{x \to 2}\dfrac{x^2-4}{x^2+x-6}$

(3) $\lim\limits_{x \to 1}\left(\dfrac{1}{x-1}-\dfrac{3-x^2}{x^2-1}\right)$

(4) $\lim\limits_{x \to \infty}\dfrac{3x^2-x+5}{5x^2+2x-3}$

(5) $\lim\limits_{x \to -\infty} e^x \sin x$

(6) $\lim\limits_{x \to +\infty}(\sqrt{x^2+1}-x)$

2. 求无穷递缩等比数列 $\dfrac{1}{2}, -\dfrac{1}{4}, \dfrac{1}{8}, -\dfrac{1}{16}, \cdots$ 的所有项之和。

## 习　题　七

### 一、选择题

1. 关于函数 $y=-\dfrac{1}{x}$ 的单调性的正确判断是________。

A. 当 $x \neq 0$ 时，$y=-\dfrac{1}{x}$ 单调增加

B. 当 $x \neq 0$ 时，$y=-\dfrac{1}{x}$ 单调减少

C. 当 $x<0$ 时，$y=-\dfrac{1}{x}$ 单调减少；当 $x>0$ 时，$y=-\dfrac{1}{x}$ 单调增加

D. 当 $x<0$ 时，$y=-\dfrac{1}{x}$ 单调增加；当 $x>0$ 时，$y=-\dfrac{1}{x}$ 单调增加

2. 函数 $f(x)=\ln\frac{a-x}{a+x}\ (a>0)$是________。

A. 奇函数　　B. 偶函数

C. 非奇非偶函数　　D. 奇偶性取决于 $a$ 的值

3. $f(x)=|\sin x|$在其定义域$(-\infty,+\infty)$上是________。

A. 奇函数

B. 非奇非偶函数

C. 最小正周期为 $2\pi$ 的周期函数

D. 最小正周期为 $\pi$ 的周期函数

4. 设 $f(x)$是定义在$(-\infty,+\infty)$内的任意函数,则 $f(x)-f(-x)$是________。

A. 奇函数　　B. 偶函数

C. 非奇非偶函数　　D. 非负函数

5. $f(x)$在点 $x_0$ 处有定义是极限$\lim\limits_{x\to x_0}f(x)$存在的________。

A. 必要条件　　B. 充分条件

C. 充分必要条件　　D. 既非必要又非充分条件

6. 设函数 $f(x)=x\sin\frac{1}{x}$,则当 $x\to0$ 时,$f(x)$为________。

A. 无界变量　　B. 无穷大量

C. 有界,但非无穷小量　　D. 无穷小量

7. 若$\lim\limits_{x\to x_0}f(x)=\infty$,$\lim\limits_{x\to x_0}g(x)=\infty$,则下式成立的是________。

A. $\lim\limits_{x\to x_0}[f(x)+g(x)]=\infty$　　B. $\lim\limits_{x\to x_0}[f(x)-g(x)]=0$

C. $\lim\limits_{x\to x_0}\frac{f(x)}{g(x)}=c\neq0$　　D. $\lim\limits_{x\to x_0}kf(x)=\infty,(k\neq0)$

8. 下列叙述不正确的是________。

A. 无穷大量的倒数是无穷大量

B. 无穷小量的倒数是无穷大量

C. 无穷小量与有界量的乘积是无穷小量

D. 无穷大量与无穷大量的乘积是无穷大量

9. 下列极限中,不正确的是________。

A. $\lim\limits_{x\to3^-}(x+1)=4$　　B. $\lim\limits_{x\to0^-}e^{\frac{1}{x}}=0$

C. $\lim\limits_{x\to0}\left(\frac{1}{2}\right)^{\frac{1}{x}}=0$　　D. $\lim\limits_{x\to1}\frac{\sin(x-1)}{x}=0$

**二、填空题**

1. 等差数列$\{a_n\}$,$a_2=4$,$a_6=16$,则通项公式 $a_n=$________。

2. 数列$\{a_n\}$,$a_1=1$,$a_2=3$,$a_{n+1}=\frac{a_n\cdot a_{n+2}}{a_{n+1}}$,则通项公式 $a_n=$________。

3. 计算:$\lim\limits_{n\to\infty}\left(\frac{2}{n}+\frac{1+3n^2}{1-n^2}\right)=$________。

4. 计算：$\lim\limits_{n\to\infty}\dfrac{1+2+3+\cdots+n}{2n^2+1}=$________。

5. 数列$\{a_n\}$的前 $n$ 项和$S_n=n^2+1(n\in\mathbf{N}^*)$，则通项公式$a_n=$________。

6. 数列$\{a_n\}$的通项公式是$a_n=\dfrac{1}{n(n+1)}(n\in\mathbf{N}^*)$，前 $n$ 项的和为$\dfrac{10}{11}$，则项数 $n=$________。

7. 观察下列等式：

$$1=1$$
$$1-4=-(1+2)$$
$$1-4+9=1+2+3$$
$$1-4+9-16=-(1+2+3+4)$$

可以猜测第 $n$ 个等式为____________________。

8. 已知$\lim\limits_{x\to1}\dfrac{x^2+ax+6}{1-x}=5$，则 $a$ 的值为________。

9. 极限$\lim\limits_{x\to2}\dfrac{x^2-6x+8}{x^2-8x+12}$的值为________。

10. $\lim\limits_{x\to\infty}\dfrac{\sin x}{x}=$________。

11. 函数 $f(x)=\sqrt{\dfrac{2-x}{x+2}}$的定义域用区间表示为________。

12. 设 $f(x)=\sqrt{x+1}+\ln(2-x)$，则 $f(x)$的定义域用区间表示为________。

**三、解答题**

1. 设 $f(x-1)=x^2$，求 $f(2x+1)$。

2. 设 $f(x)=\begin{cases}0, & 0\leqslant x<1\\ \dfrac{1}{2}, & x=1\\ 1, & 1<x\leqslant 2\end{cases}$，求 $f(0)$，$f\left(\dfrac{1}{2}\right)$，$f(1)$，$f\left(\dfrac{5}{4}\right)$和 $f(2)$。

3. 建一个蓄水池，池长 50m，断面尺寸如图 7-12 所示。为了随时知道池中水的吨数（$1\text{m}^2$ 水为 1 吨），可在水池的端壁上标出尺寸，观察水的高度 $x$，就可以换算出储水的吨数 $T$。试列出 $T$ 与 $x$ 的函数关系式。

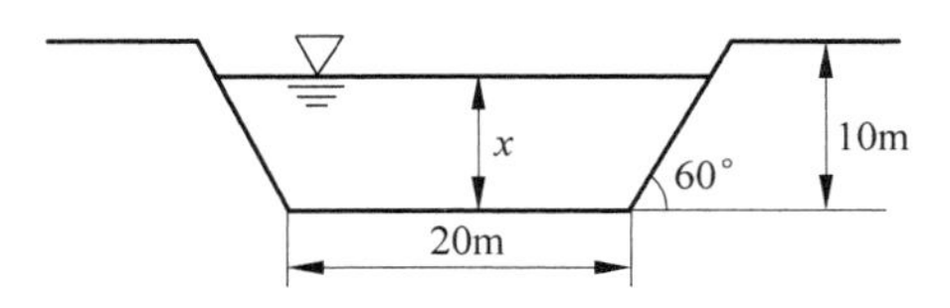


图 7-12 蓄水池断面尺寸

4. 设有一块边长为 $a$ 的正方形铁皮，将它的四角剪去边长相等的小正方形后，制作一个无盖盒子。试将盒子的体积表示成小正方形边长的函数。

5. 旅客乘火车可免费携带不超过 20kg 的物品。超过 20kg，而不超过 50kg 的部分，每 kg 交费 0.20 元；超过 50kg 部分，每 kg 交费 0.30 元。求运费与携带物品重量的函数关系。

6. 设 $f(x)=\begin{cases}0, & -1\leqslant x<0\\ x+1, & 0\leqslant x<1\\ 2-x, & 1\leqslant x<2\end{cases}$，求 $f(x)$的定义域及值域。

7. 函数 $f(x)=\ln e^x$ 与函数 $g(x)=e^{\ln x}$是否表示同一函数？为什么？

8. 函数 $f(x)=\dfrac{x-1}{x^2-1}$与函数 $g(x)=\dfrac{1}{1+x}$是否表示同一函数？为什么？

9. 试问：当 $x\to 0$ 时，$\alpha(x)=\sqrt{x^2\sin\dfrac{1}{x}}$是不是无穷小？

10. 如图 7-13 所示，$P_1$ 是一块半径为 1 的半圆形纸板。在 $P_1$ 的左下端剪去一个半径为$\dfrac{1}{2}$的半圆，得到图形 $P_2$。然后，依次剪去一个更小的半圆(其直径是前一个被剪掉半圆的半径)，得到图形 $P_3,P_4,\cdots,P_n,\cdots$。记纸板 $P_n$ 的面积为 $S_n$。

(1) 试求 $S_1$、$S_2$ 和 $S_3$。

(2) 试写出 $S_n(n\geqslant 2)$的函数式。

(3) 求$\lim\limits_{n\to\infty}S_n$。

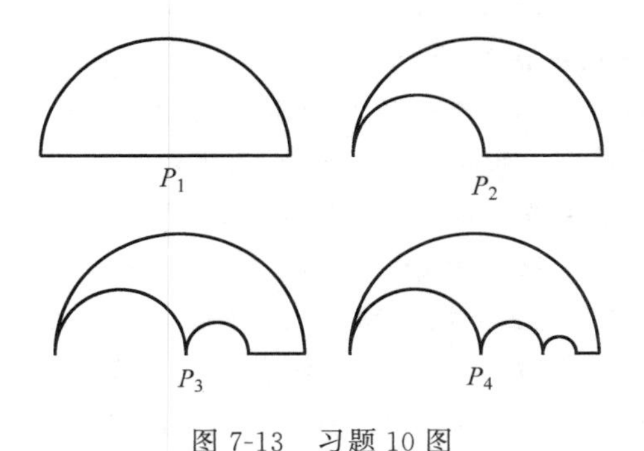


图 7-13　习题 10 图

## 数学家的故事(7)

### 华罗庚——自学成才的数学大师

华罗庚(1910—1985)，男，江苏省金坛县人。华罗庚是当代自学成才的科学巨匠，是蜚声中外的数学家。他是中国解析数论、典型群、矩阵几何学、自守函数论与多复变函数论等很多方面研究的创始人与开拓者。

华罗庚 1910 年 11 月 12 日出生于江苏省金坛县一个小商人家庭，父亲华瑞栋开了一间小杂货铺，母亲是一位贤惠的家庭妇女。他 12 岁从小学毕业后进入金坛中学学习。1925 年初中毕业后，因家境贫寒，华罗庚无法进入高中学习，只好到黄炎培在上海创办的中华职业学校学习会计。不到一年，由于生活费用昂贵，他被迫中途辍学，回到金坛帮助父亲料理杂货铺。

在单调的站柜台生活中，华罗庚开始自学数学。1927 年秋，华罗庚和吴筱之结婚。1929 年，华罗庚受雇为金坛中学庶务员，并开始在上海《科学》等杂志上发表论文。1929年冬天，他得了严重的伤寒症，经过近半年的治理，病虽好了，但左腿的关节受到严重损害，落下了终身残疾，走路要借助手杖。

其实华罗庚读初中时，一度功课并不好，有时数学还考不及格。当时在金坛中学任教的华罗庚的数学老师，我国著名教育家、翻译家王维克(1900年出生，金坛人)发现华罗庚虽贪玩，但思维敏捷，数学习题往往改了又改，解题方法十分独特别致。一次，金坛中学的老师感叹学校“差生”多，没有“人才”时，王维克道：“不见得吧，依我看，华罗庚同学就是一个！”“华罗庚？”一位老师笑道：“你看看他那两个像蟹爬的字吧，他能算个‘人才’吗？”王维克有些激动地说：“当然，他成为大书法家的希望很小，可他在数学上的才能你怎么能从他的字上看出来呢？要知道金子被埋在沙里的时候，粗看起来和沙子并没有什么两样，我们当教书匠的一双眼睛，最需要有沙里淘金的本领，否则就会埋没人才啊！”

1930年春，华罗庚的论文《苏家驹之代数的五次方程式解法不能成立的理由》在上海《科学》杂志上发表。当时在清华大学数学系任主任的熊庆来教授看到后，即多方打听并推荐他到清华大学数学系当图书馆助理员。1931年秋冬之交，华罗庚进了清华园。

华罗庚在清华大学一面工作，一面学习。他用了两年的时间走完了一般人需要八年才能走完的道路，1933年被破格提升为助教，1935年成为讲师。1936年，他经清华大学推荐，派往英国剑桥大学留学。他在剑桥的两年中，把全部精力用于研究数学理论中的难题，不愿为申请学位浪费时间。他的研究成果引起了国际数学界的注意。1938年华罗庚回国，受聘为西南联合大学教授。从1939年到1941年，他在极端困难的条件下，写了20多篇论文，完成了他的第一部数学专著《堆垒数素论》。在闻一多先生的影响下，他还积极参加到当时如火如荼的抗日民主爱国运动之中。《堆垒数素论》后来成为数学经典名著，1947年在苏联出版俄文版，又先后在各国被翻译出版了德文、英文、匈牙利和中文版。

1946年2月至5月，他应邀赴苏联访问。1946年，当时的国民政府也想搞原子弹，于是选派华罗庚、吴大猷、曾昭抡三位大名鼎鼎的科学家赴美考察。9月，华罗庚和李政道、朱光亚等离开上海前往美国，先在普林斯顿高等研究所担任访问教授，后又被伊利诺大学聘为终身教授。

1949年新中国成立，华罗庚感到无比兴奋，决心偕家人回国。他们一家五人乘船离开美国，1950年2月到达香港。他在香港发表了一封致留美学生的公开信，信中充满了爱国激情，鼓励海外学子回来为新中国服务。3月11日新华社播发了这封信。1950年3月16日，华罗庚和夫人、孩子乘火车抵达北京。

华罗庚回到了清华园，担任清华大学数学系主任。接着，他受中国科学院院长郭沫若的邀请，开始筹建数学研究所。1952年7月，数学所成立，他担任所长。他潜心为新中国培养数学人才，王元、陆启铿、龚升、陈景润、万哲先等在他的培养下成为著名的数学家。

回国后短短的几年中，华罗庚在数学领域里的研究硕果累累。他写成的论文《典型域上的多元复变函数论》于1957年1月获国家发明一等奖，并先后出版了中、俄、英文版专著；1957年出版《数论导引》；1963年他和他的学生万哲先合写的《典型群》一书出版。他为培养青少年学习数学的热情，在北京发起组织了中学生数学竞赛活动，从出题、监考、阅卷，都亲自参加，并多次到外地去推广这一活动。他还写了一系列数学通俗读物，在青少年中影响极大。他主张在科学研究中培养学术氛围，开展学术讨论。他发起创建了我国计算机技术研究所，他是我国最早主张研制电子计算机的科学家之一。

华罗庚以高度的爱国热情参加新中国的各项社会活动。1953年，他参加中国科学家代表团赴苏联访问。他作为中国数学家代表，出席了在匈牙利召开的第二次世界大战后首次世界数学家代表大会。他还出席了亚太和平会议、世界和平理事会。1958年他和郭沫若一起率中国代表团出席在新德里召开的“在科学、技术和工程问题上协调”的会议。

1958年，华罗庚被任命为中国科技大学副校长兼应用数学系主任。在继续从事数学理论研究的同时，他努力尝试寻找一条数学和工农业实践相结合的道路。经过一段实践，他发现数学中的统筹法和优选法是在工农业生产中能够比较普遍应用的方法，可以提高工作效率，改变工作管理面貌。于是，他一面在科技大学讲课，一面带领学生到工农业实践中去推广优选法、统筹法。1964年年初，他给毛主席写信，表达要走与工农相结合道路的决心。同年3月18日，毛主席亲笔回函：“诗和信已经收读。壮志凌云，可喜可贺。”他写成了《统筹方法平话及补充》、《优选法平话及其补充》，亲自带领中国科技大学师生到一些企业、工厂推广和应用“双法”，为工农业生产服务。“夏去江汉斗酷暑，冬往松辽傲冰霜”。这就是他当时的生活写照。1965年毛主席再次写信给他，祝贺和勉励他“奋发有为，不为个人而为人民服务”。

1983年10月，他应美国加州理工学院邀请，赴美作为期一年的讲学活动。在美期间，他赴意大利里亚利特市出席第三世界科学院成立大会，并被选为院士；1984年4月，他在华盛顿出席了美国科学院授予他外籍院士的仪式，他是第一位获此殊荣的中国人。1985年4月，他在全国政协六届三次会议上，被选为全国政协副主席。

华罗庚担任的社会工作很多。他是第一届至第六届全国人大常委会委员；他于1952年9月加入民盟，1979年当选为民盟中央副主席。他1958年就提出了加入中国共产党的请求，1979年6月被批准加入中国共产党，在答邓颖超同志的勉励时他表示：“横刀哪顾头颅白，跃进紧傍青壮人，不负党员名。”

1985年6月3日，他应日本亚洲文化交流协会邀请赴日本访问。6月12日下午4时，他在东京大学数理学部讲演厅向日本数学界做讲演，讲题是《理论数学及其应用》。下午5时15分讲演结束，他在接受献花的那一刹那，身体突然往后一仰，倒在讲坛上，晚10时9分宣布他因患急性心肌梗塞逝世。

华罗庚一生在数学上的成就是巨大的，他在数论、矩阵几何学、典型群、自守函数论、多个复变函数论、偏微分方程及高维数值积分等很多领域都做出了卓越的贡献。他之所以有这样大的成就，主要在于他有一颗赤诚的爱国、报国之心和坚韧不拔的创新精神。正因为如此，才能够毅然放弃美国终身教授的优厚待遇，迎接祖国的黎明；才能够顶住非议和打击，奋发有为，不为个人而为人民服务，成为蜚声中外的杰出科学家。

# 第八章　微积分的核心——导数与微分

**内容提要：** 17 世纪初期，笛卡儿提出变量和函数的概念。由此，客观世界的运动变化过程可以用数学来描述。稍后，牛顿和莱布尼兹基于直观的无穷小量，分别独立地建立了微积分学。到了 19 世纪，柯西和维尔斯特拉斯建立了极限理论，康托尔等建立了严格的实数理论，使微积分学得以严密化。微积分是人类智慧的伟大结晶，极大地推动了数学的发展，以及其他学科和工程技术的发展，其应用越来越广泛。本章主要讨论导数和微分。

## 第一节　导数的概念

变化率问题，如人口增长率、股票价格的涨跌率以及气体分子的扩散率等，在人类社会活动中随处可见。导数就是变化率的精确化。由极限方法建立的导数概念，是微积分学最基本的概念。

### 1. 变化率问题举例

**【例 8.1】** 物体运动的瞬时速度。

现在用 $t$ 表示时间。从某一确定的时刻 $t_0$ 算起，到时刻 $t$ 为止，物体所走的距离是 $s$。于是对于时刻 $t$ 的每一个值，都对应一个确定 $s$ 值，所以 $s$ 是 $t$ 的函数，即

$$s = f(t)$$

这个函数表示了物体运动的规律。

现在的问题是：知道了物体的运动规律，应当怎样求得物体在任何时刻 $t$ 的运动瞬时速度？在这里必须说明什么是瞬时速度。因此在解决这个问题时，我们有双重任务，一方面要给瞬时速度下一个合情合理的定义，另一方面应当找到瞬时速度的计算方法。

假定现在研究在时刻 $t_0$ 物体运动的瞬时速度。为此首先要明确与速度有关的问题。我们知道什么？很明显，平均速度是已知的。所以，应当利用已知的平均速度，给未知的瞬时速度下定义。

在考虑时刻 $t_0$ 的同时，还考虑一个相邻的时刻 $t_0+\Delta t$。当时间改变 $\Delta t$ 时，物体所走的距离应该是 $\Delta s=f(t_0+\Delta t)-f(t_0)$，也就是对于自变量的改变量 $\Delta t$ 的函数的改变量。因此可以说，当时间从 $t_0$ 变到 $t_0+\Delta t$ 时，运动物体的平均速度是

$$\bar{v} = \frac{\Delta s}{\Delta t} = \frac{f(t_0+\Delta t)-f(t_0)}{\Delta t}$$

这个平均速度和我们所要定义的在时刻 $t_0$ 的瞬时速度究竟有什么关系呢？如果 $\Delta t$ 很大，在从 $t_0$ 变到 $t_0+\Delta t$ 这段时间内，物体的速度可能改变很多次，也可能改变得很激烈；如果 $\Delta t$ 很小，可以希望物体的速度还来不及有很大的改变；$\Delta t$ 越小，平均速度应该越来越接近理想的时刻 $t_0$ 的瞬时速度。假如下面的极限

$$\lim_{\Delta t \to 0} \frac{\Delta s}{\Delta t} = \lim_{\Delta t \to 0} \frac{f(t_0 + \Delta t) - f(t_0)}{\Delta t}$$

存在，就规定这个极限值是物体在时刻 $t_0$ 运动的瞬时速度。这是合情合理的定义。

于是有定义：运动着的物体的瞬时速度就是它所走的路程与时间之比，当时间趋向于零的极限。

应当注意，在得到瞬时速度定义的同时，也得到了计算瞬时速度的方法，也就是求上面这个极限。

在求极限时，必须把 $t_0$（即希望确定速度的那个时刻）看成常数。求极限过程时，时间 $\Delta t$ 无限制地减小，而作为这段时间开始的时刻 $t_0$ 不变。

需要说明的是，上面这个极限可能存在，也可能不存在，完全取决于所选的时刻 $t_0$ 以及函数 $f(t)$ 的类型。如果极限不存在，就认为这个时刻没有瞬时速度。

**【例 8.2】**　曲线在一点的切线斜率。

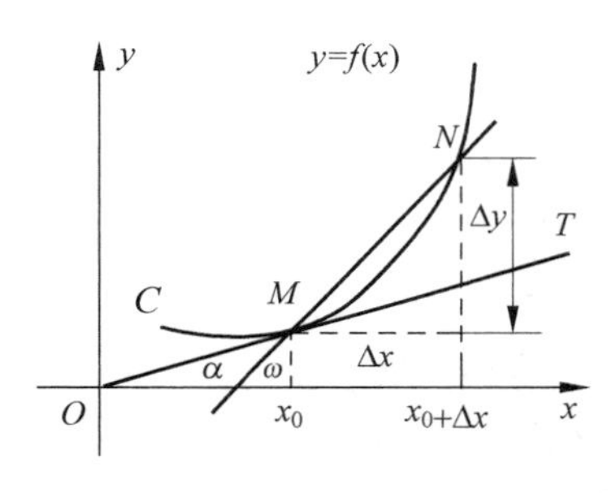


图 8-1　切线斜率

在几何学中研究曲线的性质时，时常要找到曲线上一个定点的切线。因为人们总是用切线的方向来表示曲线在切点的变化方向。这里同样面临两个任务：一方面，要给曲线上一点的切线下定义；另一方面，要得到作切线的方法。

为此假定曲线$(C)$是函数 $y=f(x)$的图形，来研究对应曲线上横坐标为 $x_0$ 的点 $M$ 处的切线，如图 8-1 所示。

首先，应当注意到，在曲线$(C)$上的点 $M$ 的切线一定是过 $M$ 点的直线。因此，如果能够给切线的斜率下一个合情合理的定义，那么问题就解决了。切线的斜率是未知的，但是在曲线$(C)$上点 $M$ 的割线的斜率是已知的。应当利用已知的割线斜率，给未知的切线斜率下定义。过点 $M$ 及曲线上另一点 $N$ 作直线 $MN$。直线 $MN$ 是曲线$(C)$的割线，它的斜率是

$$\frac{\Delta y}{\Delta x} = \frac{f(x_0 + \Delta x) - f(x_0)}{\Delta x}$$

其中，点 $N$ 的横坐标为 $x_0 + \Delta x$，纵坐标为 $f(x_0 + \Delta x)$。如果 $N$ 与 $M$ 的距离较远，曲线方向的改变可能较大；如果 $N$ 与 $M$ 的距离较近，曲线方向的改变可能较小。$N$ 与 $M$ 越近（$\Delta x$ 越小），割线 $MN$ 的方向应当越和理想的曲线$(C)$在点 $M$ 的切线的方向接近。因此，完全有理由规定，如果当 $\Delta x \to 0$（$N$ 趋向 $M$）时，割线 $MN$ 的斜率存在极限 $m$，即

$$\lim_{\Delta x \to 0} \frac{\Delta y}{\Delta x} = \lim_{\Delta x \to 0} \frac{f(x_0 + \Delta x) - f(x_0)}{\Delta x} = m$$

则称 $m$ 为曲线$(C)$在点 $M$ 的切线斜率。

此时，切线方程为

$$y - f(x_0) = m(x - x_0)$$

或

$$y = f(x_0) + m(x - x_0)$$

当上面的极限不存在时，认为曲线$(C)$在点 $M$ 不存在切线。

**2. 导数的定义**

在物理学上研究物体运动的瞬时速度，以及在几何上研究曲线的切线斜率时，都碰到了相同形式的极限问题，即函数的改变量 $\Delta y$ 与自变量的改变量 $\Delta x$ 的比，当自变量的改变量 $\Delta x$ 趋向于零的极限。因此，有必要把它抽象成为数学的问题来研究，得到导数的定义。

假定 $y=f(x)$ 是自变量 $x$ 的一个函数。在点 $x_0$ 给自变量一个 $\Delta x$，对应得到函数的改变量 $\Delta y$，此时

$$\Delta y = f(x_0 + \Delta x) - f(x_0)$$

**定义 8.1** 如果当自变量 $x$ 在点 $x_0$ 的改变量 $\Delta x \to 0$ 时，函数 $y$ 的改变量 $\Delta y$ 与自变量的改变量 $\Delta x$ 的比存在极限，就称函数 $y=f(x)$ 在点 $x_0$ 处可导。该极限值叫做函数 $y=f(x)$ 在点 $x_0$ 的导数，记作 $f'(x_0)$，也可记作 $y'(x_0)$ 或 $y'|_{x=x_0}$ 或 $\frac{\mathrm{d}y}{\mathrm{d}x}|_{x=x_0}$ 或 $\frac{\mathrm{d}f}{\mathrm{d}x}|_{x=x_0}$，即

$$f'(x_0) = \lim_{\Delta x \to 0} \frac{\Delta y}{\Delta x} = \lim_{\Delta x \to 0} \frac{f(x_0 + \Delta x) - f(x_0)}{\Delta x}$$

或

$$\frac{\mathrm{d}y}{\mathrm{d}x} = \lim_{\Delta x \to 0} \frac{\Delta y}{\Delta x}$$

如果函数 $y=f(x)$ 表示某一物体运动的规律（$x$ 表示时间，$y$ 表示距离），那么导数就表示物体运动的瞬时速度。如果研究函数 $y=f(x)$ 的图形，导数则表示曲线切线的斜率。

若上述极限不存在，则称函数 $y=f(x)$ 在点 $x_0$ 处不可导。

应该指出，在极限中，自变量 $\Delta x \to 0$ 时，可以从大于 0 的方向趋向于 0，也可以从小于 0 的方向趋向于 0。再引进以下定义。

**定义 8.2** 极限

$$\lim_{\Delta x \to 0^-} \frac{\Delta y}{\Delta x} = \lim_{\Delta x \to 0^-} \frac{f(x_0 + \Delta x) - f(x_0)}{\Delta x}$$

叫做函数 $f(x)$ 在 $x_0$ 点的左极限，记作 $f'(x-0)$。

极限

$$\lim_{\Delta x \to 0^+} \frac{\Delta y}{\Delta x} = \lim_{\Delta x \to 0^+} \frac{f(x_0 + \Delta x) - f(x_0)}{\Delta x}$$

叫做函数 $f(x)$ 在 $x_0$ 点的右极限，记作 $f'(x+0)$。

根据函数在一点存在极限的充分必要条件是左、右极限存在且相等，可得函数 $f(x)$ 在 $x_0$ 点可导的充分必要条件是 $f'(x-0)$ 和 $f'(x+0)$ 都存在且相等。

令 $x=x_0+\Delta x$ 或 $\Delta x=h$，可得到导数的其他等价形式：

$$f'(x_0) = \lim_{x \to x_0} \frac{f(x) - f(x_0)}{x - x_0}$$

$$f'(x_0) = \lim_{h \to 0} \frac{f(x_0 + h) - f(x_0)}{h}$$

**定义 8.3** 若在区间 $(a,b)$ 内每一点 $x$ 处 $f(x)$ 都可导且对应一个确定的导数值 $f'(x)$，则称函数 $f'(x)$ 为 $f(x)$ 在区间 $(a,b)$ 内对 $x$ 的导函数，简称导数，记作 $f'(x)$ 或 $y'$。

$f'(x)$ 表示函数 $f(x)$ 在点 $x$ 处因变量相对于自变量的变化速率。

根据导数定义求函数 $f(x)$ 在 $x$ 点的导数，分四步操作：

第一步：在点 $x$ 给一个改变量，计算在点 $x+\Delta x$ 的函数值 $f(x+\Delta x)$。

第二步：从 $f(x+\Delta x)$ 中减去 $f(x)$ 的值，得到函数的改变量，即 $\Delta y=f(x+\Delta x)-f(x)$。

第三步：将函数的改变量 $\Delta y$ 除以自变量的改变量 $\Delta x$，即 $\frac{\Delta y}{\Delta x}$。

第四步：求极限 $\lim\limits_{\Delta x\to 0}\frac{\Delta y}{\Delta x}$。

这个极限值就是所求的导数（假如极限存在）。

**【例 8.3】** 求函数

$$f(x)=3x^2+5$$

在点 $x$ 的导数。

第一步：$f(x+\Delta x)=3(x+\Delta x)^2+5=3x^2+6x(\Delta x)+3(\Delta x)^2+5$

第二步：$\Delta y=f(x+\Delta x)-f(x)=3x^2+6x(\Delta x)+3(\Delta x)^2+5-(3x^2+5)=6x(\Delta x)+3(\Delta x)^2$

第三步：$\frac{\Delta y}{\Delta x}=\frac{6x(\Delta x)+3(\Delta x)^2}{\Delta x}=6x+3(\Delta x)$

第四步：$\lim\limits_{\Delta x\to 0}\frac{\Delta y}{\Delta x}=\lim\limits_{\Delta x\to 0}(6x+3(\Delta x))=6x$

所以

$$f'(x)=6x \quad 或 \quad \frac{\mathrm{d}}{\mathrm{d}x}f(x)=6x$$

**【例 8.4】** 求函数

$$y=\sqrt{x}$$

在点 $x$ 的导数。

第一步：$f(x+\Delta x)=\sqrt{x+\Delta x}$

第二步：$\Delta y=f(x+\Delta x)-f(x)=\sqrt{x+\Delta x}-\sqrt{x}$

第三步：$\frac{\Delta y}{\Delta x}=\frac{\sqrt{x+\Delta x}-\sqrt{x}}{\Delta x}$

第四步：$\lim\limits_{\Delta x\to 0}\frac{\Delta y}{\Delta x}=\lim\limits_{\Delta x\to 0}\frac{\sqrt{x+\Delta x}-\sqrt{x}}{\Delta x}=\lim\limits_{\Delta x\to 0}\frac{(\sqrt{x+\Delta x}-\sqrt{x})(\sqrt{x+\Delta x}+\sqrt{x})}{\Delta x(\sqrt{x+\Delta x}+\sqrt{x})}$

$$=\lim_{\Delta x\to 0}\frac{x+\Delta x-x}{\Delta x(\sqrt{x+\Delta x}+\sqrt{x})}=\lim_{\Delta x\to 0}\frac{1}{\sqrt{x+\Delta x}+\sqrt{x}}=\frac{1}{2\sqrt{x}}$$

所以

$$(\sqrt{x})'=\frac{1}{2\sqrt{x}}$$

**【例 8.5】** 推出函数 $f(x)=\sin x$ 的求导公式。

第一步：$f(x+\Delta x)=\sin(x+\Delta x)$

第二步：$\Delta y=f(x+\Delta x)-f(x)=\sin(x+\Delta x)-\sin x$

为了计算方便，用和差化积公式，有

$$\Delta y = 2\cos\left(x+\frac{\Delta x}{2}\right)\sin\frac{\Delta x}{2}$$

第三步：$\dfrac{\Delta y}{\Delta x}=\dfrac{2\cos\left(x+\frac{\Delta x}{2}\right)\sin\frac{\Delta x}{2}}{\Delta x}=\cos\left(x+\dfrac{\Delta x}{2}\right)\dfrac{\sin\frac{\Delta x}{2}}{\frac{\Delta x}{2}}$

第四步：求极限$\lim\limits_{\Delta x\to 0}\dfrac{\Delta y}{\Delta x}$。根据

$$\lim_{\Delta x\to 0}\cos\left(x+\frac{\Delta x}{2}\right)=\cos x\text{（证明略）和}\lim_{\Delta x\to 0}\frac{\sin\frac{\Delta x}{2}}{\frac{\Delta x}{2}}=1\text{（证明略）}$$

得到

$$\lim_{\Delta x\to 0}\frac{\Delta y}{\Delta x}=\lim_{\Delta x\to 0}\frac{2\cos\left(x+\frac{\Delta x}{2}\right)\sin\frac{\Delta x}{2}}{\Delta x}=\lim_{\Delta x\to 0}\cos\left(x+\frac{\Delta x}{2}\right)\frac{\sin\frac{\Delta x}{2}}{\frac{\Delta x}{2}}=\cos x$$

所以$(\sin x)'=\cos x$。

类似地，也可以得到$(\cos x)'=-\sin x$。

**【例 8.6】** 求曲线 $y=3x^2+5$ 在点 $x=1$ 处的切线方程。

**解**：由【例 8.3】知 $f'(x)=6x$。当 $x=1$ 时，$y=8$，且 $f'(1)=6$，代入切线方程，得

$$y-8=6(x-1)$$

即 $6x-y+2=0$。

注：① 如果函数 $y=f(x)$在 $x_0$ 处可导，那么曲线 $y=f(x)$在点 $x_0$ 处光滑连续（不间断且没有尖角），且曲线 $y=f(x)$在点$(x_0,y_0)$处有不垂直于 $x$ 轴的切线。

② 若 $y=f(x)$在点 $x_0$ 处可导，即$\lim\limits_{\Delta x\to 0}\dfrac{\Delta y}{\Delta x}=f'(x)$存在，则必在 $x_0$ 连续。但连续未必可导。

### 练习 8.1

1. 求函数 $y=2x^2$ 从 $x=1$ 变化到 $x=1+\Delta x$ 处的改变量 $\Delta y$，并求$\lim\limits_{\Delta x\to 0}\dfrac{\Delta y}{\Delta x}$的值。

2. 用导数的定义求下列函数在指定点的导数。

(1) $y=\sqrt{x+1}$在点 $x_0=3$ 处

(2) $y=\sin(2x+1)$在点 $x=x_0$ 处

3. 证明：$(\cos x)'=-\sin x$。

4. 求曲线 $y=\cos x$ 在点$\left(\dfrac{\pi}{4},\dfrac{\sqrt{2}}{2}\right)$处的切线方程。

## 第二节　导数的运算

根据导数的定义，可以计算部分基本初等函数的导数。但直接用定义计算复杂函数导数很烦琐，本节将建立一系列导数运算法则，使求导数的计算简单化。求导数的方法称

为微分法。

**1．导数的四则运算法则**

设函数 $f(x)$ 与 $g(x)$ 都在点 $x$ 处可导，则它们的和、差、积、商（分母不为零）在点 $x$ 处仍可导，并且有以下运算法则：

法则一　$[f(x)+g(x)]'=f'(x)+g'(x)$

法则二　$[f(x)-g(x)]'=f'(x)-g'(x)$

法则三　$[f(x)g(x)]'=f'(x)g(x)+f(x)g'(x)$

法则四　$\left[\dfrac{f(x)}{g(x)}\right]'=\dfrac{f'(x)g(x)-f(x)g'(x)}{g^2(x)}$　$(g(x)\neq 0)$

**证明**：仅证明法则三。令 $y=f(x)g(x)$，

第一步：点 $x+\Delta x$ 的函数值为 $f(x+\Delta x)g(x+\Delta x)$。

第二步：
$$
\begin{aligned}
\Delta y &=[f(x+\Delta x)g(x+\Delta x)]-[f(x)g(x)]\\
&=f(x+\Delta x)g(x+\Delta x)-f(x)g(x+\Delta x)+f(x)g(x+\Delta x)-f(x)g(x)\\
&=[f(x+\Delta x)-f(x)]g(x+\Delta x)+f(x)[g(x+\Delta x)-g(x)]
\end{aligned}
$$

第三步：计算 $\dfrac{\Delta y}{\Delta x}=\dfrac{f(x+\Delta x)-f(x)}{\Delta x}g(x+\Delta x)+f(x)\dfrac{g(x+\Delta x)-g(x)}{\Delta x}$

第四步：$\lim\limits_{\Delta x\to 0}\dfrac{\Delta y}{\Delta x}=\lim\limits_{\Delta x\to 0}\dfrac{f(x+\Delta x)-f(x)}{\Delta x}\lim\limits_{\Delta x\to 0}g(x+\Delta x)+f(x)\lim\limits_{\Delta x\to 0}\dfrac{g(x+\Delta x)-g(x)}{\Delta x}$

即

$$[f(x)g(x)]' = f'(x)g(x) + f(x)g'(x)$$

**推论 1**　$[kf(x)]'=kf'(x)$（$k$ 为常数）

**推论 2**　$\left[\dfrac{1}{f(x)}\right]'=-\dfrac{f'(x)}{f^2(x)}$

**2．基本初等函数导数公式**

基本初等函数是最常用的函数，它们的导数都可以用定义或其他间接方法求得，同时这些结果都可以作为公式使用。把它们汇总在一起，可以得到基本初等函数及常数的导数公式，如下所示：

(1) $(C)'=0$　　(2) $(x^a)'=ax^{a-1}$

(3) $(a^x)'=a^x\ln a$　　(4) $(\mathrm{e}^x)'=\mathrm{e}^x$

(5) $(\log_a x)'=\dfrac{1}{x\ln a}$　　(6) $(\ln x)'=\dfrac{1}{x}$

(7) $(\sin x)'=\cos x$　　(8) $(\cos x)'=-\sin x$

(9) $(\tan x)'=\sec^2 x$　　(10) $(\cot x)'=-\csc^2 x$

(11) $(\sec x)'=\sec x\tan x$　　(12) $(\csc x)'=-\csc x\cot x$

(13) $(\arcsin x)'=\dfrac{1}{\sqrt{1-x^2}}$　　(14) $(\arccos x)'=-\dfrac{1}{\sqrt{1-x^2}}$

(15) $(\arctan x)'=\dfrac{1}{1+x^2}$　　(16) $(\mathrm{arccot}\,x)'=-\dfrac{1}{1+x^2}$

**【例 8.7】**　设 $y=\dfrac{1}{3}x^3+\sqrt{x}-\cos x$，求 $y'$。

**解**：$y'=\left(\dfrac{1}{3}x^3+\sqrt{x}-\cos x\right)'=x^2+\dfrac{1}{2\sqrt{x}}+\sin x$

**【例 8.8】** 设 $f(x)=xe^x$，求 $f'(x)$ 及 $f'(0)$。

**解**：$f'(x)=x'e^x+x(e^x)'=e^x+xe^e=(x+1)e^x$

$f'(0)=e^0=1$

**【例 8.9】** 设 $f(x)=\frac{x-1}{x^2+1}$，求 $f'(x)$。

**解**：$f'(x)=\frac{(x-1)'(x^2+1)-(x-1)(x^2+1)'}{(x^2+1)^2}=\frac{x^2+1-(x-1)\times 2x}{(x^2+1)^2}$

$=\frac{x^2+1-2x^2+2x}{(x^2+1)^2}=\frac{-x^2+2x+1}{(x^2+1)^2}$

**【例 8.10】** 设 $f(x)=\tan x$，求 $f'(x)$。

**解**：

$$f'(x)=(\tan x)'=\left(\frac{\sin x}{\cos x}\right)'=\frac{\cos x(\sin x)'-\sin x(\cos x)'}{\cos^2 x}$$

$$=\frac{\cos^2 x+\sin^2 x}{\cos^2 x}=\frac{1}{\cos^2 x}=\sec^2 x$$

同理，可得

$$(\cot x)'=-\csc^2 x$$

**【例 8.11】** 设 $f(x)=\sec x$，求 $f'(x)$。

**解**：$f'(x)=(\sec x)'=\left(\frac{1}{\cos x}\right)'=-\frac{1}{\cos^2 x}(-\sin x)=\sec x\tan x$

同理，可得

$$(\csc x)'=-\csc x\cot x$$

**3. 复合函数的求导法则**

**定理 8.1** 设函数 $y=f(u)$ 与函数 $u=\varphi(x)$ 构成复合函数 $y=f[\varphi(x)]$。如果

① 函数 $u=\varphi(x)$ 在点 $x$ 处可导。

② 函数 $y=f(u)$ 在对应点 $u=\varphi(x)$ 可导。

则复合函数 $y=f[\varphi(x)]$ 在点 $x$ 处可导，且 $f'[\varphi(x)]=[f(u)]'_u[\varphi(x)]'_x$，即

$$y'_x=y'_u u'_x \quad 或 \quad \frac{dy}{dx}=\frac{dy}{du}\cdot\frac{du}{dx}$$

这个法则说明：复合函数的导数，等于复合函数对中间变量的导数乘以中间变量对自变量的导数。这一法则又称为链式法则。

**【例 8.12】** 求下列函数的导数。

(1) $y=(3x^2+1)^3$　　(2) $y=\sin(\sqrt{x}-2)$

(3) $y=\ln\cos x$　　(4) $y=e^{\tan x}$

**解**：(1) 函数可以分解为 $y=u^3(x)$，$u(x)=3x^2+1$，得

$$y'=[u^3(x)]'=3u^2(x)u'(x)=3(3x^2+1)^2(3x^2+1)'$$

$$=3(3x^2+1)^2 6x=18x(3x^2+1)^2$$

(2) 把 $\sqrt{x}-2$ 当做中间变量，有

$$y'=\cos(\sqrt{x}-2)(\sqrt{x}-2)'=\frac{\cos(\sqrt{x}-2)}{2\sqrt{x}}$$

(3) 把 $\cos x$ 当做中间变量，有

$$y' = \frac{1}{\cos x}(\cos x)' = -\frac{\sin x}{\cos x} = -\tan x$$

(4) 把 $\tan x$ 当做中间变量，有

$$y' = (e^{\tan x})' = e^{\tan x}(\tan x)' = \sec^2 x e^{\tan x}$$

## 练习 8.2

1. 求下列各函数的导数(其中，$x$、$t$、$\theta$ 为变量)。

(1) $y=2x^2-3x+1$

(2) $y=3\sqrt{x}-\frac{1}{x}+\sqrt[3]{3}$

(3) $y=(\sqrt{x}+1)\left(\frac{1}{\sqrt{x}}-1\right)$

(4) $y=x\ln x$

(5) $y=2\sin\theta+3\cos\theta$

(6) $y=x\cos x\ln x$

(7) $y=e^x\sin x$

(8) $y=\sin\theta+\cos\theta$

(9) $y=(2+\cos t)\sin t$

(10) $y=x^5e^x$

(11) $y=\frac{1-\ln t}{1+\ln t}$

(12) $y=\frac{\sin x}{1+\cos x}$

(13) $y=\sin(x\ln x)$

(14) $y=e^{3x}+\sin 2x$

(15) $y=xe^{x^2}$

(16) $y=(2x+1)^3(3x-2)^2$

(17) $y=(3\sin x+2\cos x-5)^3$

(18) $y=\sin^2 x\cos 2x$

(19) $y=\ln(x+\sqrt{x^2+1})$

(20) $y=e^{3x}\sin 2x$

2. 求下列函数在给定点的导数。

(1) $f(x)=3x-2\sqrt{x}$，$x=4$ 及 $x=a^2$

(2) $y=\sqrt{1+\ln^2 x}$，$x=e$

3. 设放入冷冻库中的食物依 $F(t)=\frac{700}{t^2+4t+10}$ 降温。其中，$t$ 为时间，单位：小时。求 $t=1$ 和 $t=10$ 时，$F$ 相对于 $t$ 的变化率。

# 第三节　导数应用初步

## 一、微分及其应用

如果知道函数 $y=f(x)$ 在某一点 $x=x_0$ 的值 $f(x_0)$，想计算 $f(x)$ 在点 $x_0$ 邻近点 $x_0+\Delta x$ 的函数值 $f(x_0+\Delta x)$，往往由于函数 $f(x)$ 的结构复杂，$f(x)$ 在点 $x_0+\Delta x$ 的精确值难以求得。但在实际中，只要求计算 $f(x)$ 在点 $x_0+\Delta x$ 的近似值就可以了。为此，寻找计算 $f(x)$ 在点 $x_0+\Delta x$ 处近似值的最简单方法。这就是微分。

### 1. 微分的概念

**定义 8.4**　若函数 $y=f(x)$ 在点 $x_0$ 处有导数 $f'(x_0)$，则称 $f'(x_0)\Delta x$ 为 $y=f(x)$ 在点 $x_0$ 处的微分，记作 $dy$，即 $dy=f'(x_0)\Delta x$。此时，称 $y=f(x)$ 在点 $x_0$ 处可微。

函数 $y=f(x)$ 在任意点 $x$ 的微分，叫做函数的微分，记作 $dy=f'(x)\Delta x$。

如果将自变量 $x$ 当做自己的函数 $y=x$，则有 $dx=(x)'\Delta x=\Delta x$，说明自变量的微分 $dx$ 就等于它的改变量 $\Delta x$。于是，函数的微分可写成

$$dy = f'(x_0)dx$$

即

$$f'(x) = \frac{dy}{dx}$$

就是说，函数的微分 $dy$ 与自变量的微分 $dx$ 之商等于该函数的导数。因此，导数又叫微商。

**2. 微分的计算**

根据定义，函数 $y=f(x)$在点 $x$ 处可导就可微；反之，可微则一定可导，即可导和可微是等价的。

求函数的微分就是求出函数的导数，再乘以 $dx$。因此，求导数的一切基本公式和运算法则都适用于求微分。

**【例 8.13】** 求下列函数的微分。

(1) $y=x^2e^x$　　　　(2) $y=\cos x\ln x$

**解**：(1) $y'=2xe^x+x^2e^x=xe^x(x+2)$

$$dy = y'dx = xe^x(x+2)dx$$

(2) $y'=-\sin x\ln x+\frac{1}{x}\cos x$

$$dy = \left(-\sin x\ln x + \frac{1}{x}\cos x\right)dx$$

由于可导和可微的这种等价关系，通常把求导运算、求微分运算统称为微分法。

设 $y=f(u)$和 $u=\varphi(x)$复合为函数 $y=f(\varphi(x))$。如果 $u=\varphi(x)$可微，且相应点处 $y=f(u)$可微，则有

$$dy = f'(u)\varphi'(x)dx = f'(u)du$$

上式说明，不管 $u$ 是自变量还是中间变量，其微分形式都不变。这一性质称为一阶微分形式的不变性。

**3. 微分在近似计算中的应用**

用微分进行近似计算，既简便，又能达到较好的精确度，因而适用于许多实际生产、生活中的数值计算问题。当 $|\Delta x|$ 很小时，有 $\Delta y\approx dy$，即

$$f(x_0 + \Delta x) - f(x_0) \approx f'(x_0)\Delta x$$

或

$$f(x_0 + \Delta x) \approx f(x_0) + f'(x_0)\Delta x$$

或

$$f(x) \approx f(x_0) + f'(x_0)(x - x_0)$$

上式的意义是：在 $x_0$ 附近可用切线 $y=f(x_0)+f'(x_0)(x-x_0)$近似代替曲线 $y=f(x)$。

**【例 8.14】** 求 $\sin 46°$的近似值。

**解**：取 $x_0=45°=\frac{\pi}{4}$，$\Delta x=1°=\frac{\pi}{180}$

$$\sin 46° \approx \sin\frac{\pi}{4} + \frac{\pi}{180}\cos\frac{\pi}{4} = 0.7071(1 + 0.0175) = 0.7194$$

查三角函数表，得 $\sin46°=0.7193$。

## 二、导数基本应用

导数有极其丰富的背景和广泛的应用。它不但是微积分的核心概念，在数学理论，它是研究函数性态的重要工具之一；在现实生活中，如使利润最大、用料最省、效率最高等优化问题，有了导数，问题就更能迎刃而解。

研究函数的某些简单性质，可以用初等的方法。然而用初等方法研究函数经常要通过较复杂的运算，要付出巨大的劳动。学习微分学之后，可以利用微分法来研究函数。这种方法比初等方法简单，更容易掌握。

这里只介绍导数比较简单的应用：函数的单调性及极值求法。

### 1. 函数单调性的判别法

**定理 8.2**　设函数 $f(x)$ 在闭区间 $[a,b]$ 连续，在开区间 $(a,b)$ 可微，则

(1) 若 $x\in(a,b)$ 时恒有 $f'(x)>0$，则 $f(x)$ 在闭区间 $[a,b]$ 上单调增加。

(2) 若 $x\in(a,b)$ 时恒有 $f'(x)<0$，则 $f(x)$ 在闭区间 $[a,b]$ 上单调减小。

定理的几何意义是：如图 8-2(a)所示，$f'(x)=\tan\alpha>0$，$\alpha$ 是锐角，曲线单调上升；如图 8-2(b)所示，$f'(x)=\tan\alpha<0$，$\alpha$ 是钝角，曲线单调下降。

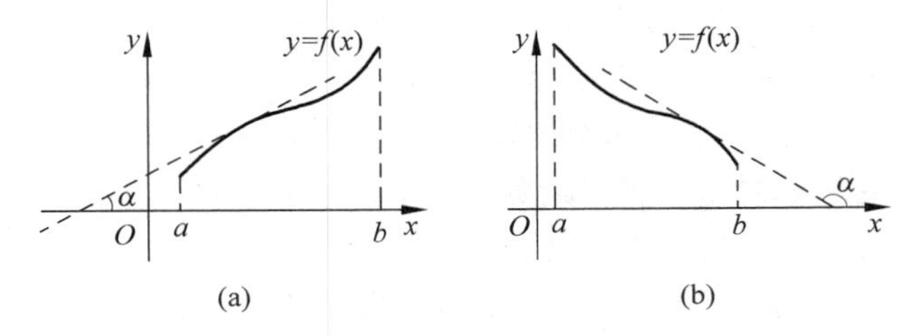


图 8-2　函数的单调性

**说明**：若导数 $f'(x)$ 仅在个别点处为 0，定理的结论仍然成立。

**【例 8.15】**　求函数 $f(x)=x^3-3x^2-9x$ 的单调区间。

**解**：函数在定义区间 $(-\infty,+\infty)$ 上连续，且可导，故

$$f'(x)=3x^2-6x-9=3(x-3)(x+1)$$

解方程，得 $f'(x)=0$，即 $3(x-3)(x+1)=0$，得 $x_1=-1$，$x_2=3$。

使 $f'(x)=0$ 的点 $x_0$ 称为 $f(x)$ 的驻点。

两个驻点把定义区间 $(-\infty,\infty)$ 分成三个子区间 $(-\infty,-1]$，$(-1,3)$，$[3,+\infty)$，具体情况如表 8-1 所示。

**表 8-1　$f(x)=x^3-3x^2-9x$ 的单调区间表**

| $x$ | $(-\infty,-1]$ | $(-1,3)$ | $[3,+\infty)$ |
|---|---|---|---|
| $f'(x)$ | + | − | + |
| $f(x)$ | ↗ | ↘ | ↗ |

注：表中，"↗"表示单调递增，"↘"表示单调递减。

由表 8-1 可以看出，$f(x)$在$(-\infty,-1]$和$[3,+\infty)$内单调增加，在$(-1,3)$内单调减少。

确定函数单调性的一般步骤如下所述：

① 确定函数的定义域。

② 求出使 $f'(x)=0$ 和 $f'(x)$不存在的点，并以这些点为分界点，将定义域分为若干个子区间。

③ 确定 $f'(x)$在各个子区间内的符号，从而判定 $f'(x)$的单调性。

**【例 8.16】** 讨论 $f(x)=\ln(x+\sqrt{1+x^2})$的单调性。

**解**：$f(x)$的定义域为$(-\infty,+\infty)$，有

$$f'(x)=\frac{1}{x+\sqrt{1+x^2}}\left(1+\frac{2x}{2\sqrt{1+x^2}}\right)=\frac{1}{\sqrt{1+x^2}}>0$$

故 $f(x)$在$(-\infty,+\infty)$内单调增加。

**2. 函数的极值和最大(小)值**

(1) 极值和极值点的概念

**定义 8.5** 设函数 $f(x)$在 $x_0$ 的一个邻域内有定义，若对于该邻域内异于 $x_0$ 的 $x$，恒有：

① $f(x_0)>f(x)$，则称 $f(x_0)$为函数 $f(x)$的极大值，$x_0$ 称为 $f(x)$的极大值点。

② $f(x_0)<f(x)$，则称 $f(x_0)$为函数 $f(x)$的极小值，$x_0$ 称为 $f(x)$的极小值点。

函数的极大值、极小值统称为函数的极值，极大值点、极小值点统称为极值点。

极大值和极小值是函数在一点附近的性质，即是局部的性质，也就是说，不能判定一个极大值一定大于另一个极小值。如图 8-3 所示，$x_1$、$x_3$、$x_5$ 是极大值点，$x_2$、$x_4$、$x_6$ 是极小值点。其中，$x_6$ 是不可导点，其余 5 个点都有 $f'(x)=0$，称为函数的驻点。$f(x_5)<f(x_2)$就是极大值小于极小值的见证。

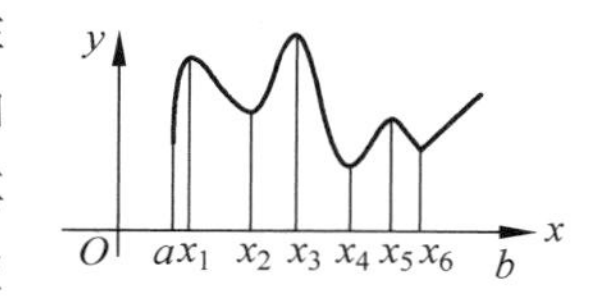


图 8-3 极值和极值点

(2) 极值点的判定

**定理 8.3(必要条件)** 函数的极值点必为驻点或不可导点。

**定理 8.4** 设函数 $f(x)$在点 $x_0$ 的某去心邻域内可导且 $f'(x_0)=0$，则

① 如果当 $x$ 取 $x_0$ 左侧邻近的值时，$f'(x)$恒为正；当 $x$ 取 $x_0$ 右侧邻近的值时，$f'(x)$恒为负，那么函数 $f(x)$在 $x_0$ 处取得极大值。

② 如果当 $x$ 取 $x_0$ 左侧邻近的值时，$f'(x)$恒为负；当 $x$ 取 $x_0$ 右侧邻近的值时，$f'(x)$恒为正，那么函数 $f(x)$在 $x_0$ 处取得极小值。

在图 8-3 中，$x_5$ 处有平行于 $x$ 轴的切线，即 $f'(x_5)=0$，$x_5$ 左侧 $f'(x)>0$，$x_5$ 右侧 $f'(x)<0$，故 $x_5$ 处取得极大值 $f(x_5)$，在 $x_5$ 附近 $f'(x)$由正变负。类似地，在 $x_4$ 处取得极小值，$f'(x)$由负变正，在 $x_4$ 处极小值为 $f(x_4)$。

**【例 8.17】** 求函数 $f(x)=2x^3+3x^2-12x-1$ 的极值。

**解**：函数定义域为$(-\infty,+\infty)$，$f'(x)=6x^2+6x-12=6(x+2)(x-1)$。令 $f'(x)=0$，得驻点 $x_1=-2$，$x_2=1$，其单调区间和极值见表 8-2。

表 8-2　$f(x)=2x^3-3x^2-12x-1$ 的单调区间和极值

| $x$ | $(-\infty,-2)$ | $-2$ | $(-2,1)$ | $1$ | $(1,+\infty)$ |
|---|---|---|---|---|---|
| $y'$ | $+$ | $0$ | $-$ | $0$ | $+$ |
| $y$ | ↗ | 极大值 | ↘ | 极小值 | ↗ |

由表 8-2 可知，函数在 $x=-2$ 处取得极大值 $f(-2)=19$，在 $x=1$ 处取得极小值 $f(1)=-8$。

(3) 函数的最大、最小值

在很多实际问题中，经常需要求出最大或最小值，表示这些问题的函数 $f(x)$ 一般在区间 $[a,b]$ 上是连续的。可以证明，连续函数 $f(x)$ 在闭区间 $[a,b]$ 上的最大值、最小值总是存在，且最大值、最小值只可能在 $f'(x)=0$ 的点、$f'(x)$ 不存在的点或区间端点处取得。

求 $y=f(x)$ 在 $[a,b]$ 上最大值、最小值的步骤如下所述：

① 求出 $f'(x)=0$ 及 $f'(x)$ 不存在的点 $x_1,x_2,\cdots,x_n$。

② 比较 $f(a),f(x_1),f(x_2),\cdots,f(x_n),f(b)$ 的大小，其中最大的是最大值，最小的是最小值。

**注**：在实际中常常遇到一种特殊情况：可导函数 $f(x)$ 在闭区间 $[a,b]$ 上只有一个极值点，而且它是函数的极大(小)值点，则不必将该点的函数值与端点处的函数值比较，就可以断定它必是函数 $f(x)$ 在闭区间 $[a,b]$ 上的最大值或最小值。此结论对于开区间或无穷区间也适用。

**【例 8.18】**　求函数 $f(x)=x^2(x-1)^3$ 在区间 $[-2,2]$ 上的最大值和最小值。

**解**：
$$\begin{aligned}f'(x)&=2x(x-1)^3+3x^2(x-1)^2\\&=x(x-1)^2(5x-2)\\&=5x\left(x-\frac{2}{5}\right)(x-1)^2\end{aligned}$$

令 $f'(x)=0$，得 $x_1=0,x_2=\frac{2}{5},x_3=1$，没有不可导点。而 $f(0)=0,f\left(\frac{2}{5}\right)=-\frac{108}{3125},f(1)=0,f(-2)=-108,f(2)=4$，故 $f(x)$ 在 $[-2,2]$ 上的最大值为 4，最小值为 $-108$。

**【例 8.19】**　将一块边长为 $a$ 的正方形硬纸板做成一个无盖方盒，可在四角截去相同小方块后折起来，问怎样截方盒容积最大？

**解**：设方盒容积为 $V$，截去小方块边长为 $x\left(0<x<\frac{a}{2}\right)$，如图 8-4 所示，则

$$V=(a-2x)^2x$$
$$V'=(a-2x)^2-4(a-2x)x=(a-2x)(a-6x)$$

令 $V'=0$，得 $x_1=\frac{a}{6},x_2=\frac{a}{2}$(不合实际，舍去)。

盒子最大容积客观存在，最大值点必是定义域 $\left(0,\frac{a}{2}\right)$ 内唯一驻点 $x=\frac{a}{6}$。所以，截去边长 $x=\frac{a}{6}$ 可使方盒容积最大。

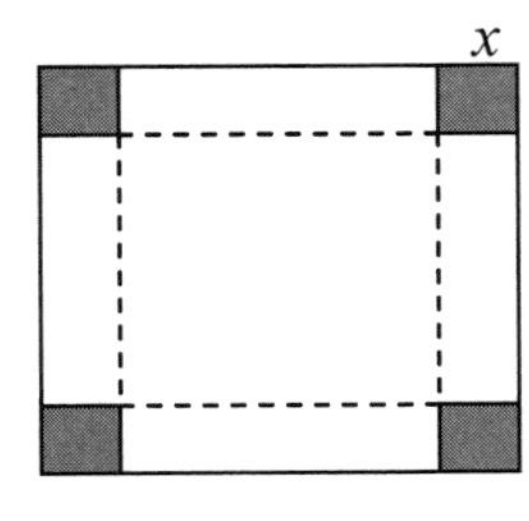

图 8-4　例 8.19 图

## 练习 8.3

1. 求下函数的微分。

(1) $y=\sqrt{1+x^2}$　　(2) $y=2\sqrt{x}+3\ln x-6e^x+7$

2. 计算近似值。

(1) $\sqrt[3]{996}$　　(2) $\cos 29°$

3. 求下列函数的单调区间及极值点。

(1) $f(x)=2x^3-6x^2-18x+7$　　(2) $f(x)=(x-1)(x+1)^3$

4. 求下列函数在给定区间上的最大值和最小值。

(1) $y=\frac{1}{3}x^3-3x^2+9x, x\in[0,4]$　　(2) $f(x)=x+\frac{1}{x}, x\in\left[\frac{1}{2},2\right]$

5. 试证面积为定值的矩形中,正方形的周长最短。

6. 求内接于椭圆$\frac{x^2}{a^2}+\frac{y^2}{b^2}=1$的面积最大的矩形的长和宽。

7. 已知某公司生产某种产品的总收益函数为$R=-x^3+450x^2+52500x$。其中,$R$的单位为元,$x$为生产数量。试问在何种生产数量下会产生最大收益?

## 习　题　八

### 一、选择题

1. 函数$f(x)$在点$x_0$处的导数$f'(x_0)$定义为________。

A. $\frac{f(x_0+\Delta x)-f(x_0)}{\Delta x}$　　B. $\lim\limits_{x\to x_0}\frac{f(x_0+\Delta x)-f(x_0)}{\Delta x}$

C. $\lim\limits_{x\to x_0}\frac{f(x)-f(x_0)}{\Delta x}$　　D. $\lim\limits_{x\to x_0}\frac{f(x)-f(x_0)}{x-x_0}$

2. 在曲线$y=x^2$上,切线的倾斜角为$\frac{\pi}{4}$的点是________。

A. $(0,0)$　　B. $(2,4)$　　C. $\left(\frac{1}{4},\frac{1}{16}\right)$　　D. $\left(\frac{1}{2},\frac{1}{4}\right)$

3. 曲线$y=\frac{\pi}{2}+\sin x$在$x=0$处的切线的倾斜角为________。

A. $\frac{\pi}{2}$　　B. $\frac{\pi}{4}$　　C. 0　　D. 1

4. 函数$f(x)=\ln|x-1|$的导数是________。

A. $f'(x)=\frac{1}{|x-1|}$　　B. $f'(x)=\frac{1}{x-1}$

C. $f'(x)=\frac{1}{1-x}$　　D. $f'(x)=\begin{cases}\frac{1}{x-1}, & x<1\\ \frac{1}{1-x}, & x>1\end{cases}$

5. 函数$f(x)=(2\pi x)^2$的导数是________。

A. $f'(x)=4\pi x$　　B. $f'(x)=4\pi^2 x$

C. $f'(x)=8\pi^2 x$　　D. $f'(x)=16\pi x$

6. $f'(x_0)=0$ 是函数 $f(x)$ 在点 $x_0$ 处取极值的________。

A. 充分不必要条件　　B. 必要不充分条件

C. 充要条件　　D. 既不充分又不必要条件

7. 函数 $f(x)=x^3+ax^2+3x-9$，已知 $f(x)$ 在 $x=-3$ 时取得极值，则 $a$ 等于________。

A. 2　　B. 3　　C. 4　　D. 5

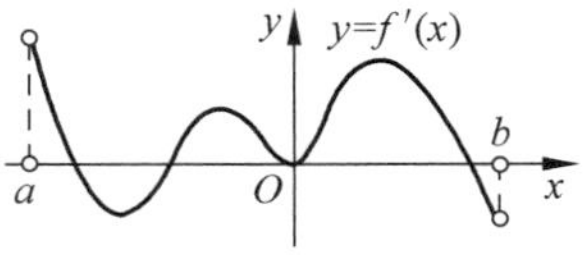

8. 函数 $f(x)$ 的定义域为 $(a,b)$，导函数 $f'(x)$ 在 $(a,b)$ 内的图像如图 8-5 所示，则函数 $f(x)$ 在 $(a,b)$ 内有极小值点________。

图 8-5　$f'(x)$ 在 $(a,b)$ 内的图像

A. 1 个　　B. 2 个

C. 3 个　　D. 4 个

9. 已知三次函数 $f(x)=\frac{1}{3}x^3-(4m-1)x^2+(15m^2-2m-7)x+2$ 在 $x\in(-\infty,+\infty)$ 是增函数，则 $m$ 的取值范围是________。

A. $m<2$ 或 $m>4$　　B. $-4<m<-2$　　C. $2<m<4$　　D. 以上皆不正确

10. 曲线 $y=e^x$ 在点 $(2,e^2)$ 处的切线与坐标轴所围三角形的面积为________。

A. $\frac{9}{4}e^2$　　B. $2e^2$　　C. $e^2$　　D. $\frac{e^2}{2}$

**二、填空题**

1. 设 $f(x)=x\cos x-\sqrt{1-x^2}$，则 $f'(0)=$________。

2. 已知函数 $f(x)=ax^2+2$，且 $f'(-1)=1$，则 $a=$________。

3. 设曲线 $y=x^2+x-2$ 在点 $P$ 处的切线的斜率等于 3，则 $P$ 点的坐标为________。

4. 已知 $y=\ln(x^2+x+1)$，且 $f'(a)=1$，则实数 $a=$________。

5. 曲线 $y=\frac{1}{3}x^3$ 上平行于直线 $x-4y=5$ 的切线方程为________。

6. 若直线 $y=3x+b$ 是曲线 $y=x^2+5x+4$ 的一条切线，则 $b=$________。

7. 设 $f(x)=\frac{\sin x}{x}$，则 $f'(x)=$________。

8. 已知函数 $f(x)=x^3+ax^2+bx+a^2$ 在 $x=1$ 处有极值 10，则 $f(2)=$________。

9. 函数 $y=x+2\cos x$ 在区间 $\left[0,\frac{\pi}{2}\right]$ 上的最大值是________。

10. 已知函数 $f(x)=x^3+ax$ 在 $R$ 上有两个极值点，则实数 $a$ 的取值范围是________。

**三、解答题**

1. 讨论函数 $f(x)$ 在 $x=0$ 处的可导性：$f(x)=\begin{cases}x^2\sin\frac{1}{x}, & x\neq 0\\ 0, & x=0\end{cases}$

2. 已知 $y=(x-a)x(x-b)(x-c)$，求 $y'$。

3. 求下列函数的导数。

(1) $y=5x^3-2^x+\sin x$　　(2) $y=x^2\ln x$　　(3) $y=\frac{\ln x}{x}$

4. 求下列函数在给定点的导数值

(1) $y=\sin x-\cos x$，求 $y'\left(\frac{\pi}{6}\right)$。

(2) $\rho=\theta\sin\theta+\frac{1}{2}\cos\theta$，求 $\frac{d\rho}{d\theta}\Big|_{\theta=\frac{\pi}{4}}$。

(3) $y=x\sin\left(\frac{\pi}{4}+\ln x\right)$，求 $y'|_{x=1}$。

5. 求下列函数的导数

(1) $y=e^{-3x^2}$ (2) $y=\ln(1+x^2)$

6. 求下列函数的微分

(1) 设 $y=\tan x+e^x$ (2) $y=2^x+\frac{1}{x}$

(3) $y=\tan x\sin\sqrt{1-x^2}$ (4) $y=e^{-x}\left(\cos\frac{1}{x}\right)^2$

(5) $y=e^{-ax}\cdot\sin bx$

7. 证明：曲线 $xy=a^2$ 上任一点处的切线与两个坐标轴构成的三角形的面积都等于 $2a^2$。

8. 设 $f(u)$可导，若 $y=f(\sin^2 x)+f(\cos^2 x)$，试求$\frac{dy}{dx}$。

9. 已知函数 $f(x)=x^3-3x$。

(1) 求 $f'(2)$的值。

(2) 求函数 $f(x)$的单调区间。

10. 已知函数 $f(x)=x^3-12x+8$ 在区间$[-3,3]$上的最大值与最小值分别为 $M$ 和 $m$，则 $M-m=$________。

## 数学家的故事(8)

### 莱布尼兹——数学天才

莱布尼兹(1646—1716)是17和18世纪德国最著名的数学家、物理学家和哲学家，一个举世罕见的科学天才。他博览群书，涉猎百科，为丰富人类的科学知识宝库做出了不可磨灭的贡献。

莱布尼兹出生于德国东部莱比锡的一个书香之家，父亲是莱比锡大学的道德哲学教授，母亲出生在一个教授家庭。莱布尼兹的父亲在他年仅6岁时便去世了，给他留下了丰富的藏书。莱布尼兹因此得以广泛接触古希腊和罗马文化，阅读了许多著名学者的著作，获得了坚实的文化功底和明确的学术目标。15岁时，他进入莱比锡大学学习法律，一进校便跟上了大学二年级标准的人文学科课程，还广泛阅读了培根、开普勒、伽利略等人的著作，并对他们的著述进行深入的思考和评价。在听了教授讲授欧几里德的《几何原本》的课程后，莱布尼兹对数学产生了浓厚的兴趣。

17 岁时，他在耶拿大学学习了短时期的数学，并获得了哲学硕士学位。

20 岁时，莱布尼兹转入阿尔特道夫大学。这一年，他发表了第一篇数学论文《论组合的艺术》。这是一篇关于数理逻辑的文章，其基本思想是把理论的真理性论证归结于一种计算的结果。这篇论文虽不够成熟，却闪耀着创新的智慧和数学才华。莱布尼兹在阿尔特道夫大学获得博士学位后便投身外交界。从 1671 年开始，他利用外交活动开拓了与外界的广泛联系，尤以通信作为获取外界信息、与人进行思想交流的主要方式。在出访巴黎时，莱布尼兹深受帕斯卡事迹的鼓舞，决心钻研高等数学，并研究了笛卡儿、费马、帕斯卡等人的著作。1673 年，莱布尼兹被推荐为英国皇家学会会员。此时，他的兴趣已明显地转向数学和自然科学，开始对无穷小算法的研究，独立地创立了微积分的基本概念与算法，和牛顿共同奠定了微积分学。1676 年，他到汉诺威公爵府担任法律顾问兼图书馆馆长。1700 年被选为巴黎科学院院士，促成建立了柏林科学院并任首任院长。

17 世纪下半叶，欧洲科学技术迅猛发展，由于生产力提高和社会各方面的迫切需要，经各国科学家的努力与历史的积累，建立在函数与极限概念基础上的微积分理论应运而生。微积分思想最早可以追溯到希腊由阿基米德等人提出的计算面积和体积的方法。1665 年牛顿创立了微积分，莱布尼兹在 1673～1676 年间也发表了微积分思想的论著。以前，微分和积分作为两种数学运算、两类数学问题，是分别研究的。卡瓦列里、巴罗、沃利斯等人得到了一系列求面积(积分)、求切线斜率(导数)的重要结果，但这些结果都是孤立的，不连贯。只有莱布尼兹和牛顿将积分和微分真正沟通起来，明确地找到了两者内在的直接联系：微分和积分是互逆的两种运算。这是微积分建立的关键所在。只有确立了这一基本关系，才能在此基础上构建系统的微积分学，并从对各种函数的微分和求积公式中，总结出共同的算法程序，使微积分方法普遍化，发展成用符号表示的微积分运算法则。因此，微积分“是牛顿和莱布尼兹大体上完成的，但不是由他们发明的”(恩格斯：《自然辩证法》)。

然而关于微积分创立的优先权，数学上曾掀起了一场激烈的争论。实际上，牛顿在微积分方面的研究虽早于莱布尼兹，但莱布尼兹发表成果早于牛顿。莱布尼兹在 1684 年 10 月发表的《教师学报》上的论文“一种求极大极小的奇妙类型的计算”，在数学史上被认为是最早发表的微积分文献。牛顿在 1687 年出版的《自然哲学的数学原理》的第一版和第二版也写道：“十年前在我和最杰出的几何学家 G・W 莱布尼兹的通信中，我表明我已经知道确定极大值和极小值的方法、作切线的方法以及类似的方法，但我在交换的信件中隐瞒了这方法，……这位最卓越的科学家在回信中写道，他也发现了一种同样的方法。他诉述了他的方法，他与我的方法几乎没有什么不同，除了他的措词和符号而外。”(但在第三版及以后再版时，这段话被删掉了。)因此，后来人们公认牛顿和莱布尼兹各自独立地创建了微积分。牛顿从物理学出发，运用集合方法研究微积分，其应用上更多地结合了运动学，造诣高于莱布尼兹。莱布尼兹则从几何问题出发，运用分析学方法引进微积分概念，得出运算法则，其数学的严密性与系统性是牛顿所不及的。莱布尼兹认识到：好的数学符号能节省思维劳动，运用符号的技巧是数学成功的关键之一。因此，他发明了一套适用的符号系统。例如，引入 $\mathrm{d}x$ 表示 $x$ 的微分，$\int$ 表示积分，$\mathrm{d}^n x$ 表示 $n$ 阶微分等。这些符号进一步促进了微积分学的发展。1713 年，莱布尼兹发表了《微积分的历史和起源》一文，总结了自己创立微积分学的思路，说明了自己成就的独立性。

莱布尼兹在数学方面的成就是巨大的，他的研究及成果渗透到高等数学的许多领域。他提出的一系列重要数学理论，为后来的数学理论奠定了基础。

莱布尼兹曾讨论过负数和复数的性质，得出复数的对数并不存在，共扼复数的和是实数的结论。在后来的研究中，莱布尼兹证明了自己的结论是正确的。他还研究了线性方程组，从理论上探讨了消元法，并首先引入行列式的概念，提出行列式的某些理论。此外，莱布尼兹创立了符号逻辑学的基本概念，发明了能够进行加、减、乘、除及开方运算的计算机和二进制，为计算机的现代发展奠定了坚实的基础。

莱布尼兹的物理学成就也是非凡的。他发表了《物理学新假说》，提出了具体运动原理和抽象运动原理，认为运动着的物体，不论多么渺小，将带着处于完全静止状态的物体的部分一起运动。他还对笛卡儿提出的动量守恒原理进行了认真的探讨，提出了能量守恒原理的雏形，并在《教师学报》上发表了"关于笛卡儿和其他人在自然定律方面的显著错误的简短证明"，提出了运动的量的问题，证明了动量不能作为运动的度量单位，并引入动能概念，第一次认为动能守恒是一个普通的物理原理。他又充分地证明了"永动机是不可能"的观点。他反对牛顿的绝对时空观，认为"没有物质也就没有空间，空间本身不是绝对的实在性"，"空间和物质的区别就像时间和运动的区别一样，可是这些东西虽有区别，却是不可分离的"。在光学方面，莱布尼兹也有所建树，他利用微积分中的求极值方法，推导出了折射定律，并尝试用求极值的方法解释光学基本定律。可以说，莱布尼兹的物理学研究一直是朝着为物理学建立一个类似欧氏几何的公理系统的目标前进的。

莱布尼兹对中国的科学、文化和哲学思想十分关注，是最早研究中国文化和中国哲学的德国人。他向耶稣会来华传教士格里马尔迪了解了许多有关中国的情况，包括养蚕纺织、造纸印染、冶金矿产、天文地理、数学文字等，并将这些资料编辑成册出版。他认为中西相互之间应建立一种交流认识的新型关系。在《中国近况》一书的绪论中，莱布尼兹写道："全人类最伟大的文化和最发达的文明仿佛今天汇集在我们大陆的两端，即汇集在欧洲和位于地球另一端的东方的欧洲——中国。"，"中国这一文明古国与欧洲相比，面积相当，人口数量则已超过。"，"在日常生活以及经验地应付自然的技能方面，我们是不分伯仲的。我们双方各自都具备通过相互交流使对方受益的技能。在思考的缜密和理性的思辩方面，显然我们要略胜一筹"，但"在时间哲学，即在生活与人类实际方面的伦理以及治国学说方面，我们实在是相形见拙了。"在这里，莱布尼兹不仅显示出了不带"欧洲中心论"色彩的虚心好学精神，而且为中西文化双向交流描绘了宏伟的蓝图，并极力推动这种交流向纵深发展，使东西方人民相互学习，取长补短，共同繁荣进步。

莱布尼兹为促进中西文化交流做出了毕生的努力，产生了广泛而深远的影响。他的虚心好学，对中国文化平等相待，不含"欧洲中心论"偏见的精神尤为难能可贵，值得后世永远敬仰、效仿。

# 附录A　生活中常见数学

## 一、个人所得税率

我国税法规定："在中国境内有住所的个人，或者无住所而在中国境内居住满1年的个人，应当就其从中国境内、境外取得的全部所得纳税。在中国境内无住所又不居住，或者无住所而在中国境内居住不满1年的个人，应当就其从中国境内取得的所得纳税。"此税种称为个人所得税。

依法纳税是每个公民的义务，充分了解个人所得税的内涵与计算方法是大学生参与社会经济活动的必备知识。个人所得税征收范围请同学们上网查询，下面仅探讨个人所得税率及其相应税值计算问题。

我国的个人所得税率采用的是超额累进税率。2011年9月1日起调整后的7级超额累进个人所得税免缴基数为3500元人民币，税率表如下所示：

| 级别 | 全月应纳税所得额 | 税率/% |
|---|---|---|
| 1 | 不超过1,500元 | 3 |
| 2 | 超过1,500元至4,500元的部分 | 10 |
| 3 | 超过4,500元至9,000元的部分 | 20 |
| 4 | 超过9,000元至35,000元的部分 | 25 |
| 5 | 超过35,000元至55,000元的部分 | 30 |
| 6 | 超过55,000元至80,000元的部分 | 40 |
| 7 | 超过80,000元的部分 | 45 |

根据国家相关规定，统称为"五险一金"（"五险"指的是五种保险，包括养老保险、医疗保险、失业保险、工伤保险和生育保险；"一金"指的是住房公积金。其中，养老保险、医疗保险和失业保险这三种险和住房公积金是由企业和个人共同缴纳的保费，工伤保险和生育保险完全由企业承担，个人不需要缴纳。"五险"相当于一份保险，而"一金"是职工可以以低于商业银行贷款的利率去用公积金买房。所以，"五险一金"很重要），可在税前扣除，即此部分收入不用缴纳个人所得税。

根据表格数据，得出个人所得税计算公式。

设某人月税前工资收入为$x$元，需缴"五险一金"$a$元。

① 当$x-a\leqslant 3500$（元）时，应纳税率为0%，应纳税额为$(x-a)\times 0\%=0$

税后实得收入$=x-a$

② 当$3500<x-a\leqslant 5000$（元）时，应纳税率为3%，应纳税额为$(x-a-3500)\times 3\%$

税后实得收入$=x-a-(x-a-3500)\times 3\%$

③ 当$5000<x-a\leqslant 8000$（元）时，应纳税率分段为3%、10%，应纳税额为

$1500\times 3\%+(x-a-5000)\times 10\%=(x-a-5000)\times 10\%+45$

税后实得收入$=x-a-[(x-a-5000)\times 10\%+45]$

④ 当$8000<x-a\leqslant 12500$(元)时,应纳税率分段为3%、10%、20%,应纳税额为

$1500\times 3\%+3000\times 10\%+(x-a-8000)\times 20\%=(x-a-8000)\times 20\%+345$

税后实得收入$=x-a-[(x-a-8000)\times 20\%+345]$

⑤ 当$12500<x-a\leqslant 38500$(元)时,应纳税率分段为3%、10%、20%、25%,应纳税额为

$$1500\times 3\%+3000\times 10\%+4500\times 20\%+(x-a-12500)\times 25\%$$
$$=(x-a-12500)\times 25\%+1245$$

税后实得收入$=x-a-[(x-a-12500)\times 25\%+1245]$

⑥ 当$38500<x-a\leqslant 58500$(元)时,应纳税率分段为3%、10%、20%、25%、30%,应纳税额为

$$1500\times 3\%+3000\times 10\%+4500\times 20\%+26000\times 25\%+(x-a-38500)\times 30\%$$
$$=(x-a-38500)\times 30\%+7745$$

税后实得收入$=x-a-[(x-a-38500)\times 30\%+7745]$

⑦ 当$58500<x-a\leqslant 83500$(元)时,应纳税率分段为3%、10%、20%、25%、30%、40%,应纳税额为

$$1500\times 3\%+3000\times 10\%+4500\times 20\%+26000\times 25\%+20000\times 30\%$$
$$+(x-a-58500)\times 40\%=(x-a-58500)\times 40\%+13745$$

税后实得收入$=x-a-[(x-a-58500)\times 40\%+13745]$

⑧ 当$x-a\geqslant 83500$(元)时,应纳税率分段为3%、10%、20%、25%、30%、40%、45%,应纳税额为

$$1500\times 3\%+3000\times 10\%+4500\times 20\%+26000\times 25\%+20000\times 30\%$$
$$+25000\times 40\%+(x-a-83500)\times 45\%=(x-a-83500)\times 45\%+23745$$

税后实得收入$=x-a-[(x-a-83500)\times 45\%+23745]$

**例** 假设应聘公司给你开出的月薪为6850元,需扣除的"三险一金"为660元,问你每月实际可得税后收入为多少?

**解** $\because$ $6850-660=6190$, $5000<6190<8000$

$\therefore$应纳税额$=(x-a-5000)\times 10\%+45$

$=(6850-660-5000)\times 10\%+45$

$=119+45=264$(元)

实际收入=税前月薪−"三险一金"−个人所得税

$=6850-660-264=5926$(元)

现行税率计算有些复杂,财务人员根据这个税率研发了一种速算扣除数法,减少了财务、税务人员的计算量。

速算扣除数是指采用超额累进税率计税时,简化计算应纳税额的一个数据。速算扣除数实际上是在级距和税率不变的条件下,全额累进税率的应纳税额比超额累进税率的应纳税额多纳的一个常数。因此,在超额累进税率条件下,用全额累进的计税方法,只要减掉这个常数,就等于用超额累进方法计算的应纳税额,简称速算扣除数。

工资个税的计算公式为

应纳税额＝(工资薪金所得－"五险一金"－扣除数)×适用税率－速算扣除数

扣除数标准为3500元/月(2011年9月1日起正式执行)(工资、薪金所得适用)。

例如，

① 如果某人的工资收入为5000元，他应纳个人所得税为

$$(5000-3500)\times 3\%-0=45(\text{元})$$

② 某员工10月份工资为16000元，个人缴纳的"五险一金"金额为3680元。

应纳税所得额＝16000－3680－3500＝8820(元)(属于第3档4500～9000元的部分)

应缴个人所得税＝8820×20%－555＝1209(元)

## 二、媒体上常见的GDP、GNP、PMI、CPI、PPI的含义

### (一) GDP

GDP即英文Gross Domestic Product的缩写，也就是国内生产总值。通常对GDP的定义为：一定时期内(一个季度或一年)，一个国家或地区的经济中所生产出的全部最终产品和提供劳务的市场价值的总值。

在经济学中，常用GDP和GNP(国民生产总值，Gross National Product)作为共同衡量该国或地区的经济发展综合水平通用的指标。这也是目前各个国家和地区通常采用的衡量手段。

GDP是宏观经济中最受关注的经济统计数字，因为它被认为是衡量国民经济发展情况最重要的一个指标。一般来说，国内生产总值有三种形态，即价值形态、收入形态和产品形态。从价值形态看，它是所有常驻单位在一定时期内生产的全部货物和服务价值与同期投入的全部非固定资产货物和服务价值的差额，即所有常驻单位的增加值之和；从收入形态看，它是所有常驻单位在一定时期内直接创造的收入之和；从产品形态看，它是货物和服务最终使用减去货物和服务进口。GDP反映的是国民经济各部门的增加值的总额。

### (二) GNP

GNP是指一个国家(或地区)所有国民在一定时期内新生产的产品和服务价值的总和。GNP按国民原则核算，只要是本国(或地区)居民，无论是否在本国境内(或地区内)居住，其生产和经营活动新创造的增加值都应该计算在内。比方说，我国的居民通过劳务输出在境外所获得的收入就应该计算在GNP中。

GNP与GDP的关系是：GNP等于GDP加上本国投在国外的资本和劳务的收入，再减去外国投在本国的资本和劳务的收入。以2001年为例，当年我国GDP为95933亿元，GNP为94346亿元，两者差额为1587亿元，也就是说2001年，外商来华投资和来华打工新增加的价值之和比中国人在国外投资和劳务输出新增的价值之和多1587亿元。

从1985年起，我国经国务院批准建立了国民经济核算体系，正式采用GDP对国民经济运行结果进行核算。目前，我们采用的是联合国1993年国民经济核算体系(SNA)的方法，并采取国家统计局统一制定方法制度，各级政府统计局分别核算其国内生产总值的分级核算方法。现在讲经济总量，一般用的是GDP指标。

（三）PMI

PMI即采购经理指数(Purchase Management Index)，是一套月度发布的、综合性的经济监测指标体系，分为制造业PMI、服务业PMI，也有一些国家建立了建筑业PMI。目前，全球已有20多个国家建立了PMI体系，世界制造业和服务业PMI已经建立。PMI是通过对采购经理的月度调查汇总出来的指数，反映了经济的变化趋势。

PMI有五大特点：

① 具有及时性与先导性。由于采取快速、简便的调查方法，在时间上大大早于其他官方数据。

② 具有综合性与指导性。PMI是一个综合的指数体系，涵盖了经济活动的多个方面，其综合指数反映了经济总体情况和总的变化趋势，其各项指标反映了企业供应与采购活动的各个侧面。

③ 真实性与可靠性。PMI问卷调查直接针对采购与供应经理，取得的原始数据不做任何修改，经过汇总并采用科学方法统计、计算，保证了数据来源的真实性。

④ 科学性、合理性。根据各行业对GDP的贡献率确定每个行业的样本比重，并考虑地域分布和企业不同的类型来确定抽样样本。

⑤ 简单、易行。PMI计算出来之后，可以与上月进行比较。如果PMI大于50%，表示经济上升，反之则趋向下降。一般来说，汇总后的制造业综合指数高于50%，表示整个制造业经济在增长；低于50%，表示制造业经济下降。

PMI指数体系无论对于政府部门、金融机构、投资公司，还是企业来说，在经济预测和商业分析方面都有重要的意义。

首先，是政府部门调控、金融机构与投资公司决策的重要依据。它是一个先行的指标。根据美国专家的分析，PMI指数与GDP具有高度相关性，且其转折点往往领先于GDP几个月。在过去40多年里，美国制造业PMI的峰值可领先商业高潮6个月以上，领先商业低潮也有数月。另外，可以用它来分析产业信息。可以根据产业与GDP的关系，分析各产业发展趋势及其变化。

第二，企业应用PMI可及时判断行业供应及整体走势，从而更好地进行决策。企业可利用PMI评估当前或未来经济走势，判断其对企业目标实现的潜在影响。同时，企业可根据整体经济状况对市场的影响，确定采购与价格策略。

中国采购经理指数由国家统计局和中国物流与采购联合会共同合作完成，是快速、及时反映市场动态的先行指标，它包括制造业和非制造业采购经理指数，与GDP一同构成我国宏观经济的指标体系。目前，采购经理指数调查已列入国家统计局的正式调查制度。

中国制造业采购经理指数体系共包括11个指数：新订单、生产、就业、供应商配送、存货、新出口订单、采购、产成品库存、购进价格、进口、积压订单。制造业采购经理指数(PMI)是一个综合指数，计算方法全球统一。如制造业PMI指数在50%以上，反映制造业经济总体扩张；低于50%，通常反映制造业经济总体衰退。

（四）CPI

在经济学上，CPI称为零售价指数，亦称为居民消费价格指数(Consumer Price

Index)，是考察城市工薪居民购买的特定系列商品价格平均值的一个统计指标。它是衡量通货膨胀的主要指标之一。CPI是一个固定的数量价格指数，无法反映商品质量的改进或者下降，对新产品也不加考虑。

CPI是反映与居民生活有关的产品及劳务价格统计出来的物价变动指标。如果消费者物价指数升幅过大，表明通胀已经成为经济不稳定因素，央行会有紧缩货币政策和财政政策的风险，造成经济前景不明朗。因此，该指数过高的升幅往往不被市场欢迎。

例如，在过去12个月，消费者物价指数上升2.3%，表示生活成本比12个月前平均上升2.3%。当生活成本提高时，金钱价值随之下降。也就是说，一年前收到的一张100元纸币，今日只可以买到价值97.70元的货品及服务。一般说来，当CPI>3%的增幅时，称为通货膨胀；当CPI>5%的增幅时，称为严重的通货膨胀。

### （五）PPI

生产者物价指数PPI(Producer Price Indexes)主要用于衡量各种商品在不同生产阶段的价格变化情形。一般而言，商品的生产分为3个阶段：①完成阶段，商品至此不再做任何加工手续；②中间阶段，商品尚需做进一步的加工；③原始阶段，商品尚未做任何的加工。

PPI是衡量工业企业产品出厂价格变动趋势和变动程度的指数，是反映某一时期生产领域价格变动情况的重要经济指标，也是制定有关经济政策和国民经济核算的重要依据。目前，我国PPI的调查产品有4000多种(含规格品9500多种)，覆盖全部39个工业行业大类，涉及调查种类186个。

根据价格传导规律，PPI对CPI有一定的影响。PPI反映生产环节价格水平，CPI反映消费环节的价格水平。整体价格水平的波动一般首先出现在生产领域，然后通过产业链向下游产业扩散，最后波及消费品。产业链可以分为两条：一条是以工业品为原材料的生产，存在原材料→生产资料→生活资料的传导；另一条是以农产品为原料的生产，存在农业生产资料→农产品→食品的传导。在中国，就以上两个传导路径来看，目前第二条，即农产品向食品的传导较为充分，2006年以来粮价上涨是拉动CPI上涨的主要因素。但第一条，即工业品向CPI的传导基本是失效的。

由于CPI不仅包括消费品价格，还包括服务价格，CPI与PPI在统计口径上并非严格的对应关系，因此CPI与PPI的变化出现不一致的情况是可能的。CPI与PPI持续处于背离状态，这不符合价格传导规律。

在不同市场条件下，工业品价格向最终消费价格传导有两种可能的情形：一是在卖方市场条件下，成本上涨引起的工业品价格(如电力、水、煤炭等能源、原材料价格)上涨最终会顺利传导到消费品价格上；二是在买方市场条件下，由于供大于求，工业品价格很难传递到消费品价格上，企业需要通过压缩利润，对上涨的成本予以消化，其结果表现为中下游产品价格稳定，甚至可能继续走低，企业盈利减少。对于部分难以消化成本上涨的企业，可能面临破产。可以顺利完成传导的工业品价格(主要是电力、煤炭、水等能源原材料价格)目前主要属于政府调价范围。在上游产品价格(PPI)持续走高的情况下，企业无法顺利地把上游成本转嫁出去，使最终消费品价格(CPI)提高，最终导致企业利润减少。

## 三、PM2.5的含义

PM2.5指的是空气动力学当量直径小于或等于2.5μm的颗粒物(可悬浮于空气中的固态和液态的微粒)。它们富含大量的有毒、有害物质,且在大气中的停留时间长,输送距离远,因而对人体健康和大气环境质量的影响更大。PM2.5的直径还不到人类头发丝的1/20。PM2.5也是雾霾天气形成的主要原因。

专业地说,PM2.5指的是空气中的细颗粒物,又称细粒、细颗粒。细颗粒物指环境空气中空气动力学当量直径小于或等于2.5μm的颗粒物。它能较长时间悬浮于空气中,其在空气中含量浓度越高,代表空气污染越严重。

虽然PM2.5只是地球大气成分中含量很少的组分,但它对空气质量和能见度等有重要的影响。与较粗的大气颗粒物相比,PM2.5粒直径小,面积大,活性强,易附带有毒、有害物质(例如重金属、微生物等),且在大气中的停留时间长,输送距离远,因而对人体健康和大气环境质量的影响更大。

通俗地说,PM2.5就是指细颗粒物,简单理解就是空气中的固体小颗粒。在初中物理学中,提到的汽车排放的烟雾,就是由固体小颗粒组成。

细颗粒物的标准是由美国在1997年提出的,主要是为了更有效地监测随着工业化日益发达而出现的、在旧标准中被忽略的对人体有害的细小颗粒物。细颗粒物指数已经成为一个重要的测控空气污染程度的指数。

在天气预报或者天气APP应用中,我们经常会听到或者看到“PM2.5指数”一词。那么,PM2.5指数是什么意思?其实很简单,PM2.5指数代表的就是空气等级、质量级别。

根据PM2.5检测网的空气质量新标准,24小时平均值标准值分布如下:

| 空气质量等级 | 24小时PM2.5平均值标准值/(μg/m³) |
|---|---|
| 优 | 0~35 |
| 良 | 35~75 |
| 轻度污染 | 75~115 |
| 中度污染 | 115~150 |
| 重度污染 | 150~250 |
| 严重污染 | 大于250 |

**世界卫生组织(WHO)2005年《空气质量准则》**

| 项目 | 年均值/(μg/m³) | 日均值/(μg/m³) |
|---|---|---|
| 准则值 | 10 | 25 |
| 过渡目标1 | 35 | 75 |
| 过渡目标2 | 25 | 50 |
| 过渡目标3 | 15 | 37.5 |

中国拟于2016实施《空气质量准则》

| 项目 | 年均值/(μg/m³) | 日均值/(μg/m³) |
|---|---|---|
| 准则值 | 35 | 75 |

**1. 世界卫生组织PM2.5标准**

世界卫生组织(WHO)认为,PM2.5小于10是安全值,中国很多地区高于50接近80。世卫组织为各国提出了非常严格的PM2.5标准,全球大部分城市都未能达到该标准。针对发展中国家,世卫组织制订了三个不同阶段的准则值,其中第一阶段为最宽的限值,新标准的PM2.5与该限值统一,PM10此前的标准宽于第一阶段目标值,新标准也将其提高,和世卫组织的第一阶段限值一致。

我国PM2.5标准采用世卫组织设定最宽限值：PM2.5年和24小时平均浓度限值分别定为35μg/m³ 和75μg/m³。

**2. PM2.5的危害**

PM2.5主要对呼吸系统和心血管系统造成伤害,包括呼吸道受刺激、咳嗽、呼吸困难、降低肺功能、加重哮喘、导致慢性支气管炎、心律失常、非致命性的心脏病、心肺病患者的过早死。人体的生理结构决定了对PM2.5没有任何过滤、阻拦能力,因此儿童、孕妇、老人以及心肺疾病患者是PM2.5污染的敏感人群。

## 四、恩格尔系数

恩格尔系数是德国统计学家恩思特·恩格尔阐明的一个定律：随着家庭和个人收入增加,收入中用于食品方面的支出比例将逐渐减小。反映这一定律的系数被称为恩格尔系数,即食品支出总额占消费支出总额的比率。

恩格尔定律主要表述的是食品支出占总消费支出的比例随收入变化而变化的一定趋势。它揭示了居民收入和食品支出之间的相关关系,用食品支出占消费总支出的比例来说明经济发展、收入增加对生活消费的影响程度。一个国家、地区或家庭生活越贫困,恩格尔系数越大；反之,生活越富裕,恩格尔系数越小。

恩格尔系数是表示生活水平高低的一个指标,计算公式为：

恩格尔系数＝食物支出金额÷总收入金额(或总支出金额)×100％

联合国根据恩格尔系数的大小,给出划分一个国家生活水平的标准：

① 平均家庭恩格尔系数大于60％为贫穷；

② 50％～60％为温饱；

③ 40％～50％为小康；

④ 30％～40％属于相对富裕；

⑤ 20％～30％为富裕；

⑥ 20％以下为极其富裕。

20世纪90年代,恩格尔系数在20％以下的只有美国,达到16％；欧洲、日本、加拿大一般在20％～30％之间,是富裕状态。

我国1978年的恩格尔系数为60％,属于贫困国家。改革开放以后,我国的恩格尔系数不断下降，2003 年下降到 40%，已经达到小康状态。2008 年为 37.11%，进入相对富裕状态。

**例** 假设你每月食物消费标准为 1200 元，你希望进入相对富裕阶层，问你的月收入应在什么范围？若你希望进入极其富裕阶层呢？

**解：**（1）∵相对富裕恩格尔系数为 30%～40%

∴最低月收入＝食物支出金额÷恩格尔系数

＝1200÷40%＝3000（元）

最高月收入＝1200÷30%＝4000（元）

你的月收入应在 3000～4000 元之间。

（2）极其富裕恩格尔系数为小于 20%

最低月收入＝1200÷20%＝6000（元）

你的月收入应在 6000 元以上。

现代社会除却食物支出，还有房屋、交通、医疗、教育、日用必需品等支出，恩格尔系数虽有不足，但经济界普遍认为其极具参考价值。

## 五、基尼系数

基尼系数（Gini Coefficient）是意大利经济学家基尼（Corrado Gini，1884—1965）于 1922 年提出的，用于定量测定收入分配差异程度。

其经济含义是：在全部居民收入中，用于进行不平均分配的那部分收入占总收入的百分比。基尼系数最大为 1，最小等于 0。前者表示居民之间的收入分配绝对不平均，即 100%的收入被一个单位的人全部占有了；后者表示居民之间的收入分配绝对平均，即人与人之间收入完全平等，没有任何差异。但这两种情况只是在理论上的绝对化形式，在实际生活中一般不会出现。因此，基尼系数的实际数值只能介于 0～1 之间。

目前，国际上用来分析和反映居民收入分配差距的方法和指标很多。基尼系数由于给出了反映居民之间贫富差异程度的数量界线，可以较客观、直观地反映和监测居民之间的贫富差距，预报、预警和防止居民之间出现贫富两极分化，因此得到世界各国的广泛认同和普遍采用。

基尼系数的计算方法如下所述：设实际收入分配曲线和收入分配绝对平等曲线之间的面积为 $A$，实际收入分配曲线右下方的面积为 $B$，并以 $A$ 除以 $(A+B)$ 的商表示不平等程度。这个数值被称为基尼系数或称洛伦茨系数。如果 $A$ 为 0，基尼系数为 0，表示收入分配完全平等；如果 $B$ 为 0，则系数为 1，表示收入分配绝对不平等。收入分配越是趋向平等，洛伦茨曲线的弧度越小，基尼系数也越小；反之，收入分配越是趋向不平等，洛伦茨曲线的弧度越大，那么基尼系数也越大。

近年来，国内不少学者对基尼系数的具体计算方法做了探索，提出了十多个不同的计算公式。山西农业大学经贸学院张建华先生提出了一个简便易用的公式：假定一定数量的人口按收入由低到高顺序排队，分为人数相等的 $n$ 组，从第 1 组到第 $i$ 组人口累计收入占全部人口总收入的比重为 $W_i$，则

$$G = 1 - \frac{1}{n}\left(2\sum_{i=1}^{n-1} W_i + 1\right)$$

该公式利用定积分的定义将对洛伦茨曲线的积分(面积 $B$)分成 $n$ 个等高梯形的面积之和得到的。

基尼系数由联合国有关组织规定如下：

若低于0.2,表示收入绝对平均；

0.2～0.3,表示比较平均；

0.3～0.4,表示相对合理；

0.4～0.5,表示收入差距较大；

0.5以上,表示收入差距悬殊。

经济学家们通常用基尼指数来表现一个国家和地区的财富分配状况。这个指数在0和1之间,数值越低,表明财富在社会成员之间的分配越均匀；反之亦然。

通常把0.4作为收入分配差距的"警戒线"。根据黄金分割律,其准确值应为0.382。一般发达国家的基尼指数在0.24～0.36之间,美国偏高,为0.4。中国大陆基尼系数2010年超过0.5,贫富差距较大。

此外,洛伦茨曲线讲的是市场总发货值的百分比与市场中由小到大厂商的累积百分比之间的关系。洛伦茨曲线的弧度越小,基尼系数也越小。

## 六、住宅容积率

所谓容积率,是指一个小区的总建筑面积与用地面积的比率。对于发展商来说,容积率决定地价成本在房屋中占的比例；对于住户来说,容积率直接涉及居住的舒适度。绿地率也是如此。绿地率较高,容积率较低,建筑密度一般也就较低,发展商可用于回收资金的面积就越少,住户越舒服。这两个比率决定了这个项目是从人的居住需求角度,还是从纯粹赚钱的角度来设计一个社区。

容积率是房地产项目规划建设用地范围内全部建筑面积(或者说总建筑面积,包括计算面积的附属建筑物)与规划建设用地面积(总的用地面积)之比,计算公式为

总建筑面积÷总用地面积×100%

(若建筑物层高超过8m,在计算容积率时,该层建筑面积加倍计算)

例如,总用地面积10000$m^2$,总建筑面积18000$m^2$,则建筑容积率是1.8。

说到底,就是小区里户数、人数和小区面积的关系。当然,户越少,人越少,面积越大越舒服。

容积率多少合适呢?

住宅容积率一般在土地拍卖时就已确定,只有什么产品适合什么容积率的问题。下面提供各类建筑分别对应的容积率数值供参考。

① 容积率低于0.3,这是非常高档的独栋别墅项目。

② 容积率0.3～0.5,一般独栋别墅项目,环境还可以,但感觉有点密了。如果穿插部分双拼别墅、联排别墅,就可以解决这个问题了。

③ 容积率0.5～0.8,一般的双拼、联排别墅。如果组合3、4层,局部5层的楼中楼,这个项目的品位就相当高了。

④ 容积率0.8～1.2,全部是多层的话,那么环境绝对堪称一流。如果其中夹杂低层甚至联排别墅,那么环境相比而言只能算是一般了。

⑤ 容积率 1.2～1.5,正常的多层项目,环境一般。如果是多层与小高层的组合,环境会是一大卖点。

⑥ 容积率 1.5～2.0,正常的多层＋小高层项目。

⑦ 容积率 2.0～2.5,正常的小高层项目。

⑧ 容积率 2.5～3.0,小高层＋二类高层项目(18 层以内)。此时如果做全小高层,环境会很差。

⑨ 容积率 3.0～6.0,高层项目(楼高 100 米以内)。

⑩ 容积率 6.0 以上,摩天大楼项目。

对于发展商来说,容积率决定地价成本在房屋中占的比例;而对于住户来说,容积率直接涉及居住的舒适。容积率越低,同一片土地上的建筑物越少,舒适度越高。一般来说,一个良好的居住小区,高层住宅容积率应不超过 5,多层住宅应不超过 3,绿地率应不低于 30%。但由于受土地成本的限制,并不是所有项目都能做得到。

## 七、单利和复利

很多人对银行的计息是单利还是复利,不清楚究竟是怎么一回事。银行的答案是:在单个存期内是单利计算,多个存期间是复利计算。看了下面的详细解说,你一定会很清楚明白了。

打个比方,2005 年 2 月 28 日存三年定期,设自动转存,2011 年 2 月 28 日取。

2005～2008 年是第一个存期(三年),按单利计算利息。

2008～2011 年是第二个存期(三年),按单利计算利息。

两个存期间是复利计算,但这也不是严格的复利,只是说,第二个存期是以第一个存期到期后(2008 年 2 月 28 日)的本息合计当做第二存期的本金,进行利息计算。也就是说,是第一个存期的利息起到了复利的作用。这相当于假设一个人存两年的定期,第一年把本和利取出来,再重新存进去一样。(人为制造复利)

现在,看一下目前银行的存款利率情况(假设利率):

一年期——4.14%

两年期——4.68%

三年期——5.40%

五年期——5.85%

假设手中有 100 元人民币。

① 存一个两年的定期后,本利和为

$$100 + 4.68 + 4.68 = 109.36(\text{元})$$

② 按上述人为复利再做一次,得到的本利和为

$$100 \times (1 + 4.14\%) \times (1 + 4.14\%) = 108.4514(\text{元})$$

大家也可以算一下,存一个六年的定期与存一个三年的定期,再自动转存,六年后取。比较一下:

① $100+5.85\times6=135.1$(元)(定期六年)

② $100\times(1+5.4\%\times3)\times(1+5.4\%\times3)=135.0244$(元)(定期三年,自动转存三年)

由此可见,银行的单利或者人为的复利两种方式所得的结果相差无几。说白了,银行

存款的利息就是单利。

下面我们来看看真正的“复利率”和“单利率”的区别。

假设有100块钱准备拿到银行存定期，为了高利息，存三年期。假设当前三年定期利率5%，有两种不同的结果，如下所示：

① 单利率：

100×(1+5%×3年)=115(元)

② 复利率：

第一年：100×(1+5%)=105(元)

第二年：105×(1+5%)=110.25(元)

第三年：110.25×(1+5%)=115.7625(元)

按照单利率，三年后本息共115元，但复利率有115.7625元。有同学说：“啊，不就多了7毛6，斤斤计较啥？”

再来看看，假如不是三年，按25岁开始存钱，到65岁退休，这100块钱存40年计算，还是5%，结果如下：

$$¥100 \times (1 + 5\%)^{40} = ¥703.9989$$

40年后，复利那边“利滚利”变成了704元，而单利那边只有300元，足足差了1倍不止！

也许你会问，哪些行业是复利的？比如基金、保险，这种复利讲究的都是长期持有。

看下面的数据：

20岁时，每个月投入100元用作投资，60岁时(假设每年有10%的投资回报)，你会拥有63万。

30岁时，每个月投入100元用作投资，60岁时(假设每年有10%的投资回报)，你会拥有20万。

40岁时，每个月投入100元用作投资，60岁时(假设每年有10%的投资回报)，你会拥有7.5万。

50岁时，每个月投入100元用作投资，60岁时(假设每年有10%的投资回报)，你会拥有2万。

经济学家称这种现象为复利效应。复利，就是复合利息，它是指每年的收益还可以产生收益，即俗称的“利滚利”。而投资的最大魅力就在于复利的增长。想当年，黄世仁就是凭着这种“驴打滚”的毒计害死杨白劳，强娶喜儿的。著名的物理学家爱因斯坦称：“复利是世界第八大奇迹，其威力甚至超过原子弹。”

## 八、最大利润问题

某房地产公司现有50套公寓要出租，当月租金定为2000元时，公寓会全部租出去；当月租金每增加100元，就会有一套公寓租不出去，而租出去的公寓每月需花费200元的维护费。试问租金定为多少时可获得最大收入？最大收入是多少？

**解**：设每套公寓租金定为$x$元，所获收入为$y$元，则目标函数为

$$y = \left[50 - \frac{x - 2000}{100}\right](x - 200)$$

整理得

$$y=\frac{1}{100}(-x^2+7200x-1400000)\ (x\geqslant 2000)$$

则

$$y'=\frac{1}{100}(-2x+7200)$$

令 $y'=0$,得唯一稳定点 $x=3600$。

又因为 $y(3600)=115600$,$y(2000)=90000$,所以租金定为 3600 元时,可获得最大收入,最大收入为 115600 元。

## 九、智慧老人与分牛问题

古印度有一位父亲在弥留之际为三个儿子分割 19 头牛的家产,要求老大得$\frac{1}{2}$,老二得$\frac{1}{4}$,老三得$\frac{1}{5}$。在印度教中,牛为圣灵,不得宰杀,须整体分割,问如何分割才能符合先人的遗嘱?

**解法 1**:故事也许大家都已熟悉,三兄弟遇到了一位智慧老人,他慷慨地先借给三兄弟一头牛,牛的总数变为 20,而且 20 恰好是 2、4、5 的最小公倍数。按照分配比例,

老大似乎应得:$20\times\frac{1}{2}=10$

老二似乎应得:$20\times\frac{1}{4}=5$

老三似乎应得:$20\times\frac{1}{5}=4$

三兄弟合计分配了 19 头,多出的一头归还智慧老人,大家皆大欢喜,众口称颂智慧老人。

**解法 2**:同学们不妨冷静想想,此分配方案借助了智慧老人的一头牛,因此还符合兄弟父亲的遗嘱吗?

表面上看,老大似乎只该分得 $19\times\frac{1}{2}=9.5$(头),老二似乎只该分得 $19\times\frac{1}{4}=4.75$(头),老三似乎只该分得 $19\times\frac{1}{5}=3.8$(头)。

不妨用无穷递缩等比数列来分析。

注意到 $19\times\frac{1}{2}+19\times\frac{1}{4}+19\times\frac{1}{5}=19\times\frac{19}{20}<19$,即牛并没有被分完,还剩 $19-19\times\frac{19}{20}=\frac{19}{20}$(头),故还得继续按照遗嘱分。

老大继续得$\frac{19}{20}\times\frac{1}{2}$,老二得$\frac{19}{20}\times\frac{1}{4}$,老三得$\frac{19}{20}\times\frac{1}{5}$,则剩余

$$\frac{19}{20}-\left(\frac{19}{20}\times\frac{1}{2}+\frac{19}{20}\times\frac{1}{4}+\frac{19}{20}\times\frac{1}{5}\right)=\frac{19}{20}\left(1-\left(\frac{1}{2}+\frac{1}{4}+\frac{1}{5}\right)\right)=\frac{19}{20^2}$$

继续分割,则每人所得的数列为

老大：$19\times\frac{1}{2},\frac{19}{20}\times\frac{1}{2},\frac{19}{20^2}\times\frac{1}{2},\cdots,\frac{19}{20^{n-1}}\times\frac{1}{2}\cdots$

老二：$19\times\frac{1}{4},\frac{19}{20}\times\frac{1}{4},\frac{19}{20^2}\times\frac{1}{4},\cdots,\frac{19}{20^{n-1}}\times\frac{1}{4}\cdots$

老三：$19\times\frac{1}{5},\frac{19}{20}\times\frac{1}{5},\frac{19}{20^2}\times\frac{1}{5},\cdots,\frac{19}{20^{n-1}}\times\frac{1}{5}\cdots$

它们都是公比 $q=\frac{1}{20}$的无穷递缩等比数列。由无穷递缩等比数列求和公式得

老大应分得 $s_1=\dfrac{19\times\frac{1}{2}}{1-\frac{1}{20}}=10$(头)，老二应分得 $s_2=\dfrac{19\times\frac{1}{4}}{1-\frac{1}{20}}=5$(头)

老三应分得 $s_1=\dfrac{19\times\frac{1}{5}}{1-\frac{1}{20}}=4$(头)

智慧老人方法符合遗嘱。

## 十、阿基里斯悖论(芝诺悖论)

阿基里斯是古希腊神话中的善跑英雄，而他追不上乌龟，这是古希腊数学家芝诺最著名的悖论。芝诺说：假设阿基里斯在与乌龟竞赛时，速度为乌龟的 10 倍，但乌龟在他前面 100m 同时起跑，则阿基里斯永远不可能追上乌龟。

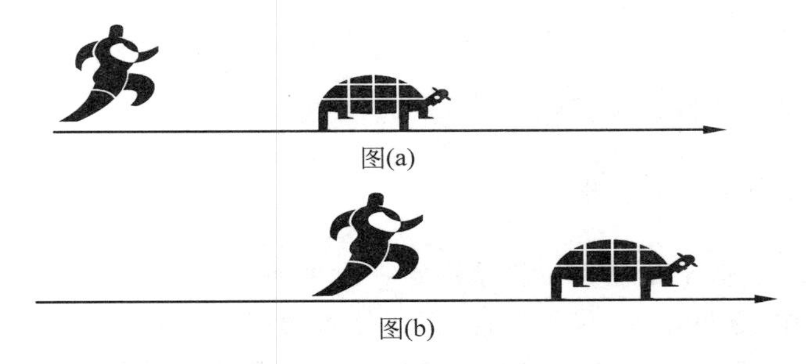

图(a)

图(b)

芝诺论据：因为当阿基里斯追到 100m 时，乌龟已经又向前爬了 10m。于是，一个新的起点产生了，阿基里斯必须继续追。

当他追到乌龟爬的这 10m 时，乌龟又已经向前爬了 1m，阿基里斯只能再追向那个 1m。

如此下去，乌龟将制造出无穷个起点，它总能在起点与阿基里斯之间制造出一个距离。不管这个距离有多小，但只要乌龟不停地奋力向前爬，阿基里斯就永远也追不上乌龟！

每位同学都听过龟兔赛跑的典故，兔子输给乌龟是因为兔子骄傲。而无论是人们头脑中的印象，还是生活实际中的实践，人追不上乌龟简直是痴人梦话，信口开河！

阿基里斯悖论错在哪里？建议学生认真思考，给出自己独立的见解。这里提示一下，在阿基里斯悖论产生的年代，无穷、极限、时间的连续等概念尚未建立，人们对它们的认识也是模糊和争议的。

现代人用数列与极限理论很容易推翻阿基里斯悖论（此处略过，待学完极限的知识之后再来回味）。

设乌龟速度为 $a$，则阿基里斯追逐速度为 $10a$。于是，

完成第一段路程，追逐时间 $\frac{100}{10a}=\frac{10}{a}$，乌龟继续前行 $\frac{10}{a}\times a=10(\mathrm{m})$

完成第二段路程，追逐时间 $\frac{10}{10a}=\frac{1}{a}$，乌龟继续前行 $\frac{1}{a}\times a=1(\mathrm{m})$

完成第三段路程，追逐时间 $\frac{1}{10a}$，乌龟继续前行 $\frac{1}{10a}\times a=\frac{1}{10}(\mathrm{m})$

完成第四段路程，追逐时间 $\frac{1}{10}/\frac{1}{10a}=\frac{1}{100a}$，乌龟继续前行 $\frac{1}{100a}\times a=\frac{1}{100}(\mathrm{m})$

…，

依此类推知，阿基里斯欲追上乌龟，等价于他形成的追逐路程数列 $100,10,1,\frac{1}{10},\frac{1}{100},\frac{1}{1000},\cdots$ 的和是收敛的。

根据中学学过的无穷等比递缩数列求和的知识（后面将再次介绍），列出阿基里斯悖论方程，此处公比 $q=\frac{1}{10}$，首项 $a_1=100$。设阿基里斯追逐总路程为 $s$，则

$$s=\frac{a_1}{1-q}=\frac{100}{1-\frac{1}{10}}=\frac{1000}{9}(\mathrm{m})$$

即阿基里斯只需追逐 $\frac{1000}{9}\mathrm{m}$，就可追上乌龟，花费时间 $\frac{100}{9a}$。

你还会被阿基里斯悖论蒙骗吗？

## 十一、投票悖论（孔多塞悖论）

"少数服从多数"似乎是任何由投票决定命运的举措中颠扑不破的真理，但法国著名社会学家孔多塞在 18 世纪 80 年代发现，在集体投票时容易出现投票结果随投票次序的不同变化，大部分甚至全部备选方案在比较过程中都有机会轮流当选的循环现象。

例如，假设甲、乙、丙三人面对 A、B、C 三个备选方案，有如下的偏好排序：甲 A＞B＞C，乙 B＞C＞A，丙 C＞A＞B。问按照少数服从多数原则，哪个方案将被选中？

分析：由于甲、乙都认为 B 好于 C，根据少数服从多数原则，社会也应认为 B 好于 C。同样，乙、丙都认为 C 好于 A，社会也应认为 C 好于 A；甲、丙都认为 A 好于 B，所以社会也应认为 A 好于 B。

出现矛盾，可能没有一个方案被选中。

投票悖论反映了直观上良好的民主机制潜在的不协调。按照"少数服从多数"原则选出的结果也可能不一定是最佳的，甚至于可能是最差的。

例如，七位朋友相约外出旅游，备选地有新疆、西藏、东北三地。大家商议，填写兴趣表格，然后对第一选择用少数服从多数方法决定最终旅游目的地。若他们每人的兴趣取向如下表所示（数字代表兴趣取向顺序）：

| | 新疆 | 西藏 | 东北 |
|---|---|---|---|
| A | 1 | 2 | 3 |
| B | 1 | 2 | 3 |
| C | 1 | 3 | 2 |
| D | 3 | 1 | 2 |
| E | 3 | 1 | 2 |
| F | 3 | 2 | 1 |
| G | 3 | 2 | 1 |

问最终选择去哪里？该选择是最好的吗？

答案：因为有三人的第一选择是新疆，其他两地分别只有两人作为第一选择，所以最终选择是去新疆。

仔细观察却发现，新疆是另外四人的最差选择。换言之，少数服从多数的原则伤害了多数人。

面对悖论，今后你还相信"少数服从多数"原则吗？有好的解决办法吗？

1998 年度诺贝尔经济学奖获得者阿马蒂亚·森在 20 世纪 70 年代提出改变甲、乙、丙其中一个人的偏好次序的三种选择模式：

① 所有人都同意其中一项选择方案并非是最佳。

② 所有人都同意其中一项选择方案并非是次佳。

③ 所有人都同意其中一项选择方案并非是最差。

阿马蒂亚·森表示在上述三种选择模式下，投票悖论不会再出现，得大多数票者获胜的规则总是能达到唯一的决定。但遗憾的是，为了追求一致性，改变、忽略、牺牲了个人偏好次序。

许多国家的是票选领导人，为了避免出现上述悖论，只得人为地增加"票数必须超过一定百分点"和"末位淘汰"的规则。

## 十二、国王与象棋

有一个古老的传说，印度的舍罕国王打算重赏国际象棋的发明人。国际象棋棋盘由 64 个小方格组成，这位聪明的发明人似乎胃口也不大，他跪在国王的面前说：

"陛下，请您在这张棋盘的第一格内赏给我一粒麦子，第二小格两粒，第三小格四粒，依此类推，每一个格内都比前一小格加一倍。陛下啊，您就把摆满棋盘所有 64 格的麦粒都赏给您的仆人吧！"

"好吧，爱卿，看来你要的并不多啊！就这样定了。"国王欣然答应并暗自为自己的慷慨赏诺高兴。

麦粒的计数工作开始了，第一小格放一粒，第二小格放两粒…还不到第二十格，一袋麦粒空了。

随着格子的增加，麦粒数增长得惊人，舍罕国王傻眼了，他发现即使把全国的粮食都拿来也兑现不了自己许下的诺言。因为这是一个等比数列求和问题(高中数学已讲到，后面还会学习)，需要往棋盘的 64 个小方格中放上的麦粒数为

$$s=\frac{a_1(q^n-1)}{q-1}=\frac{1\times(2^{64}-1)}{2-1}=2^{64}-1=18\ 446\ 744\ 073\ 709\ 551\ 615(\text{颗})$$

1 立方米的麦子大约有 1500 万颗麦粒，聪明的发明人所要求赏赐给他的麦子大约有 1200 立方公里的体积。目前全世界在一年内生产的全部小麦的总和也未能达到这个数字。

舍罕国王发觉自己上了此人的当，摆在他面前的路只有两条，要么今后忍受此人没完没了的讨债，要么干脆砍掉此人的脑袋。你认为国王将选择哪种方法？

类似的陷阱在商场中屡见不鲜，比如打折、套餐、中奖等，你会轻易上当吗？

# 附录B　数学史上24道智力经典名题欣赏与思考

**1. 不说话的学术报告**

1903年10月，在美国纽约的一次数学学术会议上，请科尔教授做学术报告。他走到黑板前，没说话，用粉笔写出 $2^{67}-1$，这个数是合数而不是质数。接着他又写出两组数字，用竖式连乘，两种计算结果相同。回到座位上，全体会员以暴风雨般的掌声表示祝贺。证明了2自乘67次再减去1，这个数是合数，而不是两百年一直被人怀疑的质数。

有人问他论证这个问题用了多长时间，他说："三年内的全部星期天"。请你很快回答出他至少用了多少天？

**2. 国王的重赏**

传说，印度的舍罕国王打算重赏国际象棋的发明人——大臣西萨·班·达依尔。这位聪明的大臣跪在国王面敢说："陛下，请你在这张棋盘的第一个小格内，赏给我一粒麦子，在第二个小格内给两粒，在第三个小格内给四粒，照这样下去，每一小格内都比前一小格加一倍。陛下啊，把这样摆满棋盘上所有64格的麦粒，都赏给您的仆人吧？"国王说："你的要求不高，会如愿以偿的"。说着，他下令把一袋麦子拿到宝座前，计算麦粒的工作开始了。……还没到第二十小格，袋子已经空了，一袋又一袋的麦子被扛到国王面前来。但是，麦粒数一格接一格地增长得那样迅速，人们很快看出，即使拿出来全印度的粮食，国王也兑现不了他对象棋发明人许下的诺言。算算看，国王应给象棋发明人多少粒麦子？

**3. 王子的数学题**

传说从前有一位王子，有一天，他把几位妹妹召集起来，出了一道数学题考她们。题目是：我有金、银两个手饰箱，箱内分别装了若干件手饰，如果把金箱中25%的手饰送给第一个算对这个题目的人，把银箱中20%的手饰送给第二个算对这个题目的人。然后，我再从金箱中拿出5件送给第三个算对这个题目的人，再从银箱中拿出4件送给第四个算对这个题目的人，最后我金箱中剩下的比分掉的多10件手饰，银箱中剩下的与分掉的比是2∶1。请问谁能算出我的金箱、银箱中原来各有多少件手饰？

**4. 公主出题**

古时候，传说捷克的公主柳布莎出过这样一道有趣的题："一只篮子中有若干李子，取它的一半又一个给第一个人，再取其余一半又一个给第二人，又取最后所余的一半又三个给第三个人，那么篮内的李子就没有剩余。篮中原有李子多少个？"

**5. 哥德巴赫猜想**

哥德巴赫是二百多年前德国的数学家。他发现：每一个大于或等于6的偶数，都可以写成两个素数的和（简称"1+1"）。例如，10=3+7，16=5+11等等。他检验了很多偶数，都表明这个结论是正确的。但他无法从理论上证明这个结论是对的。1748年他写信给当时很有名望的大数学家欧拉，请他指导。欧拉回信说，他相信这个结论是正确的，但也无法证明。因为没有从理论上得到证明，这只是一种猜想，所以就把哥德巴赫提出的这个问题称为哥德巴赫猜想。

世界上许多数学家为证明这个猜想做了很大努力，他们由“1＋4”→“1＋3”，到1966年我国数学家陈景润证明了“1＋2”。也就是任何一个充分大的偶数，都可以表示成两个数的和，其中一个是素数；另一个或者是素数，或者是两个素数的积。

你能把下面各偶数写成两个素数的和吗？

(1) 100＝

(2) 50＝

(3) 20＝

**6. 贝韦克的七个7**

20世纪初英国数学家贝韦克友现了一个特殊的除式问题，请你把这个特殊的除式填完整。

```
               ××7××
××××7×)××7××××××××
       ××××××
       ×××××7×
       ×××××××
         ×7××××
         ×7××××
         ×××××××
         ××××7××
            ××××××
            ××××××
                 0
```

**7. 丢藩都的墓志铭**

丢藩都是公元3世纪的数学家，他的墓志铭上写道：“这里埋着丢藩都，墓碑铭告诉你，他的生命的六分之一是幸福的童年，再活了十二分之一度过了愉快的青年时代，他结了婚，可是还不曾有孩子，这样又度过了一生的七分之一；再过五年他得了儿子；不幸儿子只活了父亲寿命的一半，比父亲早死四年。”丢藩都到底寿命有多长？

**8. 遗嘱**

传说，有一个古罗马人临死时，给怀孕的妻子写了一份遗嘱：生下来的如果是儿子，就把遗产的2/3给儿子，母亲拿1/3；生下来的如果是女儿，就把遗产的1/3给女儿，母亲拿2/3。结果这位妻子生了一男一女。怎样分配遗产，才能接近遗嘱的要求呢？

**9. 布哈斯卡尔的算术题**

公园里有甲、乙两种花，有一群蜜蜂飞来，在甲花上落下1/5，在乙花上落下1/3。如果落在两种花上的蜜蜂的差的3倍再落在花上，那么只剩下一只蜜蜂上下飞舞欣赏花香。算算这里聚集了多少蜜蜂？

**10. 马塔尼茨基的算术题**

有一个雇主约定每年给工人12元钱和一件短衣。工人做工到7个月想要离去，只给了他5元钱和一件短衣。这件短衣值多少钱？

**11．托尔斯泰的算术题**

俄国伟大的作家托尔斯泰曾出过这样一个题：一组割草人要把两块草地的草割完。大的一块比小的一块大1倍，上午全部人都在大的一块草地割草。下午一半人仍留在大草地上，到傍晚时把草割完。另一半人去割小草地的草，到傍晚还剩下一块，这一块由一个割草人再用一天时间刚好割完。问这组割草人共有多少人(每个割草人的割草速度都相同)？

**12．涡卡诺夫斯基的算术题(一)**

一只狗追赶一匹马，狗跳6次的时间，马只能跳5次；狗跳4次的距离和马跳7次的距离相同；马跑了5.5km以后，狗开始在后面追赶。马跑多长的距离，才被狗追上？

**13．涡卡诺夫斯基的算术题(二)**

有人问船长，在他领导下的有多少人，他回答说："2/5去站岗，2/7在工作，1/4在病院，27人在船上。"问在他领导下共有多少人？

**14．数学家达兰倍尔错在哪里**

传说18世纪法国有名的数学家达兰倍尔拿两个五分硬币往下扔，会出现几种情况呢？

情况只有三种：可能两个都是正面；可能一个是正面，一个是背面；也可能两个都是背面。因此，两个都出现正面的概率是1∶3。

你想想，错在哪里？

**15．埃及金字塔**

世界闻名的金字塔是古代埃及国王们的坟墓，建筑雄伟高大，形状像个"金"字。它的底面是正方形，塔身的四面是倾斜的等腰三角形。

两千六百多年前，埃及有位国王，请来一位名字叫法列士的学者测量金字塔的高度。

法列士选择一个晴朗的天气，组织测量队的人来到金字塔前。太阳光给每一个测量队的人和金字塔都投下了长长的影子。当法列士测出自己的影子等于它自己的身高时，便立即让助手测出金字塔的阴影长度($CB$)。他根据塔的底边长度和塔的阴影长度，很快算出金字塔的高度。

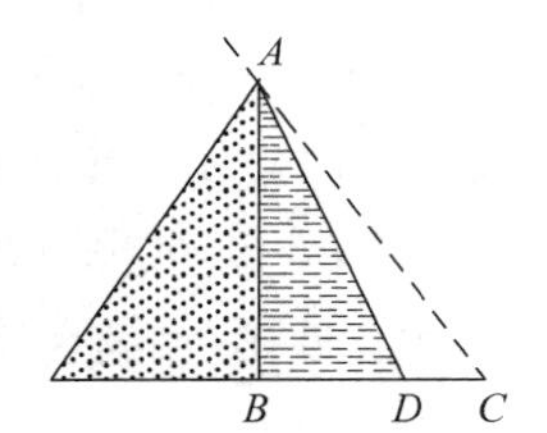


你会计算吗？

**16．一笔画问题**

在18世纪的哥尼斯堡城里有七座桥(如右图所示)。当时有很多人想要一次走遍七座桥，并且每座桥只能经过一次。这就是世界上很有名的哥尼斯堡七桥问题。你能一次走遍这七座桥，而又不重复吗？

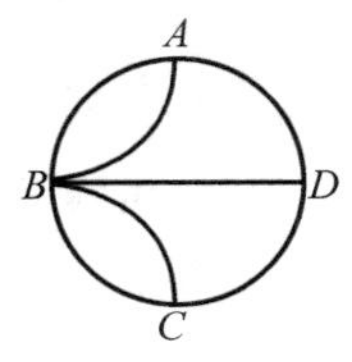


**17．韩信点兵**

传说汉朝大将韩信用一种特殊方法清点士兵的人数。他的方法是：让士兵先列成三列纵队(每行三人)，再列成五列纵队(每行五人)，最后列成七列纵队(每行七人)。他只要知道这队士兵大约的人数，就可以根据这三次列队排在最后一行的士兵是几个人，而推算出这队士兵的准确人数。

如果韩信当时看到的三次列队，最后一行的士兵人数分别是2人、2人、4人，并知道这队士兵在三四百人之间，你能很快推算出这队士兵的人数吗？

**18. 共有多少个桃子**

著名美籍物理学家李政道教授来华讲学时，访问了中国科技大学，会见了少年班的部分同学。在会见时，给少年班同学出了一道题："有五只猴子，分一堆桃子，可是怎么也平分不了。于是大家同意先去睡觉，明天再说。夜里一只猴子偷偷起来，把一个桃子扔到山下后，正好可以分成五份，它就把自己的一份藏起来，又睡觉去了。第二只猴子爬起来也扔了一个桃子，刚好分成五份，也把自己那一份收起来了。第三、第四、第五只猴子都是这样，扔了一个也刚好可以分成五份，也把自己那一份收起来了。问一共有多少个桃子？

注：这道题，小朋友们可能算不出来。如果增加一个条件，最后剩下 1020 个桃子，看谁能算出来。

**19.《九章算术》里的问题**

《九章算术》是我国最古老的数学著作之一，全书共分九章，有 246 个题目。其中一道是这样的：

一个人用车装米，从甲地运往乙地，装米的车日行 25km，不装米的空车日行 35km，5 日往返三次，问两地相距是多少？

**20.《张立建算经》里的问题**

《张立建算经》是中国古代算书。书中有这样一题：公鸡每只值 5 元，母鸡每只值 3 元，小鸡每 3 只值 1 元。现在用 100 元钱买 100 只鸡。问这 100 只鸡中，公鸡、母鸡、小鸡各有多少只？

**21.《算法统宗》里的问题**

《算法统宗》是中国古代数学著作之一。书里有这样一道题：

甲牵一只肥羊走过来问牧羊人："你赶的这群羊大概有 100 只吧？"牧羊人答："如果这群羊加上 1 倍，再加上原来这群羊的一半，又加上原来这群羊的 1/4，连你牵着的这只肥羊也算进去，才刚好凑满 100 只。"请您算算这只牧羊人赶的这群羊共有多少只？

**22. 洗碗（中国古题）**

有一位妇女在河边洗碗，过路人问她为什么洗这么多碗？她回答说：家中来了很多客人，他们每两人合用一只饭碗，每三人合用一只汤碗，每四人合用一只菜碗，共用了 65 只碗。

你能从她家的用碗情况，算出她家来了多少客人吗？

**23. 和尚吃馒头（中国古题）**

大和尚每人吃 4 个馒头，小和尚 4 人吃 1 个馒头。有大、小和尚 100 人，共吃了 100 个馒头。问大、小和尚各几人？各吃多少馒头？

**24. 百蛋（外国古题）**

两个农民一共带了 100 只蛋到市场上去卖。他们两人所卖得的钱是一样的。第一个人对第二个人说："假若我有像你这么多的蛋，我可以卖得 15 个克利采（一种货币名称）。"第二个人说："假若我有了你这些蛋，我只能卖得 $6\frac{2}{3}$ 个克利采。"问他们两人各有多少只蛋？

# 附录C　练习答案

## 第一章

### 习题一

一、

1. 是；2. 否；3. 是；4. 否；5. 是；6. 否

二、

1. (1)案情说明了诚信的重要性。(2)那位女教师之所以这样做，是因为诚信是为人之本、治家之本、立企业之本，也是社会之本、国家之本。每个人的生存都依赖于别人的诚信。诚信是一切道德的基础和根本，是人之为人的最重要的品德，是一个社会赖以生存和发展的基石。一个民族或一个国家一旦丧失或弱化了诚信意识，各种不道德和腐败现象的产生就是必然的了。一个信用缺失，道德沦丧的国度，不可能有快速、持续发展的经济。只有讲诚信，才能建立正常的政治秩序，维护安定团结的政治局面；只有讲诚信，才能建立正常的经济秩序；只有讲诚信，才能建立正常的生活秩序。而学校作为教育的重要阵地，理应承担起对学生品行教育的重要责任。作为教师，理应学高为师，身正为范，要教育学生诚实守信，教师必须要严格要求自己，处处为学生做出榜样和表率作用。

2. 提示：1 公斤葱正常卖 2 角，剪开后，1 公斤的葱变成 0.5 公斤的葱白和 0.5 公斤的葱叶。

按道理说，葱白和葱叶都应该卖 2 角才对。$0.5\times2+0.5\times2=2$ 也没有错。但是他卖的是 $1.6\times0.5+0.4\times0.5=1$，所以赔钱了。

正常剪开后，葱白应该卖 3 角，葱叶卖 1 角，就是一样的了。$3\times0.5+1\times0.5=2$。

3. 提示：他送走了 $1/4+1/3=7/12$ 的鸡，而他以为是 1/2。

所以多送了 1/12，但补上少数的 10 只后，剩下的正好是所数的 1/2。

就是说，这 10 只就是多送的 1/12。也就是原来数了 $10/(1/12)=120$(只)，这是院里的鸡数量，楼上那位求的是加上房内的！

4. 提示：这道题如果用字母来代表数字，列成算式是：ABCDEFGHIJKLMNOPQRSTU7×7＝7ABCDEFGHIJKLMNOPQRSTU。

5. 提示：设 $x$ 为雉数，$y$ 为兔数，则有(其中 $a$ 为头，$b$ 为足)：$x+y=a$，$2x+4y=b$，

解之得：$y=\frac{b}{2}-a$，$x=a-\left(\frac{b}{2}-a\right)$。

根据这组公式很容易得出原题的答案：兔 12 只，雉 22 只。

6. 称一次就好了。提示：把 10 袋编号为 1，2，3，…，10。

从 1 号袋子拿 2 个蛋，从 2 号袋子拿 2 个蛋，从 3 号袋子拿 3 个蛋，…，从 10 号袋子拿 10 个蛋，一共拿出 55 个蛋一起称，看这些蛋的总重量(如果都是 50 克，那就应该重 2750 克)。

如果总重量是 2740 克，说明有 1 个蛋是 40 克的，那就是第 1 号袋子是 40 克的；

如果总重量是 2730 克，说明有 2 个蛋是 40 克的，那就是第 2 号袋子是 40 克的；

如果总重量是 2720 克，说明有 3 个蛋是 40 克的，那就是第 3 号袋子是 40 克的；

…………

如果总重量是 2650 克，说明有 10 个蛋是 40 克的，那就是第 10 号袋子是 40 克的。

7. 两种算法：算术和方程。

算术：

$(99\times210-110\times90)\div(210-90)\div1$

$=(20790-9900)\div120\div1$

$=10890\div120\div1$

$=90.75\div1$

$=90.75$（亿）

方程：

设地球原有资源的总量是 $y$，世界总人口必须控制在 $x$ 亿内，才能保证地球上的资源足以使人类不断繁衍下去，

$y+90x=9900$

$y+210x=20790$

$y+210x-y-90x=20790-9900$

$120x=10890$

解得：$x=90.75$

答：为使人类能够不断繁衍，地球最多能养活 90.75 亿人。

8. 甲 7 只，乙 5 只

## 第二章

### 练习 2.1

1. 这里有一种数学思想：退到最简单、最特殊的地方。只要给对方留 6 枚硬币，你就能赢。从而只要给对方留 12 枚硬币你就能赢，你只要保证先拿到 3 枚硬币就可以了。

2. 如果完成每个动作需 1 秒钟的话，需要大约 5800 亿年！（简直让人惊叹！）这个数字（运用数列的知识算出来的）大大超过了整个太阳系存在的时间，所以梵天的预言真可谓“不幸而言中”。不过我们完全不必“杞人忧天”，整个人类的文明社会至今也不过几千年，人类还远远没有达到需要考虑这个问题的时候。

3. “把 6 的倍数留给对方”，自己可以取胜。

4. 方法很多也很复杂，这里介绍一种。记号：将三堆谷粒的状况记为 $(a,b,c)$，例如 $(100,200,300)$。这样，谁抓为 $(0,0,0)$，谁赢。

### 练习 2.2

1. （1）$BO=2\text{m}$，$AO=2\sqrt{3}\text{m}$；

（2）① $\dfrac{16\sqrt{30}-24}{13}$；② $2\sqrt{3}-2\sqrt{2}$

2. $2(\sqrt{3}-\sqrt{2})$

3. 提示：将问题中的文字语言转换为不等式组。答案：电视台每周片集甲和片集乙各播映 4 集和 2 集，其收视率最高，有 280 万之多。

**练习 2.3**

1. 各装了 3 颗，5 颗，7 颗，9 颗，11 颗。

2. 小船至少要载 5 次才能使大家全部过河。

3. 先用 5 升壶装满后倒进 6 升壶里，再将 5 升壶装满向 6 升壶里到，使 6 升壶装满为止。此时，5 升壶里还剩 4 升水。将 6 升壶里的水全部倒掉，将 5 升壶里剩下的 4 升水倒进 6 升壶里。此时，6 升壶里只有 4 升水。再将 5 升壶装满，向 6 升壶里到，使 6 升壶里装满为止。此时，5 升壶里就只剩下 3 升水了。

4. 25 根。提示：先背 50 根到 25 米处，这时，吃了 25 根，还有 25 根，放下；回头再背剩下的 50 根，走到 25 米处时，又吃了 25 根，还有 25 根；再拿起地上的 25 根，一共 50 根，继续往家走，一共 25 米，吃 25 根，还剩 25 根到家。

5. 丢番图的寿命是 84 岁。提示：设丢番图寿命为 $x$ 岁，由题意得 $x/6+x/12+x/7+5+x/2+4=x$，化简后，得 $75x/84+9=x$。解之，得 $x=84$。

**习题二**

1. (1) 假；(2) 假；(3) 真

2. $\left[\frac{11}{3},+\infty\right)$

3. $\left[\frac{11}{3},+\infty\right)\cup\{2\sqrt{2}\}$

4. (1) 方案 1：四辆 8 人车，一辆 4 人车，$4\times8+1\times4=36$。

方案 2：三辆 8 人车，三辆 4 人车，$3\times8+3\times4=36$。

方案 3：二辆 8 人车，五辆 4 人车，$2\times8+5\times4=36$。

方案 4：一辆 8 人车，七辆 4 人车，$1\times8+7\times4=36$。

方案 5：九辆 4 人车，$9\times4=36$。

(2) 最佳方案为四辆 8 人车，一辆 4 人车。

5. (1) 36 岁。(2) 有 200 名军官，800 名士兵。(3) 有 3 个老头，4 个梨。

6. 壶中原有 7/8 斗酒。提示：设壶中原有 $x$ 斗酒。

7. 有两种方案：是一、三等席各为 3 张，33 张；二、三等席各为 7 张，29 张。

提示：①设一等席的是 $x$ 张，二等席的是 $y$ 张；②设一等席的是 $x$ 张，三等席的是 $y$ 张；③设二等席的是 $x$ 张，三等席的是 $y$ 张。

8. 贝尔、查理、迪克各自拿出 10 美元给阿伊库就可解决问题。这样的话，只动用了 30 美元。最笨的办法就是用 100 美元来一一付清。贝尔必须拿出 10 美元的欠额，查理和迪克也一样；阿伊库则要收回借出的 30 美元。再复杂的问题，只要有条理地分析，就会很简单。养成经常性地归纳整理、摸索实质的好习惯。

9. 每年采用空运往来的有 450 万人次，海运往来的有 50 万人次。

10. 5500 元

(提示：设三人间、二人间、单人间分别住了 $x$、$y$、$z$ 间，其中 $x$、$y$、$z$ 都是自然数，总的

住宿费为 $w$ 元，则 $\begin{cases} x+y+z=20 \\ 3x+2y+z=50 \end{cases}$，解得 $\begin{cases} x=10+z \\ y=10-2z \end{cases}$

$\because x,y,z$ 都是自然数

$\therefore \begin{cases} x=10 \\ y=10 \\ z=0 \end{cases}$ 或 $\begin{cases} x=11 \\ y=8 \\ z=1 \end{cases}$ 或 $\begin{cases} x=12 \\ y=6 \\ z=2 \end{cases}$ 或 $\begin{cases} x=13 \\ y=4 \\ z=3 \end{cases}$ 或 $\begin{cases} x=14 \\ y=2 \\ z=4 \end{cases}$ 或 $\begin{cases} x=15 \\ y=0 \\ z=5 \end{cases}$

$\therefore w=300x+300y+200z=6000-100z$

$\therefore z$ 越大，$w$ 越小

$\therefore$ 当 $z=5$，即 $x=15, y=0, z=5$ 时，住宿的总费用最低，为 $6000-500=5500$(元))

(此题是一道比较新颖的应用题，它的答案不唯一，需要讨论一下。根据生活中的常识，$x$、$y$、$z$ 必须为自然数，求解此题不是很难，是一道结合生活实际应用的好题。)

## 第三章

### 练习 3.3

1. A；
2. 200 海里；
3. C；
4. 海岸线长度、20

### 练习 3.4

2. (1) $a=-\frac{2}{3}$；(3) $a>0$

3. B

4. 这样想：(1) 循环小数分为纯循环小数和混循环小数；

(2) 纯循环小数的化法是：0.$ab$($ab$ 循环)=($ab$/99)，最后化简。

举例如下：

0.3(3 循环)=3/9=1/3

0.7(7 循环)=7/9

0.81(81 循环)=81/99=9/11

1.206(206 循环)=1 又 206/999

(3) 混循环小数的化法是：

0.$abc$($bc$ 循环)=($abc-a$)/990，最后化简。

举例如下：

0.51(1 循环)=(51−5)/90=46/90=23/45

0.2954(54 循环)=(2954−29)/9900=13/44

1.4189(189 循环)=1 又(4189−4)/9990=1 又 4185/9990=1 又 31/74

### 练习 3.5

1. 269(提示：$112\times2+120\times3+105\times5+168k$，取 $k=-5$，得该数为 269)
2. 84(提示：设所求数为 $X$，$36\times X/12=252$，则 $X=84$)

3. 12天

4. $16\frac{4}{11}$

5. 119阶

**习题三**

一、选择题

1. D；2. D；3. C；4. A；5. C；6. A；（提示：设15秒的广告播$x$次，30秒的广告播$y$次，则$15x+30y=120$。∵每种广告播放不少于2次，∴$x=2,y=3$或$x=4,y=2$；当$x=2,y=3$时，收益为$2\times0.6+3\times1=4.2$；当$x=4,y=2$时，收益为$4\times0.6+1\times2=4.4$）

二、判断题

1. 是；2. 是；3. 否；4. 是；5. 是；6. 是；7. 是；8. 是

三、简（解）答题

1. 答案：第一次数学危机——无理数的发现；第二次数学危机——无穷小是零吗；第三次数学危机——罗素悖论的产生。

2. 答案：犯有贪污、受贿罪官员的健康人数占本组的40%；廉洁官员的健康人数占本组的84%。（提示：设A组的健康人数为$x$人，$B$组的健康人数为$y$人，得方程组）

3. (1) 购进A、B两种香油分别80瓶、60瓶；(2) 获利240元

4. 1000000人

5. ①公鸡4只、母鸡18只、小鸡78只；②公鸡8只、母鸡11只、小鸡81只；③公鸡12只、母鸡4只、小鸡84只。

## 第四章

### 练习 4.1

1. 有零点，因为$f(-1)\cdot f(0)<0$；

2. $\frac{-1\pm\sqrt{3}}{2}$

3. 两个。（提示：在同一坐标系内画出$f(x)=2^x$及$g(x)=-2x^2+3$的图像）

5. (1) 有两个零点$-1$和$1-\frac{b}{a}$；7. $a=2,b=-2$；8. $b<-\sqrt{2}-2$或$b>2$

### 练习 4.2

1. $[4,+\infty)$；

2. $(-2,1)$；

3. $(-\infty,8]$；

4. 2014。（提示：∵$f(x+1)\leqslant f(x+3)-2\leqslant f(x)+3-2=f(x)+1$，

$f(x+1)\geqslant f(x+4)-3\geqslant f(x+2)+2-3\geqslant f(x)+4-3=f(x)+1$

∴$f(x)+1\leqslant f(x+1)\leqslant f(x)+1$

∴$f(x+1)=f(x)+1$ ∴数列$\{f(n)\}$为首项为1，公差为1的等差数列

∴$f(2014)=f(1)+2013\times1=2014$

**练习 4.3**

1. 锐角三角形；2. B；3. 6；4. 6；5. 3,9 或 4,5

**练习 4.4**

1. $\frac{1}{5}$；2. $m<\frac{1}{2}$；3. $-5$；4. $2\sqrt{2}$；5. C；6. B；7. C；8. (1) 60；(2) 6.25 小时；(3) 700 名

**习题四**

一、选择题

1. D；2. B；3. C；4. B

二、填空题

1. 有零点。因为 $f(-1)\cdot f(0)<0$；

2. $\frac{-1\pm\sqrt{3}}{2}$；

3. 2；

4. $0<a<\frac{2}{3}$ 或 $a>1$；

5. $-3$；

6. $4\sqrt{3}$ 或 $\frac{8}{3}\sqrt{3}$

三、解答题

2. (1) 有两个零点 $-1$ 和 $1-\frac{b}{a}$

3. 分析：这是一个含参数 $a$ 的不等式，一定是二次不等式吗？不一定，故首先对二次项系数 $a$ 分类：(1)$a\neq 0$；(2)$a=0$。对于(2)，不等式易解；对于(1)，需再次分类：$a>0$ 或 $a<0$，因为这两种情形下，不等式解集形式是不同的；不等式的解是在两根之外，还是在两根之间。确定这一点之后，又会遇到 1 与 $\frac{1}{a}$ 谁大谁小的问题，因而又需做一次分类讨论。故解题时，需要做三级分类。

4. $m\geqslant -\frac{1}{12}$；

5. $a_n=\begin{cases}4n-2, & n\geqslant 2\\ 5, & n=1\end{cases}$；

6. $3(p\leqslant 3)$

## 第五章

**练习 5.1**

2. A。解析：因为函数 $y=a^x(a>0,a\neq 1)$ 只有当 $a>1$ 时才为增函数，而本题无此约束，故大前提错误。

4. 正确、错误。解析：因大前提是错误的(因为所有边长都相等，内角也相等的凸多边形才是正多边形)，所以所得的结论是错误的。

**练习 5.2**

1. A。解析：该五角星对角上的两盏花灯依次按逆时针方向亮一盏，故下一个呈现出来的图形是A。

2. B。解析：由$S_1$，$S_2$，$S_3$猜想出数列的前$n$项和$S_n$的表达式，是从特殊到一般的推理，所以$B$是归纳推理。

3. B。

4. $5+6+7+8+9+10+11+12+13=81$。

**练习 5.3**

1. B;

2. D(解析：在等差数列中，“积”变“和”，得$a_1+a_2+\cdots+a_9=2\times 9$)

3. 1∶8。解析：由类比推理得，若两个正四面体的棱长比为1∶2，则体积比为1∶8。

5. D

**习题五**

一、选择题

1. A。解析：C是类比推理，B与D均为归纳推理。

2. D。解析：大前提为①，小前提为③，结论为②。

3. A。解析：$y=\log_a x$，当$a>1$时，函数是增函数；当$0<a<1$时，函数是减函数。

4. C；5. D；6. B；7. B；8. B

9. C。解析：观察特例的规律知：位置相同的数字都是以4为公差的等差数列，由234可知从2010到2012为↑→，故应选C。

10. B。

11. B。解析：观察归纳可知第$n$个三角形数共有点数：$1+2+3+4+\cdots+n=\frac{n(n+1)}{2}$(个)。

二、填空题

1. $y=\sin x$是$\left[0,\frac{\pi}{2}\right]$上的增函数；$\frac{3}{7}\pi$、$\frac{2\pi}{5}\in\left[0,\frac{\pi}{2}\right]$且$\frac{3\pi}{7}>\frac{2\pi}{5}$；$\sin\frac{3\pi}{7}>\sin\frac{2\pi}{5}$

2. 一次函数的图像是一条直线；函数$y=2x+5$是一次函数；函数$y=2x+5$的图像是一条直线。

3. 13，$3n+1$。解析：第一个图形有4根，第2个图形有7根，第3个图形有10根，第4个图形有13根，…，猜想第$n$个图形有$3n+1$根。

4. $S=4(n-1)(n\geqslant 2)$。解析：每条边上有2个圆圈时，共有$S=4$个；每条边上有3个圆圈时，共有$S=8$个；每条边上有4个圆圈时，共有$S=12$个。可见每条边上增加一个点，则$S$增加4，所以$S$与$n$的关系为$S=4(n-1)(n\geqslant 2)$。

5. $f(3)=10, f(n)=\frac{n(n+1)(n+2)}{6}$;

6. 41，$4(n-1)$;

7. 1∶8；

8. ③

三、解答题

2. 解析：根据已知特殊的数值：$\frac{9}{\pi},\frac{16}{2\pi},\frac{25}{3\pi},\cdots$，总结归纳出一般性的规律：$\frac{n^2}{(n-2)\pi}$ $(n\geqslant 3)$。所以在 $n$ 边形 $A_1A_2\cdots A_n$ 中，$\frac{1}{A_1}+\frac{1}{A_2}+\cdots+\frac{1}{A_n}\geqslant\frac{n^2}{(n-2)\pi}(n\geqslant 3)$。

3. 解析：各平面图形的顶点数、边数、区域数如下表所示：

| 平面区域 | 顶点数 | 边数 | 区域数 | 关系 |
|---|---|---|---|---|
| (1) | 3 | 3 | 2 | 3+2−3=2 |
| (2) | 8 | 2 | 6 | 8+6−12=2 |
| (3) | 6 | 9 | 5 | 6+5−9=2 |
| (4) | 10 | 15 | 7 | 10+7−15=2 |
| 结论 | $V$ | $E$ | $F$ | $V+F-E=2$ |
| 推广 | 999 | $E$ | 999 | $E=999+999-2=1996$ |

其顶点数 $V$，边数 $E$，平面区域数 $F$ 满足关系式 $V+F-E=2$，故可猜想此平面图可能有 1996 条边。

4. 提示：假设三式同时大于$\frac{1}{4}$。

5. 提示：设三个方程均无实根，则有$\begin{cases}\Delta_1=16a^2-4(-4a+3)<0\\ \Delta_2=(a-1)^2-4a^2<0\\ \Delta_3=4a^2-4(-2a)<0\end{cases}$

## 第六章

### 练习 6.1

1. 平均技术级别 2.78 级、平均月工资 559.72 元。提示：使用$\bar{a}=\frac{\sum af}{\sum f}$。

2. 平均利润率 9.37%。提示：使用$\bar{a}=\frac{\frac{a_1+a_2}{2}f_1+\frac{a_2+a_3}{2}f_2+\frac{a_3+a_4}{2}f_3+\cdots+\frac{a_{n-1}+a_n}{2}f_{n-1}}{f_1+f_2+f_3+\cdots+f_{n-1}}$。

3. 平均利息率 4.13%。(1) 提示：使用$\bar{x}=\frac{\sum f}{\sum\frac{1}{x}f}$；(2) 提示：使用$\bar{x}=\frac{\sum_{i=1}^{n}x_if_i}{\sum_{i=1}^{n}f_i}$。

式中，利息率为 $x$，利息额为 $f$。

4. 成交额单位：万元；成交量单位：万公斤

| 品种 | 价格/(元/公斤) | 甲市场 | | 乙市场 | |
|---|---|---|---|---|---|
| | | 成交额 | 成交量 | 成交额 | 成交量 |
| | $x$ | $m$ | $\frac{m}{x}$ | $f$ | $xf$ |
| 甲 | 1.2 | 1.2 | 1 | 2.4 | 2 |
| 乙 | 1.4 | 2.8 | 2 | 1.4 | 1 |
| 丙 | 1.5 | 1.5 | 1 | 1.5 | 1 |
| 合计 | — | 5.5 | 4 | 5.3 | 4 |

甲市场平均价格$\bar{x}=\dfrac{\sum m}{\sum \frac{m}{x}}=\dfrac{5.5}{4}=1.375$(元/公斤)

乙市场平均价格$\bar{x}=\dfrac{\sum xf}{\sum f}=\dfrac{5.3}{4}=1.325$(元/公斤)

5. 众数：甲厂540人、乙厂众数500人；

中位数：甲厂$\dfrac{200+220}{2}=210$，乙厂$\dfrac{200+220}{2}=210$

**练习6.2**

1. A； 2. B；

3. 都除以基期：2001年/2000年，2002年/2000年，2003年/2000年，结果为113.05%、132.15%、168.8%

4. A；5. D；6. B；7. D；

8. ①

| 年份 | 汽车产量/万辆 | 逐期增长量/万辆 | 累计增长量/万辆 | 环比发展速度/% | 定基发展速度/% | 环比增长速度/% | 定基增长/% |
|---|---|---|---|---|---|---|---|
| 1996 | 147.5 | | | | | | |
| 1997 | 158.3 | 10.8 | 10.8 | 107.3 | 107.3 | 7.3 | 7.3 |
| 1998 | 163.0 | 4.7 | 15.5 | 103 | 110.5 | 3 | 10.5 |
| 1999 | 183.2 | 20.2 | 35.7 | 112.4 | 124.2 | 12.4 | 24.2 |
| 2000 | 207.0 | 23.8 | 59.5 | 113 | 140.3 | 13 | 40.3 |
| 2001 | 234.2 | 27.2 | 86.7 | 113.1 | 158.8 | 13.1 | 58.8 |
| 2002 | 325.1 | 90.9 | 177.6 | 138.8 | 220.4 | 38.8 | 120.4 |
| 2003 | 444.4 | 119.3 | 296.9 | 136.7 | 301.3 | 36.7 | 201.3 |
| 2004 | 507.4 | 63 | 359.9 | 114.2 | 344 | 14.2 | 244 |

② 按水平法计算的平均增长量为44.99万辆，按累计法计算的为28.96万辆；按水平法计算的平均发展速度为111.8%，平均增长速度为11.8%；用累计法计算的平均发展速度略。

**习题六**

一、判断题

1. √；2. ×；3. √；4. ×；5. √；6. ×；7. √；8. ×；9. √；10. √；11. √

二、单项选择题

1. B；2. C；3. D；4. A；5. D；6. C；7. C；8. A；9. C；10. A；11. A；12. A

三、填空题

1. 绝对数动态数列、相对数动态数列

2. 序时平均数、动态

3. 定基、环比

4. 逐期、累积、$(a_1-a_0)+(a_2-a_1)+\cdots+(a_n-a_{n-1})=a_n-a_0$

5. 增长量/基期水平、发展速度$-1$；

6. 环比、序时平均数

7. 6.7%

四、简答题

环比发展速度是报告期水平与报告期前一期水平对比的结果，反映现象在前、后两期的发展变化，表示现象的短期变动。定基发展速度是各报告期水平与某一固定基期水平的对比的结果，反映现象在较长时期内发展的总速度。（2 分）二者的关系是：环比发展速度的连乘积等于定基发展速度，相应的关系式为：$\frac{a_1}{a_0}\times\frac{a_2}{a_1}\times\cdots\times\frac{a_n}{a_{n-1}}=\frac{a_n}{a_0}$。

五、计算题

1. 该工业集团公司工人平均工资 620 元。计算表如下所示：

| 月工资组中值 $x$ | 各组工人比重/% | |
|---|---|---|
| 450 | 20 | 90.0 |
| 550 | 25 | 137.5 |
| 650 | 30 | 195.0 |
| 750 | 15 | 112.5 |
| 850 | 10 | 5.0 |
| 合计 | 100 | 620.0 |

2. 两种计算均不正确

平均计划完成程度的计算，因各车间计划产值不同，不能对其进行简单平均，这样也不符合计划完成程度指标的特定涵义。正确的计算方法是

$$\text{平均计划完成程度}\bar{x}=\frac{\sum f}{\sum \frac{1}{x}f}=\frac{190+250+609}{\frac{190}{0.95}+\frac{250}{1.00}+\frac{609}{1.05}}=101.84\%$$

平均单位成本的计算也因各车间的产量不同，不能简单相加，产量的多少对平均单位成本有直接影响，故正确的计算为

$$\text{平均单位成本}\bar{x}=\frac{\sum xf}{\sum f}=\frac{18\times190+12\times250+15\times609}{190+250+609}=14.83(\text{元}/\text{件})$$

3. $\text{平均增加人口数}\bar{a}=\frac{\sum a}{n}=\frac{16568+1793+1726+1678+1629}{5}=1696.4$

人口数属于时点指标，但新增人口数属于时期指标，因为它反映的是在一段时期内增

加的人口数，是累计的结果。因此，需采用时期数列计算序时平均数的方法。

4. (1) 该商店上半年商品库存额：$\frac{61.5+57.5+51.5+45.5+41.5+45}{6}=50.4167$

(2) 该商店全年商品库存额：$\frac{50+47.5+45+45+52.5+64}{6}=50.6667$

(3) 该商店全年商品库存额：$\frac{50.4167+50.6667}{2}=50.5417$

提示：1 月：$\frac{63+60}{2}=61.5$；2 月：$\frac{60+55}{2}=57.5$；3 月：$\frac{55+48}{2}=51.5$；4 月：$\frac{48+43}{2}=45.5$；5 月：$\frac{43+40}{2}=41.5$；6 月：$\frac{40+50}{2}=45$；7 月：50；8 月：$\frac{50+45}{2}=47.5$；9 月：45；10 月：45；11 月：$\frac{45+60}{2}=52.5$；12 月：$\frac{60+68}{2}=64$

5. (1)1988～1991 年的总增长速度为

$(107\%\times110.5\%\times107.8\%\times114.6\%)-100\%=46.07\%$

(2) 1988～1991 年平均增长速度为

$$\bar{x}=\sqrt[n]{R}-1=\sqrt[4]{1.4607}-1=1.099-1=0.099=9.9\%$$

6. (1) 1995 年人口总数 $a_n=a_0(\bar{x})^n=3000\times(1.009)^5=3137.45$(万人)

(2) 1995 年粮食产量=人均产量×总人数=850×3137.45=266.68(亿斤)

(3) 粮食产量平均增长速度$\bar{x}=\sqrt{\frac{a_n}{a_0}}-1=\sqrt{\frac{266.68}{220}}-1=1.039-1=0.038=3.9\%$

7. 平均发展速度$\bar{x}=\sqrt[n]{R}=\sqrt[9]{2.35}=8.49\%$

## 第七章

### 练习 7.1

1. (1) $(-\infty,0)\cup(0,2)\cup(2,+\infty)$；(2) $x\leqslant1$ 或 $x\geqslant2$；(3) $-1<x<1$；(4) $-\frac{1}{2}\leqslant x\leqslant\frac{1}{2}$

2. $f(-1)=-3, f(0)=1, f(1)=3$

3. (1) $y=\frac{x-1}{3}$；(2) $y=e^{1-x}$；(3) $y=\frac{x+1}{x-1}$

4. (1) 奇；(2) 非奇非偶；(3) 偶；(4) 非奇非偶

5. (1) $y=\sqrt{u}, u=x^2+1$；(2) $y=e^u, u=\sin x$；(3) $y=u^2, u=\cos v, v=x-1$；(4) $y=\log u, u=\sin v, v=x+1$

6. $y=x\sqrt{50^2-x^2}, 0<x<50$

### 练习 7.2

1. (1) 不存在极限；(2) 存在极限 2；(3) 存在极限 0；(4) 不存在极限

2. (1) 5；(2)4

3. (1) $\lim\limits_{x\to0^-}f(x)=\lim\limits_{x\to0^-}(1-x)=1, \lim\limits_{x\to0^+}f(x)=\lim\limits_{x\to0^+}e^x=1$，所以$\lim\limits_{x\to0}f(x)=1$

(2) $\lim\limits_{x\to 0^-}f(x)=\lim\limits_{x\to 0^-}\frac{|x|}{x}=\lim\limits_{x\to 0^-}\frac{-x}{x}=-1$，$\lim\limits_{x\to 0^+}f(x)=\lim\limits_{x\to 0^+}\frac{|x|}{x}=\lim\limits_{x\to 0^+}\frac{x}{x}=1$，所以 $\lim\limits_{x\to 0}f(x)$ 不存在。

**练习 7.3**

1. (1) 2；(2) $\frac{4}{5}$；(3) $\frac{3}{2}$；(4) $\frac{3}{5}$；(5) 0；(6) 0

2. $\frac{1}{3}$

**习题七**

一、选择题

1. D；2. A；3. D；4. A；5. B；6. D；7. D；8. D；9. B

二、填空题

1. $3n-2$；
2. $3^{n-1}$；
3. $-3$；
4. $\frac{1}{4}$；
5. $a_n=\begin{cases}2 & (n=1)\\ 2n-1 & (n\geqslant 2)\end{cases}$；
6. 10；
7. $1-4+9-16+\cdots+(-1)^{n-1}n^2=(-1)^{n-1}(1+2+3+\cdots+n)$；
8. $-7$；
9. $\frac{1}{2}$；
10. 0；
11. $(-2,2]$；
12. $[-1,2)$

三、解答题

1. $f(2x+1)=4(x+1)^2$
2. $f(0)=0,f\left(\frac{1}{2}\right)=0,f(1)=\frac{1}{2},f\left(\frac{5}{4}\right)=1,f(2)=1$
3. $T=50x\left(\frac{\sqrt{3}}{3}x+40\right),0<x<10$
4. 设小正方形边长为 $x$，体积为 $V$，则 $V=x(a-2x)^2,0<x<\frac{a}{2}$
5. 设旅客物品重量为 $x$，运费为 $y$，则 $y=\begin{cases}0, & 0<x\leqslant 20\\ 0.2(x-20), & 20<x\leqslant 50\\ 0.2\times 30+0.03(x-50), & x>50\end{cases}$
6. 定义域 $[-1,2)$，值域 $[0,1)$
7. 不是同一函数，因为定义域不同

8. 不是同一函数,因为定义域不同

9. 是

10.

(1) $S_1=\frac{\pi}{2}\times 1^2=\frac{\pi}{2}, S_2=\frac{\pi}{2}-\frac{\pi}{2}\left(\frac{1}{2}\right)^2=\frac{3\pi}{8}, S_3=\frac{\pi}{2}-\frac{\pi}{2}\left[\left(\frac{1}{2}\right)^2+\left(\frac{1}{4}\right)^2\right]=\frac{11\pi}{32}$

(2)

$$S_n=\frac{\pi}{2}-\frac{\pi}{2}\left[\left(\frac{1}{2}\right)^2+\left(\frac{1}{2^2}\right)^2+\left(\frac{1}{2^3}\right)^2+\cdots+\left(\frac{1}{2^{n-1}}\right)^2\right]\quad (n\geqslant 2)$$
$$=\frac{\pi}{2}-\frac{\pi}{2}\left[\frac{1}{4}+\left(\frac{1}{4}\right)^2+\left(\frac{1}{4}\right)^3+\cdots+\left(\frac{1}{4}\right)^{n-1}\right]$$

(3) $\lim\limits_{n\to\infty}S_n=\frac{\pi}{2}-\frac{\pi}{2}\frac{\frac{1}{4}}{1-\frac{1}{4}}=\frac{\pi}{2}-\frac{\pi}{6}=\frac{\pi}{3}$

## 第八章

### 练习 8.1

1. $\Delta y=2(2\Delta x+\Delta x^2), \lim\limits_{\Delta x\to 0}\frac{\Delta y}{\Delta x}=4$

2. (1) $\frac{1}{4}$; (2) $y'|_{x=x_0}=2\cos(2x_0+1)$

4. $y-\frac{\sqrt{2}}{2}=-\frac{\sqrt{2}}{2}\left(x-\frac{\pi}{4}\right)$,即$\sqrt{2}x+2y-\left(\sqrt{2}+\frac{\pi}{4}\right)=0$

### 练习 8.2

1. (1) $y'=4x-3$;

(2) $y'=\frac{3}{2\sqrt{x}}+\frac{1}{x^2}$;

(3) $y'=-\frac{1}{2}x^{-\frac{1}{2}}-\frac{1}{2}x^{-\frac{3}{2}}=-\frac{1}{2\sqrt{x}}\left(1+\frac{1}{x}\right)$;

(4) $y'=1+\ln x$;

(5) $y'=2\cos\theta-3\sin\theta$;

(6) $y'=\cos x\ln x-x\sin x\ln x+\cos x$;

(7) $y'=e^x\sin x+e^x\cos x$;

(8) $y'=\cos\theta-\sin\theta$;

(9) $y'=-\sin^2 t+(2+\cos t)\cos t$;

(10) $y'=x^5e^x+5x^4e^x$;

(11) $y'=-\frac{2}{t(1+\ln t)^2}$;

(12) $y'=\frac{2}{(1+\cos x)^2}$;

(13) $y'=(1+\ln x)\cos(x\ln x)$;

(14) $y'=3e^{3x}+2\cos 2x$;

(15) $y'=e^{x^2}+2x^2e^{x^2}$;

(16) $y'=6(2x+1)^2(3x-2)^2+6(2x+1)^3(3x-2)=6(2x+1)^2(3x-2)(5x-1)$;

(17) $y'=3(3\sin x+2\cos x-5)^2(3\cos x-2\sin x)$;

(18) $y'=2\sin x\cos x\cos 2x-2\sin^2 x\sin 2x=\sin 2x(\cos 2x-2\sin^2 x)$;

(19) $y'=\dfrac{x}{\sqrt{x^2+1}\ln(x+\sqrt{x^2+1})}$;

(20) $y'=3e^{3x}\sin 2x+2e^{3x}\cos 2x$

2. (1) $y|_{x=4}=\dfrac{5}{2}, y|_{x=a^2}=3-\dfrac{1}{|a|}$;

(2) $y|_{x=e}=\dfrac{1}{\sqrt{2}e}$

3. $F'(t)=-\dfrac{700(2t+4)}{(t^2+4t+10)^2}$,所以 $F'(1)=-\dfrac{56}{3}, F'(10)=-\dfrac{56}{75}$

**练习 8.3**

1. (1) $dy=\dfrac{x}{\sqrt{1+x^2}}dx$;

(2) $dy=\left(x^{-\frac{1}{2}}+\dfrac{3}{x}-6e^x\right)dx$

2. (1) 9.9867; (2) 0.8747

3. (1) 单调递增区间为$(-\infty,-1)$ $(3,+\infty)$,单调递减区间为$(-1,3)$;极大值 $f(-1)=17$,极小值 $f(3)=-47$;

(2) 单调递减区间为$\left(-\infty,\dfrac{1}{2}\right]$,单调递增区间为$\left[\dfrac{1}{2},+\infty\right)$;极小值为 $f\left(\dfrac{1}{2}\right)=-\dfrac{27}{16}$

4. 求下列函数在给定区间上的最大值和最小值。

(1) 最大值$\dfrac{28}{3}$,最小值 0;

(2) 最大值为$\dfrac{5}{2}$,最小值为 2

6. $\sqrt{2}a$, $\sqrt{2}b$

7. $x=50$

**习题八**

一、选择题

1. B; 2. D; 3. B; 4. A; 5. A; 6. A; 7. D; 8. C; 9. C; 10. D

二、填空题

1. 1;

2. $-\dfrac{1}{2}$;

3. (1,0);

4. 0 或 1；

5. $y-\frac{1}{2}=\frac{1}{4}\left(x-\frac{1}{24}\right)$，$y+\frac{1}{2}=\frac{1}{4}\left(x+\frac{1}{24}\right)$；

6. 4；

7. $\frac{x\cos x-\sin x}{x^2}$；

8. 18 或 11；

9. $\sqrt{3}+\frac{\pi}{6}$；

10. $a<0$

三、解答题

2. $y'=(x-b)(x-c)+(x-a)(x-c)+(x-a)(x-b)$

3. (1) $y'=15x^2-2^x\ln 2+\cos$；

(2) $y'=2x\ln x+x$；

(3) $y'=\frac{1-\ln x}{x^2}$

4. (1) $y'\left(\frac{\pi}{6}\right)=\frac{\sqrt{3}+1}{2}$；

(2) $\left.\frac{d\rho}{d\theta}\right|_{\theta=\frac{\pi}{4}}=\frac{\sqrt{2}}{4}\left(1+\frac{\pi}{2}\right)$；

(3) $\left.y'\right|_{x=1}=\sqrt{2}$

5. (1) $y'=-6xe^{-3x^2}$；

(2) $y'=\frac{2x}{1+x^2}$

6. (1) $dy=(\sec^2 x+e^x)dx$；

(2) $dy=(2^x\ln 2-\frac{1}{x^2})dx$；

(3) $dy=\left(\sec^2 x\sin\sqrt{1-x^2}-\frac{x}{\sqrt{1-x^2}}\tan x\cos\sqrt{1-x^2}\right)dx$；

(4) $dy=\left(-e^{-x}\left(\cos\frac{1}{x}\right)^2+2\frac{1}{x^2}e^{-x}\cos\frac{1}{x}\sin\frac{1}{x}\right)dx$；

(5) 设 $dy=(-ae^{-ax}\cdot\sin bx+be^{-ax}\cos bx)dx$

8. $\frac{dy}{dx}=0$

9. (1) $f'(2)=9$；(2) $(-\infty,-1)$单调增加，$(-1,1)$单调减少，$(1,+\infty)$单调增加。

10. 32

# 参考文献


1. 方延明. 数学文化. 北京：清华大学出版社，2007.9.
2. 王元明. 数学是什么. 南京：东南大学出版社，2003.7.
3. 张国楚，徐本顺等. 大学文科数学. 北京：高等教育出版社，2007.3.
4. 杨伟传，关若峰等. 高职数学. 北京：电子工业出版社，2013.5.
5. 杨向明，骆文辉等. 大学应用数学. 北京：清华大学出版社，2012.2.
6. 顾沛. 数学文化. 北京：高等教育出版社，2008.6.
7. 邓东皋，孙小礼等. 数学与文化. 北京：北京大学出版社，1990.5.
8. 华宣积. 文科高等数学(第二版). 上海：复旦大学出版社，2006.8.
9. 袁小明. 文科高等数学. 北京：科学出版社，1999.9.